AI SNAKE OIL

AI万金油

商业幻想与科技狂潮

What Artificial Intelligence Can Do, What It Can't, and How to Tell the Difference

［美］阿尔文德·纳拉亚南（Arvind Narayanan）
［美］萨亚什·卡普尔（Sayash Kapoor）/著

［加］王勇 ［加］王安心/译

中信出版集团 | 北京

图书在版编目（CIP）数据
AI 万金油：商业幻想与科技狂潮 /（美）阿尔文德·纳拉亚南，（美）萨亚什·卡普尔著；（加）王勇，（加）王安心译 . -- 北京：中信出版社，2025. 8.
ISBN 978-7-5217-7837-3
Ⅰ . TP18-49
中国国家版本馆 CIP 数据核字第 2025S3N542 号

AI 万金油：商业幻想与科技狂潮
著者：［美］阿尔文德·纳拉亚南 ［美］萨亚什·卡普尔
译者：［加］王勇 ［加］王安心
出版发行：中信出版集团股份有限公司
（北京市朝阳区东三环北路 27 号嘉铭中心 邮编 100020）
承印者：北京通州皇家印刷厂

开本：787mm×1092mm 1/16　印张：20.75　字数：226 千字
版次：2025 年 8 月第 1 版　印次：2025 年 8 月第 1 次印刷
京权图字：01–2025–2766　书号：ISBN 978–7–5217–7837–3
定价：79.00 元

致我的妻子维娜（Veena）。

——阿尔文德

献给维尼塔·卡普尔（Vineeta Kapoor）和

拉维·卡普尔（Ravi Kapoor），我的第一位导师、

写作指导、编辑，以及更多更多人。

——萨亚什

联合前言

AI：承诺、陷阱与前行之路

21 世纪 20 年代初以来，人工智能（AI）市场呈现爆发式增长，其影响力仍在持续扩展，未来数年可能仍将如此。与此同时，人类对 AI 的心理依赖也在不断加深。随着 AI 与科研、写作、社交互动和日常生活的深度融合，我们对这些工具的依赖日益增强。

本书对 AI 在全球范围内的迅速崛起进行了清晰而深入的阐述，既承认其变革性潜力，又批判性地反思了当前不断加剧的夸大宣传、误用现象以及潜在风险。它引导读者穿越这一快速演变的技术图景，指出不仅要关注技术突破，更应警惕虚浮的承诺和未经检验的技术乐观主义。

在中国，AI 正迅速渗透至教育、金融、医疗和法律等多个领域。然而，这种快速推进也常常伴有不切实际的期望。由市场营销主导的话语体系，也往往超出了技术现实，甚至超出了我们目前在负责任和稳健地部署 AI 方面的能力。凭借庞大的市场、强大的工程人才和广泛的公众热情，中国成为 AI 投资的重要阵地。但这种加速度也掩盖了一些关于伦理、问责以及长期社会影响的关键讨论。

更广泛地说，如今的 AI 话语往往被塑造成国家间的技术竞赛。各国政策制定者都担心在构建更先进的 AI 模型方面落后于竞争对手。然而，这种竞赛式思维忽略了一个事实：AI 能力如何转化为社会影响，关键并不在于谁先研发出最强大的模型，而在于相关知识的迅速传播。任何试图通过出口管制或其他限制手段维持技术领先地位的国家，在知识迅速扩散的背景下，很难获得持久优势。

真正决定 AI 对经济和社会产生何种影响的，是一个国家能否有效地将 AI 融入现有体制与系统。这一扩散与融合的过程包括重塑工作流程、再培训劳动力、更新监管制度，以及构建有助于各行业（而非仅限数字技术领域）高效使用 AI 的配套基础设施。这个过程以数十年为单位展开，而非以数月来计量。模型能力领先几个月，在这场持久战中意义甚微。

我们需要摆脱围绕 AI 的零和博弈思维。确保系统安全与可靠、防止误用，应对就业替代、人类自主权影响等关键挑战，这是所有国家面临的共同问题。这些并非孤立的斗争，而是全球性的共同责任。要有效应对这些挑战，仅靠竞争远远不够，更需要合作。在这一背景下，跨国协作与互相学习，远比单纯的竞争更具前景。

本书致力于以既通俗易懂又具学术深度的方式，为读者呈现当下的 AI 格局，解释其机制、功能与未来方向，同时帮助读者识别那些将 AI 描述为“万金油”* 的误导性叙事。唯有真正理解 AI，我们才能主动塑造其发展方向，而非被动地被其塑造。我们希望

* 本书的“万金油”对应的英文原文为“snake oil”（蛇油）。蛇油一词源自 19 世纪的美国，当时一些骗子以蛇油作为神药来推销，声称能治愈各种病症，但实际上这些药品大多无效，甚至有时是有害的。为贴合中文语境，便于读者理解，将其翻译为“万金油”，意为夸大效能或根本无效的产品或服务。——译者注

这本书能激发读者的好奇心与批判性思维，为那些希望穿越 AI 话语迷雾的人，提供一份小而有力的清晰指南。

无论是在硅谷的董事会议室，还是在北京的科技园区，我们都希望拨开围绕 AI 的炒作与焦虑的迷雾。唯有真正理解 AI 的能力与局限，我们才能做出有利于公共利益的明智决策。在这一背景下，本书提出的以下核心问题显得尤为及时与重要。

- AI 究竟能实现什么？它的边界又在哪里？
- 哪些系统真正带来了可衡量的价值？哪些则只是制造了“进步的幻觉”？
- AI 将如何重塑我们？不仅包括我们的工具，还包括我们的权利、制度和共同未来？

如果不充分关注这些核心问题，AI 的发展可能会偏离其初衷，并可能在无意中加剧诸如社会不平等、数据滥用和算法偏见等问题。本书并不提供简单的答案，而是鼓励读者进行批判性思考，并以负责任的态度参与 AI 的发展。我们希望这能帮助读者在是否以及如何将 AI 融入个人生活和社会中做出更明智的决策。

在本书的翻译过程中，译者有幸得到了许多朋友的支持与帮助，包括吕婧宁同学的积极参与，她不仅为译稿提出了许多富有见地的建议，还撰写了一篇充满思辨力的读后感，以青年读者的独特视角呼应并印证了本书所传达的核心观点。我们最后也要鸣谢中信出版社的编辑许志女士，她的帮助为本书的顺利出版提供了保障。

译者前言

AI 迷雾中的理性之光

AI 正以惊人的速度改变我们的世界。从教育到医疗，从金融到司法，AI 的应用无处不在，已深入渗透社会的各个层面。然而，技术的飞速发展并非全然光明，随之而来的不仅有令人兴奋的创新，还有层出不穷的夸大宣传、误导性信息，以及对 AI 能力的种种误解。

在翻译本书的过程中，我们深刻体会到这本书的独特价值。书中不仅冷静剖析了 AI 的本质与局限，还为读者提供了一种清晰且理性的视角，让我们在面对技术迷思时，能够保持清醒，不盲从，不迷失。这本书提醒我们，面对技术的狂热浪潮，唯有理性和批判性的思维，才能帮助我们看清真相，做出明智选择。

这本书的两位作者，阿尔文德·纳拉亚南和萨亚什·卡普尔，是计算机科学领域备受尊敬的权威。他们凭借严谨的研究与深刻的洞见，带领读者穿越重重技术迷雾，直面 AI 的真实面貌。书中详细探讨了 AI 的复杂逻辑与技术边界，同时警示我们，要警惕那些以“颠覆性技术”为名的虚假宣传与浮夸承诺。无论是在教育、医疗、招聘、银行、保险，还是刑事司法领域，作者都精准揭示了 AI 可能带来的风险与隐患，帮助读者辨别 AI 何时是推动进步的福祉，何时可能成为不可忽视的威胁。

对我们两位译者来说，翻译这本书不仅是语言的转换，更是一段深入思考的旅程。

我作为第一译者，拥有多年金融行业从业经验，亲身见证了技术如何深刻影响资本市场的发展。在职业生涯中，多次被 AI 的潜力所震撼，同时也清楚认识到它的局限性和潜在风险。通过翻译本书，我进一步认识到：AI 不仅是推动创新的引擎，也可能成为失控的隐患；面对技术浪潮，不仅需要激情，更需要冷静的判断和理性的态度。

第二译者王安心是一名在美国菲利普斯埃克塞特学院就读的年轻学子，对 AI 充满热情，并立志未来投身这一领域，为社会创造积极价值。在她看来，AI 不仅是一项技术，更是一种塑造未来的重要力量。她以年轻而敏锐的视角，为翻译注入鲜活的生命力，使书中的语言更贴近新一代的思维与价值观。在翻译的过程中，她更加深刻地意识到，迅速让公众深入了解 AI 或改变其对 AI 的认知，并非易事。政策制定者仍可能受到行业巨头的影响，而在知识代沟与代际差异的背景下，推动观念转变依旧充满挑战。她希望自己在未来能够为社会贡献力量，推动更加具体、可行的行动方案，让技术为全社会创造价值。

我们希望这本书能成为中文读者在 AI 迷雾中的一盏理性明灯，帮助大家在技术变革的浪潮中洞悉真相，辨明方向。在这个被技术驱动的时代，唯有深刻的理解与理性的态度，才能帮助人们在瞬息万变的环境中做出负责任且明智的决策。

王勇

目录

第 1 章

引言

想象在一个平行宇宙，人们没有专门的词汇来区分各种交通方式，而是统一用“交通工具”来指代一切从地点 A 到地点 B 的出行手段，包括自行车、汽车、公交车、宇宙飞船等。在这个世界里，交流变得混乱不堪。人们激烈争论交通工具是否环保，却没有意识到，一方谈的是自行车，而另一方指的是卡车。某天，火箭技术取得了重大突破，但媒体只笼统地报道交通工具的速度提升了。结果，许多人打电话给他们的汽车经销商（更确切地说，是交通工具经销商），询问什么时候能买到更快的车型。同时，骗子利用公众对交通工具技术的混淆，制造骗局，使整个交通工具行业充斥着欺诈和虚假宣传。

现在，我们把“交通工具”这个词汇换成“人工智能”（Artificial Intelligence，简写为 AI），这就是我们现实世界的一个精准写照。

AI 是一个涵盖一组松散相关技术的统称。像 ChatGPT 这样的软件，与银行用来评估贷款申请者的软件几乎没有任何相似之处。尽管它们都被称为 AI，但在核心原理，包括运行方式、应用场景、目标用户以及可能出现的失效方式上，这两种技术之间存在着巨大的差异。

聊天机器人以及 Dall-E、Stable Diffusion 和 Midjourney 等图像

生成工具，都属于生成式 AI（generative AI）的范畴，这类 AI 工具能够在几秒钟内生成多种类型的内容。例如，聊天机器人根据人类的提示生成极为逼真的回应，而图像生成工具则可以根据用户的描述（如“一头穿着粉色毛衣的奶牛在厨房里”）生成逼真的图像。此外，还有一些生成式 AI 应用可以创建语音甚至音乐等内容。

生成式 AI 技术发展迅猛，进步显著是毋庸置疑的。然而，作为一款产品，它仍然处于初级阶段，存在不成熟、不可靠以及易被滥用的问题。同时，其在普及过程中也伴随着过度宣传、恐慌情绪以及误导性信息的传播。

与生成式 AI 相对的是预测式 AI（predictive AI），这类 AI 通过预测未来趋势来辅助当前决策。例如，在警务工作中，预测式 AI 可能被用来估算“明天这个地区可能会发生多少起犯罪事件”。在库存管理中，它可能预测“这台设备下个月发生故障的概率有多大”。在招聘中，预测式 AI 可能用于评估“如果雇用这位候选人，他的工作表现可能会如何”。

如今，预测式 AI 已被政府和企业广泛使用，但这并不意味着它真的有效。预测未来始终是一项艰难的任务，而 AI 并没有改变这一点。的确，AI 可以分析数据并识别其中的统计模式。例如，通过 AI 可以断定，在职的雇员更有可能偿还贷款，做此项决策十分有意义。但问题在于，预测式 AI 常常被过度宣传，远远超出了它的实际能力，并且它已被用来对人们的生活和职业做出影响深远的决策。在这一领域，AI 的虚假宣传尤为常见。

AI 万金油（AI snake oil）指的是那些名声赫赫，但实际无法达到其宣传效果的 AI 技术。由于 AI 的应用领域非常广泛，许多人尚难分辨哪些 AI 技术能够按照预期运作，哪些仅仅是过度夸大的幻想。这种现象揭示了一个重要的社会问题，那就是我们必须学会辨别 AI 的优劣，才能最大化其潜力，同时有效规避可能带来的风险，而这些风险在许多情况下已经初现端倪。

本书是一本帮助你识别 AI 虚假宣传和炒作的实用指南。在书中，我们将为你提供必备的词汇，帮助你区分生成式 AI、预测式 AI 及其他类型的 AI。此外，我们还会介绍一些评估方法，帮助你判断某项技术进展是否合情合理。通过这些内容，你将能够在阅读 AI 相关新闻时更具批判性思维，识别出那些常被忽视的细节。更深入了解 AI 不仅能满足你对科学的好奇心，还能为你在生活和工作中如何使用（或选择不使用）AI 提供切实的指导。此外，我们认为，预测式 AI 不仅在现阶段难以实现，甚至可能永远无法实现，因为预测人类行为本身充满复杂性和局限性。最后，我们希望本书能够促使你思考自身的责任，并探索如何在应对这些技术潜在负面影响时，积极推动改变。

AI 作为消费品的曙光

生成式 AI 在 2022 年 11 月随着 ChatGPT 的发布而走入公众视野。讽刺的是，其开发者 OpenAI 并未大力宣传，甚至在内部仅将其定位为“研究预览”。[1] 然而，它在短时间内迅速传播开来，引发了广泛关注，人们纷纷分享其有趣且令人惊叹的能力。例如，软件开发者托马斯·普塔塞克（Thomas Ptacek）曾请求它用《钦定本圣经》（*King James Bible*）的风格撰写一段经文，解释如何从录像机中取出花生酱三明治，[2] 以下是 ChatGPT 的回应。

有一个人因花生酱三明治而苦恼，因为他不小心将它放进了录像机里，却不知道该如何取出。

他向主祈求说：“哦，主啊，我该如何将这个卡在录像机中的三明治取出来？它卡得紧紧的，纹丝不动。”

主回应他：“不要害怕，我的孩子，我会引导你。拿起一把黄油刀，小心地插入三明治和录像机之间的缝隙，轻轻地撬开它们。只要耐心和细心，你的三明治将被安全取出，而录像机也不会受损。”

此人按照主的指引去做，果然，他成功取出了三明治，顿时松了一口气。

主接着说：“我还要教导你一件事，不要再将花生酱三明治放进录像机里，因为那不是它应当存放的地方。你应该将三明治放在冰箱或餐盘中，它们才是合适的地方。”

此人领悟了主的话，从那天起，他将三明治放在了正确的位置，从此告别了类似的困扰与麻烦。阿门。

两个月的时间，该应用程序的用户数量突破了 1 亿。[3] 这场突如其来的用户热潮让 Open AI 猝不及防，甚至未能提前准备足够的计算资源来应对激增的流量需求。

ChatGPT 根据描述生成代码时表现优异，也促成电脑程序员迅速开始使用该软件。实际上，程序员早已在使用类似技术的产品，例如 GitHub Copilot。然而，ChatGPT 的发布显著加速了他们对 AI 工具的应用，这极大地缩短了开发应用程序所需的时间，甚至非程序员如今也能利用它构建一些简单的应用程序。

微软迅速从 OpenAI 获得技术授权，并在其搜索引擎必应中推出了一款基于搜索结果回答问题的聊天机器人。相比之下，谷歌早在2021年就开发了自己的聊天机器人，但一直未发布或将其整合到产品中。[4] 微软的举动被视为对谷歌核心业务的生存威胁，这促使谷歌紧急宣布推出自己的搜索聊天机器人，最初命名为Bard（后更名为Gemini）。

问题很快显现出来。在Bard的宣传视频中，聊天机器人声称詹姆斯·韦伯空间望远镜拍摄了首张太阳系外行星的照片。然而，这一说法被一位天体物理学家指出是错误的。[5] 谷歌甚至未能提供一个精心挑选的正确示例，导致市场对其AI能力产生了严重质疑。结果，谷歌的市值瞬间蒸发了数千亿美元。投资者感到恐慌，他们担心如果谷歌按照承诺将Bard整合进搜索引擎，那搜索引擎在回答基本事实性问题时可能会变得更加不可靠。[6]

这些错误使谷歌陷入尴尬的境地，为此付出了高昂的代价，同时也揭示了聊天机器人在处理事实信息时可能带来的问题。这些问题的根源在于聊天机器人的构建方式。它们通过学习训练数据中的统计模式来生成文本，而这些数据大多来自互联网。尽管聊天机器人能够根据这些模式生成看似合理的回答，但它们并不能准确记忆训练数据中的具体细节。我们将在第4章深入探讨这一问题。

技术被滥用的现象屡见不鲜。许多新闻网站发布了由AI生成的报道，内容充满错误且涵盖重要话题（如财务建议）。即使这些错误已被曝光，这些网站仍拒绝停用该技术。[7] 此外，亚马逊平台上充斥着由AI生成的书，包括一些关于蘑菇采集的指南。如果读者依赖这些错误的信息，后果可能是致命的。[8]

聊天机器人的缺陷和被滥用的情况显而易见，这似乎很容易让人得出这样的结论：人们对这种容易出错的技术的痴迷实在难以理解。然而，这种看法未免过于片面。

我们认为，大多数知识密集型行业都能以某种方式从聊天机器人中获益。我们自己也在研究过程中使用它们，从日常任务（如统一引文格式）到一些我们原本无法完成的事情，例如理解一篇我们不熟悉的研究领域充满术语的论文。

问题在于，使用聊天机器人时我们常常会遇到其潜在陷阱。为了避免这些问题，需要付出努力并付诸更多实践。然而，不当使用却更容易发生，尤其是那些试图快速获利的人，比如出售 AI 生成的书，却对内容质量毫不在意的出版商。这正是聊天机器人容易被滥用的根本原因。

关于权力的问题则更加复杂。假设网络搜索公司直接用 AI 生成的答案取代传统的 10 个链接列表，即使忽略准确性问题，其最终效果也是，AI 实际上通过整合重写其他网站的内容，将其伪装成原创，却无须为这些原创网站带来流量或收入。如果搜索引擎直接以自己的名义呈现他人内容，这显然违犯版权法，但由 AI 生成的答案似乎绕过了这一问题。截至 2024 年，已有许多相关诉讼对这一做法提出了挑战。[9]

AI 颠覆娱乐业

文本到图像的生成是另一项备受关注的生成式 AI 技术。据估计，截至 2023 年年中，全球用户已使用 OpenAI 的 Dall-E 2、Adobe 的 Firefly，以及 Midjourney（与公司同名的产品）等工具生成了超过 10 亿张图像。[10] 另一款被广泛使用的图像生成工具是由

Stability AI 开发的开源模型，名为 Stable Diffusion。基于其开源性质，任何人都可以根据自己的需求对模型进行修改。截至目前，基于该模型的工具已被下载超过两亿次。由于用户是在自己的设备上运行这些工具的，因此缺乏中央统计数据来记录生成的图像数量，但估计总量可能已经达到数十亿张。

图像生成工具的出现，带来了娱乐内容的爆发式增长。[11] 与传统娱乐形式不同，这些图像可以根据每个用户的兴趣进行无限定制生成。一些用户偏爱奇幻风景或未来城市的景象，另一些则喜欢将历史人物置于现代背景中，或者创造出名人从未做过的趣味场景，例如穿着羽绒服的教皇，被戏称为“巴黎世家教皇”（Balenciaga Pope）。此外，有些用户还利用图像生成工具制作各种电影的自制预告片，如以《星球大战》为主题，并用著名导演韦斯·安德森（Wes Anderson）的标志性风格（对称构图、柔和色调、奇幻布景）呈现的作品，这类创意内容深受粉丝喜爱。

不仅仅是以上爱好者对图像生成工具感到兴奋，娱乐领域的应用也逐渐发展为一项大生意。视频游戏公司已经开发出能够与玩家进行自然对话的游戏角色。[12] 此外，许多照片编辑应用程序已经集成了生成式 AI 功能。例如，用户可以让这些应用程序在生日派对的照片中自动添加气球等装饰元素，为图片增添趣味性和个性化的色彩。

AI 成为 2023 年好莱坞罢工的主要争议点之一。[13] 演员们担忧制片公司可能会利用他们现有的影像素材来训练 AI 工具，从而根据剧本生成看似由真人出演的新影片。换句话说，制片公司可能永久使用演员的肖像和过去的劳动成果，却无须支付任何报酬。

尽管好莱坞罢工已经结束，但随着技术的不断进步，劳资之间的紧张关系很可能再次浮现。[14] 目前，许多公司正在开发文本转视频的生成工具，还有一些公司则致力于自动化剧本写作。这样产生的最终作品可能在艺术复杂性或价值上有所欠缺，但对那些只关注推出旺季大片的制片厂来说，这些不足或许并不重要。

从长远来看，我们相信技术与法律的结合能够缓解大多数矛盾，同时放大技术带来的益处。例如，有许多前景广阔的技术方案能够减少聊天机器人捏造信息的现象，而适当的监管也能有效防止技术的滥用。然而，在短期内，人类试图适应一个充斥着生成式 AI 产品的世界会经历阵痛，这些工具虽然功能强大，但缺乏可靠性，类似于全世界的人突然免费得到了电锯，既蕴含着巨大的潜力，也伴随着不小的风险。

将 AI 以适当的方式融入我们的生活，确实需要付出努力。一个很好的例子是 AI 在中学和大学中的应用，这样的 AI 工具可以生成论文，甚至通过大学考试。然而，我们必须明确一点，就如同计算器被引入时一样，AI 对教育的影响并非威胁。[15] 在适当的监督下，AI 可以成为一项宝贵的学习工具。然而，要实现这一目标，教师需要彻底改革课程设置、教学方法和评估方式。在像普林斯顿大学这样资金充足的机构中，我们传达给学生的理念是，AI 是一个机遇，而非挑战。事实上，我们鼓励学生主动使用 AI。但对许多其他学校而言，ChatGPT 的出现让人猝不及防，因为它突然为数百万学生提供了一个潜在的作弊工具，这令许多教师感到措手不及。

社会是否会长期以被动的方式应对生成式 AI 的不断发展？抑或我们是否具备足够的集体意愿，推动结构性变革，以确保无论这些创新如何演变，我们都能公平地分配新技术所带来的利益与成本？这些问题值得思考。

预测式 AI：非凡之言，需有非凡之证

生成式 AI 在短期带来了诸多社会成本和风险，但我们对其在长期改善生活的潜力仍持谨慎乐观态度。而预测式 AI 的情况则完全不同。

近年来，预测式 AI 在预测未来社会事件方面的应用快速增长。开发者声称，他们的模型可以预测与个人相关的未来事件，例如某位被告是否会再次犯罪，或某位求职者在工作中的表现。然而，与生成式 AI 相比，预测式 AI 往往难以提供准确的结果，并且存在显著的局限性。[16]

在美国，65 岁以上的人有资格购买一种由国家补贴的健康保险计划。为了降低成本，医疗保险提供者开始使用 AI 来预测患者的住院时间。[17] 然而，这些预测往往并不准确。例如，一位 85 岁的老人被 AI 评估为在 17 天内可以出院。但当 17 天过去时，她仍然感到剧烈疼痛，甚至无法独立使用助行器。然而，根据 AI 的评估，她的保险支付已经被终止。AI 技术通常是以合理的意图被引入的。例如，如果没有预测式 AI，养老院可能在经济上有动机无限期收留患者。然而，系统的目标和使用方式常随着时间的推移发生变化。可以想象，医疗保险提供者最初部署 AI 工具可能是为了提高对养老院的问责度，但这一工具后来却演变为一种忽视个体护理成本，仅专注于从系统中最大化利润的手段。

类似的情况在许多领域普遍存在。在招聘过程中，不少 AI 公

司声称，能够通过分析一个人在短短 30 秒视频中的肢体语言、语音模式和其他表面特征，判断他们的温暖、开放或友善程度。但这真的有效吗？这些基于表面特征的判断，真的能准确预测一个人的工作表现吗？遗憾的是，这些公司未能提供任何可验证的证据来证明其产品的有效性。相反，大量研究表明，预测个人未来的生活状态是一项极其困难的任务。我们将在第 3 章中对此展开详细讨论。

2013 年，好事达（Allstate）保险公司尝试使用预测式 AI 来调整美国马里兰州的保险费率，希望在不流失过多客户的情况下提高利润。然而，这一举措却产生了一份“冤大头名单”（sucker list），该名单上的人的保险费率相比之前大幅提高。[18] 在名单中，62 岁以上的老年人比例异常高，这反映了自动化歧视的现象。可能是因为 AI 从数据中发现老年人不太倾向于比较价格，AI 用这一结论制定定价策略。这种新的定价方法尽管可能帮助保险公司增加收入，但在道德上却引发了强烈争议。马里兰州最终以歧视性理由拒绝了好事达的提案，但该公司仍在其他至少 10 个州使用了这一 AI 工具。*

如果有人反对在招聘中使用 AI 工具，他们可以选择不申请那些依赖 AI 评估简历的职位。然而，当政府使用预测式 AI 时，个人却别无选择，只能接受其结果。（同样，如果许多公司都使用相同的 AI 工具来决定雇谁，类似的问题也会出现。）在全球许多地区，犯罪风险预测工具被用来决定是否在审判前释放被逮捕的被

* 本书中的许多例子，包括这一案例，主要取自美国，这仅仅是因为我们工作和生活在这里。然而，我们希望从这些案例中提炼出的经验教训能够具有普遍适用性。

告。然而，这些系统已经被证明存在各种偏见，包括种族、性别和年龄歧视，但问题不止于此。研究表明，这些工具的准确性仅略高于随机猜测被告是否“有风险”。

这些工具准确性不高的一个原因可能是，某些关键因素的相关数据无法获取。设想三名被告，他们在预测式 AI 用来判断的特征上完全相同，如年龄、过往犯罪次数以及有犯罪记录的家庭成员数量，这三名被告因此被分配了相同的风险评分。然而，实际情况可能截然不同，其中一人对自己的犯罪行为深感悔恨，另一人因警方误捕而无辜受牵连，而第三人则坚定地计划完成犯罪。AI 工具无法捕捉到这些重要的差异，因此无法做出真正准确的判断。

预测式 AI 的另一个缺陷是，其决策对象可能有强烈动机去操控系统。例如，AI 曾被用来预测肾移植接受者在手术后的存活时间。[19] 这样做的目的是，优先将肾源分配给预期存活时间最长的患者。然而，这种预测系统的应用可能会导致对患者产生反向激励，就是为了提高移植机会，患者可能会失去维持肾功能的动力，因为如果他们的肾脏在年轻时衰竭，他们获得移植的可能性会更大！幸运的是，在这一系统的开发过程中，患者、医生和其他利益相关方的参与揭示了这种激励错位的问题。最终，这种将预测式 AI 用于肾移植匹配的做法被放弃，避免了潜在的负面影响。

在第 2 章和第 3 章中，我们将看到更多预测式 AI 失败的案例。随着时间的推移，情况会有所改善吗？遗憾的是，我们认为不会。它的许多缺陷是固有的。例如，预测式 AI 之所以吸引人，是因为自动化使决策过程更高效，但效率恰恰是导致缺乏可靠性的原因。除非有充分的证据支持，否则我们应该对预测式 AI 公司所宣传的内容保持谨慎。

单笔描绘 AI 诱人却失真

生成式 AI 和预测式 AI 是 AI 的两种主要类型，但世界上还有多少其他类型的 AI 呢？这个问题并没有确切的答案，因为关于什么算作 AI，什么不算作 AI，我们尚未达成共识。

以下是三个关于计算机系统如何执行任务的问题，它们可能有助于判断“AI”这个标签是否适用。每个问题都反映了我们对 AI 的一种理解，但都不足以成为完整的定义。第一个问题是，完成这个任务是否需要人类的创造性努力或训练？如果是，且计算机也能完成，那么它可能被认为是 AI。例如，图像生成通常被视为 AI，因为生成一幅图像通常需要人类具备一定的技能和练习，这可能涉及创意艺术或图形设计领域。然而，即使是看似简单的任务，比如识别图像中的猫或茶壶，对人类来说几乎是易如反掌，但在 21 世纪前 20 年却很难实现自动化。因此这种物体识别也通常被标记为 AI。显然，仅通过与人类智能的比较来判断，并不足以定义 AI 的范围。

第二个问题是，系统的行为是由开发者直接在代码中指定的，还是通过学习示例或搜索数据库间接生成的？如果系统的行为是间接生成的，那么它可能符合 AI 的定义。从示例中学习的过程被称为机器学习，这是 AI 的一种形式。这一标准可以解释为什么一个保险定价公式如果是通过让计算机分析过去的理赔数据而生成的，就可能被视为 AI，但如果它是专家知识的直接结果，即使两种情况下的实际规则完全相同，也不会被视为 AI。然而，这一说法并非绝对。例如，一些通过手动编程开发的系统仍被视为 AI，比如能够避开障碍物和墙壁的扫地机器人。

第三个问题是，系统能否在一定程度上进行自主决策，并具备灵活性和适应环境变化的能力？如果答案是肯定的，那么该系统可能被视为AI。自动驾驶技术是一个很好的例子，因为它需要实时感知环境并做出复杂的决策。然而，与之前的标准一样，仅凭这一标准并不足以构成完整的定义。例如，我们不会将传统的恒温器视为AI，尤其是那些没有电子元件的恒温器。它的行为实际上基于一个简单的物理原理，那就是金属随着温度变化而膨胀或收缩，进而开启或关闭电路，而不涉及自主决策或环境适应能力。

最终，某个应用程序是否被标记为AI，很大程度上取决于使用历史、市场营销等外部因素。本书并未尝试提供一个统一的AI定义，或许这对一本关于AI的书来说显得出人意料，但请记住我们的核心观点，几乎没有一种定义可以普遍适用于所有类型的AI。本书的大部分讨论将集中于特定类型的AI。我们只要对每种类型的定义进行明确说明，就能够达成清晰一致的理解。

有一个幽默的AI定义值得一提，因为它揭示了一个重要的观点，“AI就是尚未完成的一切”。换句话说，一旦某个应用程序变得可靠且普遍，人们便会理所当然地接受它，并不再将其视为AI。这种现象有许多例子，Roomba等品牌的扫地机器人、飞机上的自动驾驶仪、手机上的自动补全（智能输入辅助）功能、手写识别、语音识别、垃圾邮件过滤器以及拼写检查等。没错，曾经有一段时间，拼写检查被认为是一个巨大的技术难题！

我们认为这些工具都很棒，它们默默地改善了我们的生活，这正是我们希望看到的更多的AI类型，能为我们造福。然而，本书的重点是那些在某种程度上存在问题的 AI 类型，很显然，你不会想读上几百页关于拼写检查优点的内容。重要的是要认识到，并非所有的 AI 都是有问题的，事实也确实远非如此。

一些新兴的 AI 技术希望有一天能像普通技术一样被广泛接受。例如，自动驾驶汽车目前因事故和伤亡频频登上新闻头条。[20] 然而，尽管安全性问题的复杂性常被低估，但最终这是一个可以解决的技术难题。对社会而言，更大的挑战可能是这项技术广泛应用后带来的大规模劳动力替代。数以百万计依赖驾驶卡车、出租车或共享出行车辆为生的人类驾驶员，将面临失业的风险。然而，如果安全性问题得到解决，并且社会和政治体系能够进行必要的调整，或许有一天，自动驾驶汽车会像今天的电梯一样，成为我们生活中理所当然的一部分。

然而，我们认为某些类型的 AI，尤其是预测式 AI，不太可能成为常态技术。预测人类的社会行为并不是一个可以通过技术解决的问题，基于本质上有缺陷的预测来决定人们的生活机会，无论何时都会在道德上引发争议。

为了更深入地理解为什么不能对 AI 做出过于宽泛的概括，我们以面部识别技术为例进行说明。这种 AI 技术已引起公民自由倡导者的重点关注，因为它在实际应用中导致许多错误逮捕案例。截至 2024 年，美国已经发生了 6 起这样的事件，所有被错误逮捕的人都是黑人。这引发了一个重要问题：警方是否应该停止使用面部识别技术，因为它容易出错，也因为它更频繁地对黑人进行错误识别？

在这场辩论中，一个常被忽视的事实是，所有这些错误逮捕都伴随着一系列警方失误，其中大多数是人为错误，而非纯粹的技术问题。例如，罗伯特·威廉姆斯（Robert Williams）因盗窃被捕，部分原因是警方依赖了一名安全承包商的证词，而该承包商在盗窃发生时并不在现场。[21] 兰德尔·瑞德（Randall Reid）则在佐治亚州被捕，罪名是他在路易斯安那州涉嫌盗窃，但事实上他从未去过那个州。[22] 而波查·伍德罗夫（Porcha Woodruff）则于2023年因一张2015年的照片被捕，尽管警方可以使用其在2021年的驾照照片进行比对。以上类似的案例还有很多。[23]

导致错误逮捕的警方失误每天都在发生，无论是否使用面部识别技术，这种情况都可能持续存在。

此外，警方已进行了数十万次面部识别搜索，该技术的实际错误率非常低。[24] 根据美国国家标准与技术研究院（National Institute of Standards and Technology，简写为NIST）的研究，面部识别的错误率在2014—2020年下降至0.08%，降低了一半。[25]

如果使用得当，面部识别AI通常是准确的，因为这个任务本身几乎没有不确定性或模糊性。这类AI通过大量带有标签的照片数据库进行训练，这些标签明确指出任何两张照片是否属于同一个人。因此，在拥有足够的数据和计算资源的情况下，AI能够学习区分不同面孔的模式。面部识别与其他面部分析任务（如性别识别或情感识别）存在显著区别，后者的错误率要高得多。[26,27] 这种差异的关键在于，面部识别所需的信息完全存在于图像本身，而其他任务则需要基于面部特征推断出某些信息，比如性别身份或情感状态，这种推断固有地存在较大的不确定性和局限性。

民权倡导者常常将面部识别技术与刑事司法系统中其他易出错的技术混为一谈，例如预测犯罪风险的工具。然而，这两种技术之间几乎没有任何共同点，而且它们的错误率相差悬殊。（实际上，被预测式 AI 标记为“高风险”的大多数人，最终并不会再次犯罪。）

面部识别技术的最大危险在于其效果非常出色，这使得它当落入错的人手中时，可能会带来巨大的伤害。卡什米尔·希尔（Kashmir Hill）在其著作《你的脸属于我们》（*Your Face Belongs to Us*）中，详细揭示了这种技术被滥用的诸多有害方式。[28] 例如，一个激进的政府可以利用面部识别技术识别参与和平抗议的民众，并对他们进行报复，而这样的情况确实发生过。[29]

面部识别技术也可能被私营公司滥用。例如，纽约市著名的体育赛事和音乐会场馆麦迪逊广场花园，在 2022 年发生了一起争议事件。律师尼科莱特·兰迪（Nicolette Landi）因被拒绝入场观看玛丽亚·凯莉（Mariah Carey）的音乐会而备受关注。[30] 她的男朋友为庆祝她的生日购买了价值近 400 美元的门票。然而，她与许多律师一样，被麦迪逊广场花园拒之门外。原因是，该场馆运营公司禁止所有隶属于起诉其公司的律师事务所的律师入场，无论这些律师是否直接参与诉讼，甚至包括持有长期季票的访客。而这个禁令就是通过面部识别技术得以实施的。

批评者常以面部识别技术无效为由反对其使用，但这种观点可能更多是为了阻止技术的应用或以此抨击从事相关研究的研究人员，却忽视了面部识别所带来的诸多好处。例如，美国国土安全部曾在一次为期 3 周的行动中使用面部识别技术，通过分析犯罪者在社交媒体上发布的照片和视频，破获了多起涉及儿童受害的残酷案件。[31] 据报道，这项技术帮助识别了数百名儿童和犯罪者。此外，面部识别在日常生活中也有很多实际的应用，比如解锁智能手机，或通过照片中的人像轻松整理相册。这些例子表明，这项技术在合适的场景中可以发挥极大的积极作用。

需要明确的一点是，尽管面部识别技术在正确使用时可以非常精准，但在实际应用中，它却很容易出现问题。例如，如果技术被用于模糊的监控录像，而不是清晰的照片，错误匹配的可能性就会显著增加。美国连锁药店来爱德（Rite Aid）就因使用了一个有缺陷的面部识别系统而引发了严重问题。该系统导致员工错误地指控顾客盗窃，且错误匹配事件多达数千次。更糟糕的是，公司还试图对这一系统的存在保密。幸运的是，这一问题引起了执法机构的关注，美国联邦贸易委员会（FTC）最终禁止来爱德在 5 年内使用面部识别技术进行监控。[32]

总之，对于人脸识别这一“双刃剑”技术，我们应从全面的视角，通过广泛的民主辩论，明确哪些应用是合理和适当的。同时，不当的应用应受到抵制，并制定强有力的防护措施，以防止其被政府或私营机构滥用或误用。

一连串奇妙际遇成就此书

2019 年年底，一位 AI 公司的前研究员突然联系了本书作者阿尔文德，这位研究员曾在一家专注于招聘自动化技术的公司工作。虽然这一业务利润丰厚，但正如我们之前提到的，这个行业充斥着各种欺瞒手段。这位研究员透露，公司内部其实知道其工具的效用并不理想，但这与公司的营销宣传背道而驰。然而，公司不仅忽视了这一问题，还试图抑制内部关于工具准确性的进一步调查。

巧合的是，就在那段时间，阿尔文德受邀在麻省理工学院进行一场公开演讲。由于刚刚与那位研究员会面，这件事仍萦绕在他的脑海中，他在演讲中讨论了 AI 被过度宣传的问题，并揭示了招聘自动化中的种种可疑之处。这场讲座引发了观众的强烈反响。随后，阿尔文德将他的演讲幻灯片分享到了网上。他原以为这一话题只会吸引少数学者和社会活动家的兴趣，然而，这些幻灯片意外地引发了广泛关注，被下载了数万次，他发布的相关推文也获得了两百余万次浏览。

震惊过后，阿尔文德很快明白了为什么这个话题能引起如此大的共鸣。大多数人对身边许多 AI 技术的真实性存有疑虑，却缺乏足够的知识或权威去质疑它。[33] 毕竟，这些技术是由所谓的天才和市值万亿的公司所推销的。然而，当一位计算机科学教授站出来公开批判时，这不仅为人们的疑虑提供了有力的支持，也成为他们分享自己怀疑态度的推动力。

在接下来的两天里，阿尔文德收到了四五十封邀请信，希望他将这场演讲扩展成一篇文章甚至一本书。然而，他最初认为自己对这个话题的理解还不够深入，无法胜任写书的任务。在积累足够的内容之前，他并不打算开始动笔，同时也不愿仅凭一场受欢迎的演讲来推动自己的影响力。

在大学中研究一个主题第二好的方法是参加相关课程，而第一好的方法是教授一门课程。因此，阿尔文德与普林斯顿大学社会学教授马修·萨尔加尼克（Matthew Salganik）合作，开设了一门名为“预测的局限”（Limits to Prediction）的课程。马修曾进行过许多基础性研究，揭示了为什么用 AI 预测未来是极为困难的，我们将在第 3 章探讨其中的两个关键成果。为了让课程更加深入，他们鼓励学生不仅参与学习，同时开展研究，其中一位学生就是本书的合著者萨亚什。

萨亚什刚刚加入普林斯顿攻读博士学位，此前曾在脸书（Facebook）工作，他最终决定离开公司，专注于学术研究，并在科技公司之外探索如何推动公共利益技术的发展。他被几个计算机科学博士项目录取。在普林斯顿，录取的学生会被邀请访问不同的系，与潜在的合作者见面沟通并提出问题，以评估他们是否适合从事某项研究工作。萨亚什也经历了这一过程，开始为自己的研究方向铺路。

在拜访不同系时，博士生通常被建议向导师提出类似以下的问题："你的指导风格是什么?""你的学生有多少天的年假?""你如何看待工作与生活的平衡?"这些问题确实很重要，因为它们可以帮助了解导师的工作方式。然而，它们并不足以深入了解导师的价值观和思维方式。一个更具启发性的问题是："如果一家科技公司对你提起诉讼，你会怎么做?"这个问题的答案能够揭示导师对科技巨头的态度，他们对自己研究的影响力的看法，以及在关键时刻可能采取的应对方式。此外，这个问题足够独特，不太可能让潜在导师有机会事先准备好答案，从而能更真实地反映他们的想法。

萨亚什向每位潜在导师都提出了这个问题，虽然这个问题有些出其不意，但它描述的情境并非完全不可想象。阿尔文德回答道："如果有公司因为我的研究威胁要起诉我，我会感到高兴，因为这说明我的工作正在产生影响。"当听到这个答案时，萨亚什确信自己找到了合适的研究项目。

在预测的局限课程中，学生们对预测式 AI 充满兴趣，尤其是使用数据来预测未来的各种尝试，特别是在社会背景下的应用，即从文明的演变到社交媒体的动态。我们讨论了一些引人入胜的问题，例如，我们能否预测地缘政治事件，比如选举结果、经济衰退或社会运动？我们能否预测哪些视频会成为爆款？

我们研究了一系列试图预测未来的雄心勃勃的尝试，却发现它们大多以失败告终，相同的基本障碍一次次地浮现。由于不同学科的研究人员彼此交流较少，许多领域独立地重新发现了这些局限性。看到这些局限性证据的充足程度，与机器学习被广泛认为是预测未来的有效工具之间的巨大反差，这令我们感到震惊。

课程中包含了许多案例研究，其中之一是“谷歌流感趋势”（Google Flu Trends）。这是谷歌在 2008 年推出的一个项目，试图通过分析数百万用户每天的搜索查询来预测流感疫情，例如流感相关术语的搜索量增加可能预示着流感的传播。谷歌大力宣传这一项目，称其为将 AI 和大数据应用于社会公益的典范。然而，仅仅几年后，预测的准确率就大幅下降。其中一个原因是难以区分媒体驱动的恐慌性搜索与实际流感传播的增加。另一个原因是谷歌对搜索引擎算法的更改改变了用户的搜索行为，而这些变量未被充分重置于 AI 模型。最终，谷歌流感趋势成为一个警示性案例，[34] 这提醒我们，即使在看似可以进行相对准确预测的领域，细节上的疏漏也会常常发生。

萨亚什发现，这门课程印证了他在脸书工作时的早期经验。在脸书，他亲眼看见了构建 AI 模型时容易犯的错误，以及对其效用的过度乐观。产生这种错误的原因通常很微妙，在测试阶段可能无法察觉，只有当 AI 模型部署到真实用户中时才会暴露。[35] 受这些经验和课程的启发，萨亚什决定将 AI 的局限性作为他的研究课题。

经过四年的独立与合作研究，我们终于准备好分享我们的研究所得。然而，这本书的意义不仅在于传递知识。AI 每天都在被用于对我们的生活和工作产生深远影响的决策中，当 AI 系统失效时，后果可能是毁灭性的。当然，并非所有 AI 都是万金油，事实远非如此。因此，能够区分真正的技术进步与虚假的炒作，对于我们每个人都至关重要，而这本书或许可以帮助你做到这一点。

AI 炒作旋涡

自从开始合作以来，我们逐渐深入理解了为何关于 AI 会充斥着如此多的误传、误解和神化。简而言之，我们认识到，这一问题之所以如此顽固，是因为研究人员、公司和媒体都在推波助澜。

让我们从研究领域的一个例子开始。2023 年，一篇论文声称，机器学习可以以 97% 的准确率预测哪些歌曲会成为热门歌曲。[36] 对一直在寻找下一首热门单曲的音乐制作人来说，这无疑是梦寐以求的发现。《科学美国人》（*Scientific American*）和 Axios 等新闻媒体纷纷报道了这项研究，称这种 AI 技术惊人的准确率可能彻底改变音乐行业。[37,38] 早期的研究表明，预测一首歌是否会成功非常困难，因此这篇论文似乎标志着一项重大的技术突破。

遗憾的是，对音乐制作人而言，这项研究的结果被证明是虚假的。

这篇论文提出的方法揭示了机器学习中最常见的陷阱之一，即数据泄露（data leakage）。这通常意味着工具在与其训练数据相同或非常相似的数据进行评估，从而人为地夸大了模型的准确性。这种问题就像按考试内容授课，甚至更糟，如同是在考试前泄题。

当我们纠正了这些错误并重新进行分析后发现，机器学习的表现并不优于随机猜测。

这并非孤立的案例。机器学习论文中基本错误的频率之高令人震惊，尤其是在机器学习作为一种现成工具，被那些缺乏计算机科学背景的研究人员广泛使用时。例如，医学研究人员可能用它来预测疾病，社会科学家用它来预测人们的生活结果，而政治学家则用它来预测内战。

对多个领域已发表研究的系统性审查发现，大多数经重新评估的基于机器学习的研究都存在缺陷。[39] 这些问题并不总是缘于恶意——机器学习本身非常复杂，研究人员很容易在无意中自欺欺人。总体来看，来自 10 多个领域的研究团队分别收集了自己领域中普遍存在缺陷的证据，却未意识到这些问题实际上反映了机器学习领域更广泛的信誉危机。

研究主题越热门，研究质量似乎越容易下降。例如，成千上万的研究声称，能够通过胸部 X 线或其他影像数据检测新冠肺炎。然而，一项系统性审查分析了 400 多篇相关论文后发现，由于方法存在严重缺陷，这些研究中没有一项具有临床价值。[40] 在 10 多个案例中，研究人员使用的训练数据集中，所有患有新冠肺炎的影像都来自成人，而所有未患新冠肺炎的影像都来自儿童。结果，开发的 AI 实际上只是学会了区分成人和儿童，而研究人员误以为自己创造了一种有效的新冠肺炎检测工具。

我们自己在许多研究中发现了缺陷，尤其是在预测内战的领域（简而言之，这条路行不通）。当我们尝试发表一篇揭示该领域缺陷的论文时，我们却发现没有期刊对此感兴趣。修正科学记录中的错误是一项公认的艰难任务。最终，我们通过重新构架论文内容，使其更具指导性，以帮助未来的研究人员避免类似的陷阱，才得以顺利发表。

如今，当我们发现有缺陷的机器学习论文时，我们甚至不再试图纠正。整个系统已经失效。事实上，在许多领域，那些未能被其他研究团队成功复制的实验，其引用的次数反而比那些能被成功复制的还多。[41] 科学界普遍认为科学具有自我纠正能力，即通过正常的研究进展可以剔除错误研究，但我们所观察到的一切表明，这种假设并不成立。

需要明确的是，研究论文中由机器学习错误得出的结论，通常不会直接导致市场上出现有缺陷的 AI 产品。例如，如果一位音乐制作人尝试使用有缺陷的方法预测热门歌曲，他很快会发现它不起作用。（商业中的 AI 万金油通常是指公司明知模型无效却依然销售，因为它们自己心知肚明问题所在。）尽管如此，由于媒体倾向于大肆宣传每一个所谓的突破，这些科学上的误导仍然对公众对于 AI 的理解造成了严重损害。

不过，生活中还是有一线希望的。2022 年夏天，我们组织了一场为期一天的在线研讨会，专门讨论基于机器学习的科学研究中常见的一系列问题。令我们惊讶的是，这场研讨会吸引了数百名科学家的参与。基于研讨会的讨论成果，我们组建了一个由 20 多名跨学科研究人员组成的团队，共同设计了一项干预措施，这是一份简单的检查清单，用于帮助科学家更好地记录他们在使用机器学习时的具体步骤。这份清单旨在减少错误的发生，并在错误出现时更容易被发现。[42] 尽管这项干预措施还处于早期阶段，其能否被广泛采用尚未确定。然而，科学实践的改变往往是一个缓慢的过程。在情况改善之前，可能还会经历进一步的恶化。

接下来，让我们谈谈企业的情况。过度炒作的研究可能误导公众，而过度炒作的产品则会直接造成实际危害。为了研究这一现象，我们与同事安吉丽娜·王（Angelina Wang）和索隆·巴罗卡斯（Solon Barocas）合作，调查了预测式 AI 在工业和政府中的应用情况。[43] 我们记录了约 50 个应用案例，涵盖刑事司法、医疗保健、福利分配、金融、教育、员工管理和营销等多个领域。这些模型的部署大多发生在最近几年。早在 21 世纪前 20 年，预测式 AI 已经渗透到生活的许多方面，通过秘密收集我们的数据，来评判我们，并决定我们的机会与选择。

我们发现，这些 AI 工具的供应商在激烈争夺客户的同时，很少公开其产品的实际效果，甚至不愿透露这些工具是否真正有效。值得注意的是，据我们所知，没有一家招聘自动化公司发表过经过同行评审的论文来验证其预测式 AI 的能力，更不用说允许外部研究人员进行独立评估了。行业领先的两家公司提供了一些外部审计结果：Pymetrics 曾与美国东北大学的一个知名研究团队合作，而 HireVue 则聘请了一位著名的独立审计员。然而，在这两种情况下，研究人员仅被允许评估 AI 模型是否存在种族或性别偏见，而不评估模型的实际有效性。这两家公司巧妙地利用了公众对歧视问题的关注。如果一个系统只是一个复杂的随机数生成器，对每个人都同样不准确，那么让它“公平”对待每个人的确不是一件难事！

不过，也有一些好消息。监管机构逐渐认识到，许多预测式 AI 产品并没有真正达到其宣传的效果。2023 年，美国联邦贸易委员会警告企业，“我们尚未进入科幻小说的境地，计算机尚不能普遍对人类行为进行可靠预测。如果你的模型性能缺乏科学依据，或者仅适用于某些用户类型或特定条件，那么这些说法可能是具有欺骗性的”。[44] 这里的关键字是“欺骗性”，美国联邦贸易委员会获得国会授权，负责监管企业的欺骗性行为。我们希望这一警告能够促使企业重新审视自己的产品和宣传方式，采取更加透明和负责任的态度。

如果说研究人员和企业点燃了炒作的火苗，那么媒体则是在煽风，让这场炒作之火越烧越旺。每天，我们都会被各种所谓 AI 突破的报道轰炸，其中许多文章不过是经过润色的新闻稿伪装成新闻罢了。

媒体对点击量的高度依赖以及新闻编辑室的资金短缺，使这种现象变得不足为奇。然而，AI 报道中的问题并不仅仅是收入减少那么简单。许多 AI 记者依赖所谓的“访问式新闻”（access journalism），即通过与 AI 公司保持良好关系来获取独家采访机会和产品发布的优先权。这种关系导致媒体往往不敢对这些公司进行过多质疑。

AI 具有自我意识的说法对媒体来说总是难以抗拒。2022 年 6 月，一位谷歌工程师声称，公司的内部聊天机器人已具备感知能力（甚至“遭遇歧视”），几乎所有媒体都以此为标题争相报道。[45] 类似的情况在 2023 年年初再次上演，当时必应也宣称自己的聊天机器人拥有感知能力。然而，大多数 AI 研究人员认为，这些说法缺乏科学依据。

当然，仍然有一些 AI 记者没有随波逐流，而是坚持进行出色的调查报道。然而，这样的记者为数不多，他们始终在逆流而上。我们曾与一些记者讨论过 AI 炒作的问题，并在几场新闻会议上发表了相关演讲。同时，我们也了解到一些致力于改善科技新闻质量的努力，这些尝试为行业注入了希望。

例如，普利策中心（Pulitzer Center）资助了一个记者群体专注于“深入的 AI 问责报道，审视政府和企业在警务、医疗、社会福利、刑事司法系统和招聘等决策中使用预测和监控技术的情况”。[46] 这一项目催生了许多重要的调查报道，其中包括阿里·森（Ari Sen）和德雷卡·K. 本内特（Derêka K. Bennett）为《达拉斯晨报》（*Dallas Morning News*）撰写的文章。森和本内特调查了一款名为“社交哨兵”（Social Sentinel）的 AI 产品，该产品被全美多所学校用于监测学生的社交媒体帖子。表面上，这项措施是为了识别潜在的安全威胁，实际上却常被滥用于监控学生的抗议活动。[47]

普利策中心的资金每年仅能支持 10 名记者。从长远来看，新闻能否成为制衡大型科技公司力量的有效手段，将取决于能否扩大这种独立于点击量的资助模式。

所有 AI 领域的专家——无论是研究人员、企业从业者还是媒体人士——都有责任对 AI 炒作现象发声。我们也在尽自己的努力，通过网站 AISnakeOil. com 的新闻通讯，对 AI 的最新进展进行持续评论，并帮助读者区分真伪。[48]

什么是 AI 万金油

在 19 世纪末至 20 世纪初，贩卖万金油的江湖游医在美国非常猖獗。他们常以“奇迹疗法”和“健康补品”为幌子进行虚假宣传。图 1. 1 展示了一则典型的广告。这些万金油商人利用了公众对万金油拥有各种健康益处的非科学信念，以及人们缺乏辨别有效治疗与无效治疗的能力。事实上，大多数所谓的万金油混合物并不含任何有效成分。有些情况下，这些“药物”虽然无效，但对健康也无害；而在另一些情况下，它们却可能对健康造成危害，甚至威胁生命。在 1906 年美国食品药品监督管理局（FDA）成立之前，人们几乎没有有效的手段让这些万金油商人为其产品的成分、效果或安全性承担责任。

这本书中的“AI 万金油”指的是那些实际上不具备，也不可能具备实际效果的 AI 技术，例如最初引发我们研究兴趣的招聘视频

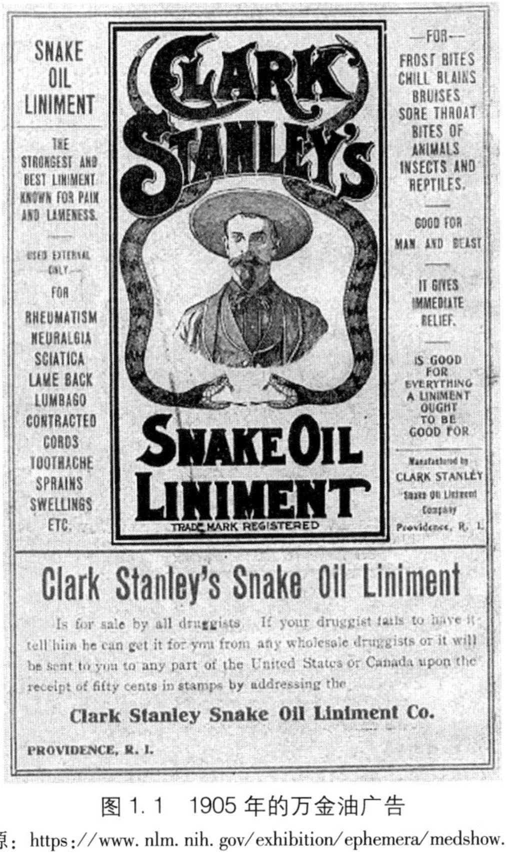

图 1.1　1905 年的万金油广告

资料来源：https://www.nlm.nih.gov/exhibition/ephemera/medshow.html，attributed to Clark Stanley's Snake Oil Liniment，*True Life in the Far West*，200 page pamphlet，illus.，Worcester，Massachusetts，c. 1905，23×14.8 cm. https://commons.wikimedia.org/w/index.php?curid=47338529。

分析软件。本书的目标是揭示这些 AI 万金油，并将它们与在适当条件下可以有效运作的 AI 区分开来。某些万金油案例显而易见，但更多情况下，界限并不清晰。许多 AI 技术确实在某种程度上是有效的，但相关企业往往通过夸大宣传误导公众。这种炒作导致人们对 AI 产生过度依赖，甚至将其视为人类专业知识的替代品，而不仅仅是辅助工具。

同样重要的是，即使 AI 技术本身有效，它也可能带来伤害，例如面部识别技术被滥用于大规模监控的案例。要理解这些伤害的根源并找到补救方法，关键在于厘清问题究竟是由于 AI 模型失效、过度炒作，还是因为 AI 虽按预期工作但其应用本身有害。图 1.2 用两个轴表示了伤害和真实性的维度。本书将重点讨论除图中左下角（既有效又良性的 AI）以外的所有情形，深入探讨 AI 技术在不同应用中的潜在问题与影响。理解了这个背景，接下来是本书的结构概览。

第 2 章将聚焦于自动化决策，这是 AI（尤其是预测式 AI）应用日益广泛的一个领域，包括预测谁可能犯罪、谁可能辍学等。

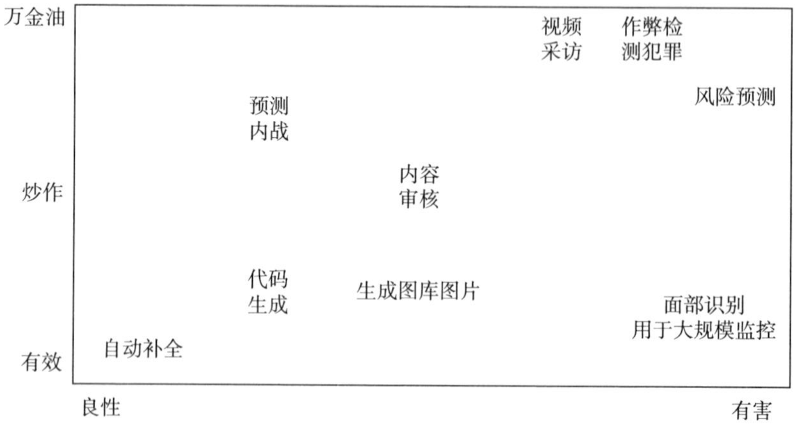

图 1.2　AI 万金油炒作和危害概览（附示例性应用）

我们将探讨多个失败系统的案例及其带来的严重后果。在研究中，我们发现了一组常见的根本原因，这些原因导致这些失败的反复出现，而这些问题本质上与在高影响力的系统中使用预测逻辑息息相关。第 2 章的结尾将探讨一种可能性：能否重新设计决策方式，以摆脱对预测式 AI 的依赖。此外，我们将讨论，为了接受重要决策中固有的不确定性，组织和文化需要进行哪些适应性改变。

第 3 章将回归到一个更基本的问题：为什么预测未来如此困难？我们的结论是，这些挑战并非单纯缘于 AI 技术的局限性，而是由于社会过程的复杂性。预测人类行为本质上极具挑战性，我们将在第 3 章探讨其中的多种原因。我们将回顾多个领域对未来的预测尝试，包括从犯罪到儿童生活的研究案例，以及少数通过独立审查的商业产品。我们将分析对正面结果的预测，如职场成功或畅销书的出版，也会讨论对负面结果的预测，如贷款违约。事实证明，这些预测都极其困难。此外，我们还将关注一些较少的但重要，也更容易分析的预测任务，如识别哪些社交媒体帖子会走红。最后，除了对个体结果的预测，我们还将研究宏观层面的预测，比如疫情的发展轨迹。通过这些领域的研究，我们发现了一些显著的共同模式，并得出一个明确的结论，预测式 AI 的局限性在可预见的未来不会消失。

预测式 AI 的主要局限性可以简单概括为，预测未来本身极其困难。然而对生成式 AI（我们将在第 4 章中讨论）而言，情况则更加复杂。这项技术虽然非常强大，但仍难以完成许多连小孩子都能轻松完成的任务。[49] 尽管如此，生成式 AI 也正在快速进步。要理解其局限性及未来的发展方向，深入了解其技术原理至关重要。在第 4 章中，我们将揭开生成式 AI 的神秘面纱，帮助读者更清晰地理解这项技术。

我们还将探讨生成式 AI 可能带来的诸多危害。在某些情况下，这些危害来自产品本身的缺陷。例如，声称能够检测 AI 生成文章的软件往往效果不佳，可能导致对学生进行错误的作弊指控。而在另一些情况下，危害则是产品运作良好带来的后果。例如，图像生成工具正在导致许多图库摄影师失业，而这些 AI 公司却在未给予补偿的情况下利用摄影师的作品开发技术。当然，生成式 AI 也有许多既有效又广泛有益的应用。例如，它能够对某些计算机编程环节进行自动化，提高开发效率（尽管在这一领域，也存在程序员需要注意的潜在风险，如 AI 生成代码中的漏洞可能被黑客利用）。鉴于本书的重点，我们不会花太多篇幅讨论这些有益的应用。但我们必须强调，我们对这些应用以及生成式 AI 的整体潜力感到兴奋。

在第 5 章中，我们将探讨公众对 AI 生存风险的担忧。许多人担心，未来的 AI 系统一旦足够先进，将会变得难以控制。我们的核心观点是，这种恐惧源于一种二元化的 AI 观念，即 AI 会跨越某个关键门槛，从而获得自主性或超人智能。然而，这种看法并不符合 AI 发展历史的实际情况。AI 技术的灵活性和能力是逐步增强的。为了解释这一点，我们引入“通用性阶梯”（ladder of generality）的概念。当前的技术已达到阶梯的第 7 层，每一层都比前一层更具通用性和更强大。这一渐进式发展的模式有助于我们更清楚地理解 AI 的潜力与局限性，而不是将其视为一种会突然变得无法掌控的技术。

我们有充分的理由相信，AI 的发展将继续遵循这种循序渐进的模式。这意味着，与其依赖对未来的猜测，我们可以从历史中汲取经验。通过扎实的分析，我们发现，“失控 AI”的论调往往建立在一系列错误的前提之上。当然，我们必须严肃对待强大 AI 可能带来的风险。但我们将论证，我们已经具备以集体合作的方式冷静应对这些风险的手段。

在第 6 章中，我们将聚焦于社交媒体，特别是所谓的推荐算法如何被用来生成个性化的信息流。同时，AI 也被用于识别并删除违反政策的内容，这一过程被称为内容审核。这一章的重点是内容审核 AI，同时我们简要探讨推荐算法。我们研究的核心问题是：如同科技公司常常承诺的，AI 是否真的有潜力在不损害言论自由的情况下删除仇恨言论等有害内容？

在这场争论中，人们往往将注意力集中于在执行中不可避免的错误上，如某些内容被错误标记为不合规并被下架。然而，即使这些错误能够得到纠正，一个更根本的问题仍然存在，这些平台本身拥有监管言论的权力，却几乎缺乏任何问责机制。我们缺少一个民主的程序来决定在线言论应如何被治理的规则，并在言论自由与安全等价值之间找到适当的平衡。在这样的背景下，AI 并不能缓解我们对社交媒体的不满。

我们将内容审核 AI 置于图 1.2 的中心位置。在此位置中的 AI 性能已经足够强大，以至于社交媒体公司逐渐依赖它。然而，它经常被误导性地宣传为解决社交媒体治理中道德和政治困境的工具，而事实远非如此。至于其危害性，尽管内容审核 AI 常常表现不佳，甚至助长了大规模的现实世界暴力，但我们认为，这些失败并非技术本身的问题，而是缘于将数字公共领域的控制权交给缺乏问责机制的私人实体所带来的系统性后果。

本书主要讨论了三种类型的 AI：预测式 AI、生成式 AI 和内容审核 AI。但这并不是所有 AI 应用的详尽列表。正如前文提到的，还有许多效果良好却未引起广泛关注的 AI 应用，如自动补全和拼写检查。此外，一些值得讨论的 AI 应用，如机器人和自动驾驶汽车，并未包含在本书范围内，部分原因是它们尚未达到我们所讨论的这些 AI 应用的社会影响规模。尽管如此，本书所提供的概念性框架将帮助你评估其他 AI 应用，即辨别哪些可能是真正有效的，哪些可能只是虚假的炒作。

在第 7 章中，我们探讨了为何关于 AI 的迷思会如此普遍。企业不仅夸大其技术能力，还凭借其巨大的财富和影响力，使学术界和媒体在反驳这些对企业有利的主张时显得势单力薄。事实上，在许多领域，学术研究者既可能代表理性的声音，也可能成为炒作的来源。一些领域的研究者错误地达成了共识，认为 AI 在他们的领域中具有高度准确性，而这些结论往往基于有缺陷且不可重复的研究。我们将以内战预测为例进行分析。这些有缺陷的研究虽然通常不会直接导致有问题的 AI 产品被部署（这也是为什么我们将其归入图 1.2 的左上象限），但它们仍然具有误导性和浪费性，因为它们误导了公众和资源的分配。在谈到媒体时，我们还将探讨记者在有意或无意中助长 AI 炒作的方式，并通过分析，为读者提供一份指南，帮助他们用批判性的视角解读与 AI 相关的新闻报道。

在第 8 章中，我们探讨了变革的方向，并总结了三条主要路径。第一条路径是为公司制定基本规则，以规范其产品的开发和宣传方式。在这方面，监管可以发挥重要作用，同时我们也认识到，监管不应过度干预，以免阻碍创新。第二条路径关注如何将 AI 融入社会。例如：AI 在教育和儿童生活中应该扮演怎样的角色？在工作场所，我们是用 AI 取代工作岗位，还是利用它来增强员工的工作能力？我们认为，这些问题的答案更多取决于社会和政治选择，而非技术本身不可避免的结果。

我们建议的第三条路径是关注对 AI 万金油的需求，而非仅仅关注其供应链。我们的研究发现，AI 万金油之所以具有吸引力，是因为购买它的用户往往身处失序的机构，这些机构迫切寻求快速解决方案。例如，工作负担过重的教师在面对学生使用 AI 完成作业的现象时，感到手足无措。由于缺乏时间和资源进行教学和评估策略的全面改革，他们转而求助于作弊检测软件。然而，这些软件往往效果不佳，导致大量关于作弊的错误指控，给学生带来了灾难性的后果，而问题的根源却并未得到解决。

这些问题无法通过修复 AI 本身来解决。事实上，AI 万金油在某种程度上反而起到了提醒作用，因为它揭示了潜在的系统性问题。更广泛地说，我们发现，人们对 AI 的担忧，特别是对劳动力市场的焦虑，往往实际上反映了对资本主义运作方式的不安。因此，我们必须迅速行动，强化现有的社会保障网络，并开发新的保障措施，以更好地应对快速技术进步带来的冲击，同时确保社会能够从这些进步中获益。

本书适合的读者

我们希望本书能够吸引三类读者的兴趣。或许你只是想弄清楚当前究竟发生了什么。你可能已经看过很多新闻头条，并感到好奇，AI 是否真的能预测地震或帮助通过律师资格考试？如果能，它是如何做到的？你也许会想知道，20 年后哪些工作仍会存在？我们的孩子将过上怎样的生活？

本书并不是关于“在 AI 时代，何为人类”的哲学探讨。对于我们是否正在经历一场深刻的变革，或者这是否仅仅是自动化进程的下一阶段，理性的人可能会持有不同的观点。我们更希望为你提供的是对 AI 技术背后运作原理的实质性理解。

或者，你可能对 AI 感兴趣，是因为你的工作需要你做出与 AI 相关的决策。我们希望这本书能帮助你了解哪些类型的 AI 是有效的，哪些是无效的，以及需要注意的潜在问题。在 AI 的发展历史中，计算机科学家一直试图区分哪些任务对 AI 来说是简单的，哪些是困难的。然而，随着技术的进步，这些笼统的分类未能经受住时间的考验。相反，我们采取的方法是对每种 AI 应用进行具体分析，帮助你在实际场景中更清晰地评估其能力和局限性。

最后，你可能对 AI 感兴趣，是因为你希望采取行动来抵制以 AI 之名造成的危害。在这一领域，公共利益倡导者已经发起了有效的运动来抵制有害的预测式 AI。然而，对于生成式 AI，这场斗争的界限仍在逐渐形成之中。如果技术本身如生成式 AI 公司所期望的，引发经济转型，其对劳动力市场的影响可能并不乐观，即使它不直接导致岗位减少。这是因为生成式 AI 依赖数百万人的低薪、重复性工作来创建训练数据，同时还利用网络上的大量内容，却没有为内容创作者，包括作家、艺术家和摄影师署名，或提供经济补偿。

在工业革命之后，工厂和矿山创造了数百万个新工作岗位，但这些岗位的工作条件极其恶劣。为了保障劳动者的权益，提高工资水平并改善工作环境，人们付出了数十年的努力。同样，面对当今日益加速的自动化浪潮，一场保护劳动权益、人类创造力和尊严的运动已经拉开帷幕。[50] 然而，这场运动的成功仍充满不确定性，其结果取决于我们每一个人的行动和努力。

第 2 章

预测式 AI 何以误入歧途

2015 年，美国马里兰州的一所私立高校圣玛丽山大学的管理层希望提高新生留存率，也就是入学学生中顺利完成学业的比例。为此，学校发起了一项调查，旨在识别那些在适应过程中可能面临困难的学生。乍看之下，这似乎是一个值得称道的目标，因为一旦确定了需要帮助的学生，学校就可以提供额外支持，帮助他们顺利适应大学生活。然而，校长却提出了一个截然不同的建议，他建议开除那些表现不佳的学生。他认为，如果这些学生在学期开始的头几周退学，而不是在学期后期离开，他们就不会被计入"在校生"统计，从而提高学校的留存率。

在一次教职工会议上，校长直言："我的短期目标是让 20 到 25 名学生在 9 月 25 日之前离开，这样我们的新生留存率就能提高 4%～5%。"[1] 这一提议遭到教授们的反对，他们指出，仅仅几周的时间不足以判断学生未来成败的可能性。对此，校长回应道："你们觉得这很难，因为你们把学生看成可爱的小兔子。但不能这样想。"随后，他补充道，"你得把兔子淹死……把枪对准它们的头。"

尽管这是一个令人震惊的案例，但事实上，许多学校确实希望预测哪些学生有退学风险，其中一些学校出于学生利益考虑，通过干预帮助他们完成学业。一种名为 EAB Navigate 的 AI 工具可以将这一过程自动化。它在宣传中声称："本模型为你的学校和顾问提供了宝贵且无法通过其他方式获得的洞察，帮助判断学生是否有学业成功的潜力。"虽然有些学校可能利用这些洞察向学生施压以促使他们退学，但也有学校可能将这些数据用于设计干预措施，帮助学生继续完成学业。然而，即使是看似有益的干预措施也可能带来意想不到的问题。例如，该工具可能建议学生选择更容易成功的替代专业，但这种做法可能无意间将贫困学生和黑人学生（更容易被工具标记）排除在高收入且更具挑战性的科学、技术、工程和数学（STEM）相关专业之外。[2] 此外，在整个过程中，学生可能完全不知晓他们的表现正在被 AI 评估。

EAB Navigate 是一种使用预测式 AI 的自动决策系统。在这一领域，有大量关于 AI 的虚假宣传，也就是我们说的 AI 万金油。

这些工具的营销公司对其效用进行了强有力的宣传，声称它们能显著改善决策效果。[3] 它们已经在政府和私人部门得到了广泛应用。然而，与生成式 AI 应用（如 ChatGPT）受到的公众关注相比，预测式 AI 几乎未引起太多质疑，仿佛"隐身"了一般。更令人担忧的是，在许多情况下，包括 EAB Navigate 模型在内，被评估的个人甚至并不知道自己正在被自动化系统审查。

在本章中，我们将探讨预测式 AI 出错的原因。全面记录所有失败案例可能会超出整本书的篇幅，[4,5,*] 所以我们将重点介绍一

* 以下两个数据库记录了现实世界中 AI（包括预测式 AI）的失效事件。截至 2024 年，AI 事件数据库（AI Incident Database）已有超过 600 条报告，而 AI、算法和自动化事件与争议数据库（AI, Algorithmic, and Automation Incidents and Controversies Repository）则记录了超过 1 400 条报告。

些常见且难以纠正的失败案例。这些案例能够凸显预测式 AI 有效运作时面临的复杂性和挑战。

在深入分析之前，让我们先更详细地了解这些自动化决策是如何生成的。

以预测式 AI 定人生之变局

类似于 EAB Navigate 的算法无处不在，它们被用于自动化流程中，做出与你相关的重要决策，而你可能完全不知情。[6] 例如，当你去医院看病时，决定你是否需要留院观察一晚，还是可以当天出院的可能是算法；当你申请儿童福利或其他公共福利时，评估你的申请是否有效，甚至是否涉嫌欺诈的是算法；当你投简历找工作时，决定 HR 是否会考虑你的申请，还是将简历直接筛除的还是算法；甚至当你去海滩时，判断海水是否安全，是否适合游泳的依旧是算法。

算法是一组用于做出决策的步骤或规则，这些规则有时由个人或机构制定。例如，在新冠疫情期间，美国政府向公民发放了现金补助，以帮助其应对经济困难。补助方案规定，成年人可以领取 1 200 美元，儿童可以领取 500 美元。这些规定是由政策制定者提出的，一旦确定下来，算法就会根据公民过去的税务记录通过自动化流程判定其是否有资格领取：

1. 如果申请人是美国公民，且年满 18 岁，发送 1 200 美元支票。
2. 如果申请人是美国公民，且未满 18 岁，发送 500 美元支票。

3. 如果申请人不是美国公民或年收入超过 75 000 美元*，不发送支票。

这种类型的算法通常是由人制定规则，然后交由系统自动执行，常用于公共领域，例如公共住房或福利资金的分配。

近年来，越来越多的算法通过自动分析过去的数据来生成规则。例如，当你在网飞（Netflix）上观看电影时，如果你给《阿甘正传》的评分很高，而给《闪灵》的评分较低，算法可能会预测你更偏爱剧情片而非恐怖片，从而进行推荐。在这种情况下，网飞的员工并没有通过人工制定规则，例如“喜欢《阿甘正传》的用户应该推荐其他剧情片”。相反，推荐系统是根据用户的评分和观看不同类型影片的行为数据，自动生成并应用规则，决定下一步向用户推荐哪些影片类型。这种算法不同于传统的人工规则制定，它通过自动化的方式生成和执行规则。

这些算法通常被称为模型，这是一个你未来可能经常遇到的术语。模型通常是一组用数学方式定义的数字，用以指定系统应如何运行。除非模型专门设计为可解释，否则这些数字对人类，包括系统的开发者而言，通常都难以理解。模型是通过数据生成的，这一过程被称为训练，即使用一组称为机器学习的统计技术来生成模型的规则和结构。

这些模型远比决定周五晚上看哪部电影的过程要复杂得多。它们被用来分配稀缺资源，例如工作或贷款，为某些人提供机会

* 实际的算法会更加复杂：如果某人的收入超过 75 000 美元，其所领取金额会逐步减少。此外，对于有孩子的家庭，还会适用不同的规则。

的同时，也可能阻碍其他人的选择。这正是我们所说的预测式AI，即利用对未来的预测来做出决策的模型，例如预测谁适合某份工作，或者谁更可能按时偿还贷款。

以美国刑事司法为例，预测式AI被用于多种决策。例如，某名囚犯是否应该获得假释？对于被捕的嫌疑人应该采取什么措施？在审判之前，法官需要决定是将被告关押在监狱中，还是允许他们获得保释。如果允许保释，保释金额应该是多少？或者是否可以在不收取保释金的情况下释放他们，但可能附加其他限制条件，例如佩戴电子脚环？

这些模型的结果可能对个人生活产生深远影响。[7] 短期的监禁足以毁掉一个人的生活。他们可能因此暂时失去收入，即使被释放，尤其是在佩戴电子脚环等限制条件下，重新找到工作也会变得更加困难。此外，监禁还会使他们面临更高的身心健康风险，这既缘于社会的污名化，也因为监狱条件的恶劣。更令人担忧的是，许多在押人员的监禁仅仅是因为他们无法支付高昂的保释金。

因此，刑事司法系统对贫困人群造成了不成比例的负担，进一步加剧了贫困和种族不平等的恶性循环。在美国，随时都有近50万人被关押在监狱中，而他们尚未被定罪。[8] 尽管美国的暴力犯罪率在过去几十年里下降了近50%，被监禁的人数却在过去40年间几乎翻了一倍。[9,10]

美国许多州要求使用风险评估工具来决定一个人在审判前是否应被释放或继续关押，而这些工具通常依赖预测式AI。这些工具通常生成两个主要的风险评分，一是被告在释放后可能犯罪（尤其是暴力犯罪）的风险，二是他们未按指定日期出庭的风险。在每一种情况下，被告都会被分类为低风险、中风险或高风险。

这些工具通过分析被告的某些特征，试图计算出这些风险评分，从而为决策者提供指导依据。

接下来，我们深入探讨一种预测式 AI 产品罪犯矫正替代性制裁分析管理（Correctional Offender Management Profiling for Alternative Sanctions，简写为 COMPAS）系统。COMPAS 系统通过被告对 137 个问题的回答来评估其风险，[11] 这些问题包括与被告过去的犯罪历史或未按时出庭记录相关的内容，还涉及一些被告几乎无法控制的因素，例如他们的家庭成员犯罪的频率，或者他们的朋友或熟人是否曾犯罪。此外，还有一些问题似乎企图通过判断被告的性格或贫困情况而决定是否惩罚他们，如“你会经常感到无聊吗？”“你每隔多久就会出现仅能勉强维持生计的情况？”等。

COMPAS 系统的开发旨在预测被告在两年内是否会不按时出庭或再次犯罪。[12] 该系统通过分析被告过去的行为数据进行训练，从中找出未按时出庭被告的特征模式，如年龄、过往犯罪记录以及同伴的犯罪历史，并试图将这些特征与按时出庭的被告区分开来。这反映了预测式 AI 的一个核心假设，具有相似特征的人将来可能会有相似的行为。

预测式 AI 正在迅速普及。医院、雇主、保险公司和许多其他类型的组织都在使用它，该类模型的一个主要卖点是它允许这些机构重新使用已收集的数据，这些数据最初可能是为行政管理或记录保存等目的而收集的，现在用于实现自动化决策。

然而，预测未来始终充满挑战。人们可能会经历意外挫折，如被驱逐，或遇到难以预料的事件，如中彩票，这些情况是任何模型都无法准确预测的。生活中的小变化，如一次急诊室就医，也可能对未来产生深远影响——可能会带来沉重的医疗账单。

关于预测式 AI 的优势，各种宣传随处可见。例如，Upstart 的 AI 模型用于贷款申请的审批决策。[13] 该公司声称其模型比传统贷款评估系统更为精准，且在公平贷款实践中处于领先地位，并承诺未来模型将继续保持公平。它还强调效率优势，称 3/4 的贷款决策无须人工干预。其他公司也有类似的宣传。HireVue 销售自动化招聘决策工具，声称其可以预测候选人一旦被雇用后的工作表现。HireVue 在其官网将自己的产品描述为，“快速、公平、灵活。你终于拥有了符合你需求的招聘技术”。

尽管有这些令人印象深刻的声明，预测式 AI 的开发在许多阶段仍然依赖人类的决策，这些决策通常隐藏在模型的背后。此外，用于训练预测式 AI 的数据本身来源于人类的决策，而这些决策并不能保证始终是公正或公平的。[14] 换句话说，即使是由预测式 AI 做出的决策，也可能深深打上人类偏见的烙印。

我们对预测式 AI 开发者的承诺持保留意见，因此决定对该领域进行进一步研究。通过与研究人员安吉丽娜·王和索隆·巴罗卡斯合作，我们花了一年多的时间，仔细阅读了数百篇关于自动化决策系统的研究论文、新闻报道和相关报告。令人惊讶的是，我们发现许多预测式 AI 应用存在一系列共同缺陷。[15] 在接下来的几节中，我们将通过具体案例深入探讨这些问题。

提前剧透一下：我们认为预测式 AI 远未达到其开发者所宣称的效用。

预测再准未必决策得当

当患者因肺炎症状前往医院时，医护人员需做出一项重要决定，是治疗后让患者回家，还是让他们留院观察。他们通常会考虑患者的年龄以及是否患有哮喘等潜在健康问题，这些因素可能使患者在感染肺炎时有更高风险。对于高风险的肺炎患者，通常会直接安排进入重症监护室（ICU），以最大程度降低出现并发症的可能性。[16]

1997 年的一项研究，探索了 AI 是否能够在预测肺炎患者病情结果方面做出比医护人员更优的决策。[17] 和许多 AI 研究者一样，研究团队相信，经过大量数据训练的模型可以优化决策过程，帮助优先处理高风险患者。

研究人员训练了一个 AI 模型，结果发现它在预测哪些肺炎患者可能面临并发症或死亡风险方面表现出色。然而，令人意外的是，该模型竟然得出患有哮喘的患者因肺炎出现并发症的风险较低的结论。如果在医院中使用该模型，哮喘患者反而可能比非哮喘患者更容易被要求回家观察，而不是进入 ICU 接受进一步治疗。这简直荒唐！

研究人员对数据进行了仔细分析，发现哮喘患者确实在数据上集中显示出较低的严重肺炎或死亡风险。但原因并非他们面临的实际风险较低，而是因为这些数据来自医院现有决策系统。[18] 哮喘患者一到医院就会被直接送往 ICU，并接受比非哮喘患者更集中的治疗，因此并发症的发生率较低。

换句话说，模型的预测在现有系统下是“正确的”，但这正是它的问题所在。具有讽刺的是，该模型的目的是要替代这个系统。

如果直接部署该模型，结果将是灾难性的，模型会将哮喘患者错误地归类为低风险，并建议他们回家观察，而非进行必要的集中治疗。幸运的是，研究人员及时意识到了这一问题，并决定不在医院中使用该模型。

这个错误揭示了许多预测式 AI 的一个基本局限，在不改变现有系统的情况下，AI 可能能够做出准确的预测，但这并不代表预测具有因果性。相关性并不等同于因果关系（患有哮喘并不会降低出现肺炎并发症的风险）。换句话说，预测式 AI 无法考虑其自身决策对系统的潜在影响。也就是说，它无法预测如果系统发生变化（如模型开始将哮喘患者送回家）会引发什么后果。

再来看一个医疗领域的例子。2018 年的一项研究声称，利用机器学习可以准确预测高血压，结果看起来非常令人印象深刻。[19] 然而，深入分析后发现，该模型是基于已经接受治疗的患者数据进行评估的。[20] 这意味着模型的一个关键输入是，患者是否正在服用控制高血压的药物。然而，如果患者正在使用降血压的药物，那就表明他们已经被确诊为高血压患者。在评估模型时，这些病例仍然被计为成功预测，从而大大夸大了模型的实际准确性。

部分问题的根源在于研究人员往往依赖现有数据，而不是专门为特定任务收集新数据。通常，收集数据既耗时又昂贵，因此一些 AI 开发人员声称现有数据已经足够用来做出有效决策。

然而，在医学领域，专业人员普遍认识到收集新数据的重要性。他们依赖随机对照试验（Randomized Controlled Trial，简写为 RCT）来测试新药物或疫苗的效果。在 RCT 中，参与者被随机分为两组，实验组服用药物，对照组服用安慰剂。研究人员会仔细平衡两组样本在年龄、性别等人口统计学特征上的差异。通过对比实验组与对照组的疾病发生率，评估药物的实际效果。尽管 RCT 过程缓慢且费用高昂，医学研究人员仍坚持这一方法，原因很简单，那就是更快捷的方法通常不起作用。许多使用 AI 进行自动化决策的领域也面临类似的挑战，只有通过收集高质量的新数据，才能确保决策的可靠性和有效性。

遗憾的是，预测式 AI 公司似乎尚未充分认识到数据收集对其决策工具的重要性。而且，收集高质量数据既耗时又昂贵，这直接削弱了它们所宣称的降低成本和提升效率的优势。

因此，即使 AI 能够基于过去的数据做出准确预测，我们也无法在它被部署到新数据集或新环境之前评估其决策的质量。当你听到关于预测式 AI 有效性的主张时，关键是你要弄清楚开发者是评估了其决策的实际影响，还是仅仅依赖于对历史数据的准确性评估来得出结论。

晦暗 AI 纵生巧诈之机

我们已经看到，在部署模型之前，无法完全确定 AI 的实际影响，这部分是因为 AI 在预测时，假设系统状态会与测试期间保持一致。然而，系统是动态的，而人类行为本身就是一个显著的不确定因素。当人们采取策略性行为时，情况则会变得更加复杂。

英国殖民者统治印度期间，为减少眼镜蛇数量，实施了一项奖励政策，交出死眼镜蛇的人可以获得报酬。然而，结果适得其反，人们并没有去捕杀野外的眼镜蛇，而是开始饲养眼镜蛇以换取奖励，因此眼镜蛇数量反而增加。这是一个典型的例子，展示了目标设定与实际结果不一致的问题。类似的情况也可能出现在 AI 中。当开发人员构建 AI 时，他们会明确设定希望预测的目标。然而，由于依赖历史数据，开发人员只能基于现有数据来定义这个目标。因此，AI 实际预测的结果可能与我们真正希望预测的结果存在显著偏差。

一个典型的例子是用于招聘的AI系统。在美国，约3/4的雇主使用自动化工具来筛选求职者。[21] 这些自动化招聘工具形式多样，有些是根据简历筛选候选人，有些是通过自动化视频面试评估候选人，还有一些则要求候选人完成谜题测试。这些工具通常作为筛选流程的第一步。如果某位候选人未能通过筛选，他的简历可能会被直接剔除，甚至无人再查看。然而，这一过程完全不透明。公司不会公开其软件是如何设计的，候选人也完全不了解自己被评估的标准。[22]

为了应对不透明的招聘AI系统，求职者开发了一些策略。例如，他们会在简历中刻意填充职位描述中的关键词，甚至以白色字体添加顶尖大学的名称——这样人类阅读者看不到，但计算机可以识别。[23] 在需要通过AI评估的视频面试中，求职者可能会刻意使用诸如“集团”之类的华丽词汇，以提高他们的评分。[24]

这些策略是否真正有效仍不确定。为了弄清楚这一点，一组记者展开了调查，研究了一家总部位于慕尼黑的初创公司Retorio，该公司提供基于视频面试的AI招聘工具。[25] 他们的发现令人惊讶，外表的简单变化，如围上一条围巾或戴上眼镜，就足以显著改变AI工具给出的评分。将书架或画作添加到背景中可以提高分数，而仅仅使环境光线变暗（内容未变）则会导致评分降低。在另一项研究中，研究人员分析了招聘过程中使用的性格测试工具发现，将简历格式从PDF改为纯文本，就能改变AI对候选人的性格评分。[26]

改变背景或简历格式，显然不会影响一个人实际的工作能力。那么，为什么这些因素会导致候选人的分数发生变化？一个可能的原因是，在训练模型的数据中，拥有书架背景的人可能确实比背景简单的人表现得更好，以致模型将这种无关因素与工作表现错误地关联起来。

这与候选人在简历中添加关键词的策略类似。他们假设过去包含这些关键词的简历可能与更好的工作表现相关。因此，他们希望通过这些关键词提高被AI筛选到的机会，而不至于仅仅因为缺少某些词汇或用词不够高级就被淘汰。

为了避免负面结果而采取策略性行为（俗称投机）是一种常见现象。这就像教师为了提高学生的考试成绩而专门教授应试内容，或者消费者通过申请零售信用卡或填写资格预审表，试图在不改变消费习惯的情况下提升信用评分。然而，在基于AI的招聘中，情况更加复杂，因为候选人通常不知道哪些行为会真正影响他们的机会。AI招聘并未帮助候选人做出能够提升实际技能的决策，而是倾向于鼓励他们对简历和申请材料进行表面性的修改和试验。

我们并不对候选人是否应尝试这些技巧发表立场。虽然投机行为的伦理问题很有趣，但这并不是我们讨论的重点。我们的关注点在于，AI公司在声称其模型具有高准确性时，往往忽略了人们采取策略性行为对模型输出的影响。当模型的结果可以通过表面上的简单修改轻易操控时，其准确性声明自然值得怀疑。此外，不透明的模型还会对被评估者造成时间成本上的浪费。例如，当候选人试图在简历中添加无法验证的虚假资历以迎合AI时，他们所花费的时间完全无助于其实际能力的提升。

过度自动化

2013年，荷兰推出了一种算法，用于识别福利欺诈，取代了此前由人工逐项审核的系统。[27] 该算法仅基于数据中的统计相关性，就能够做出严重的犯罪指控，而无需任何其他确凿证据。[28]

这一项自动化系统的转变举措带来了许多负面影响。首先，人们失去了对决策提出疑问的能力。不准确或过时的政府数据常常导致错误的欺诈指控，而在新系统中，这些错误指控几乎无法被推翻。其次，用于支持这些指控的数据并未公开，受指控者根本无法了解自己为何被认定为欺诈。

在接下来的几年里，该算法错误地指控了约 3 万名家长在儿童养育补贴中存在福利欺诈。政府声称他们欠下的金额在某些情况下高达十几万欧元，以致许多父母陷入严重的精神压力和经济困境。[29] 更令人震惊的是，该算法竟然使用国籍作为预测某人是否涉嫌欺诈的一个因素。在其他条件相同的情况下，土耳其、摩洛哥或东欧国家国籍的人更有可能被标记为欺诈者。[30]

尽管该算法存在缺陷，荷兰仍使用了 6 年之久。当 2019 年该算法的细节被披露后，公众愤怒不已。荷兰数据保护监管机构对因算法使用而导致的隐私保护的失败进行了调查，并对设计该算法的税务部门处以 370 万欧元的罚款，这是荷兰史上最高的一次罚款。2021 年，荷兰首相及其整个内阁因福利欺诈算法的使用而集体辞职。

这正是过度自动化的一个典型例子。当 AI 被用于决策，却不给受影响的人提供任何申诉途径时，过度自动化往往会导致严重的失败。即便没有 AI 的参与，过度自动化在欺诈检测方面也已经造成了其他显著问题。例如，2013—2015 年，美国密歇根州使用一种算法来检测失业欺诈，却错误地向居民收取了 2 100 万美元。[31] 类似地，2016—2020 年，澳大利亚政府在所谓的“机器人债务丑闻”中错误地向公民追讨了高达7.21亿澳元的款项。[32]

为了避免被指责过度依赖自动化，这些系统的开发者通常会在使用条款中声明，系统应始终在人工监督下运行。然而，这种做法更多是为了规避责任，未必能真正起到预期的效果。

2022年夏季，多伦多市引入AI技术，用于预测何时应避免在公共海滩游泳，以降低因细菌超标而引发泳者健康风险的可能性。[33] 开发者声称，这款软件在预测水质安全方面的准确率超过90%。然而，实际效果却不尽如人意，在水质不达标的情况下，64%的时间里海滩依然照常开放，而这正是系统的错误评估所致。

当记者质疑市政府官员关于该工具的效果时，官员回应称，该工具并非独立运行，也就是总有一名监督者负责最终决策。然而，记者后来发现，这名所谓的监督者从未对软件的判断进行过任何修正。

这种情况并不罕见。AI开发者在引入人工监督问题时经常采用“诱饵与调包”策略。他们通过全面自动化的承诺来推销预测式AI，宣传的重点是通过减少岗位和降低成本实现高效决策。然而，当AI系统出现失误时，开发者则会借助细节规避责任，声称AI并非应在没有人工监督的情况下独立使用。

即便理论上存在人工监督，实际上通常并不充分。这可能是因为时间限制、专业知识不足或权限受限。负责监督的官员可能已经超负荷工作，缺乏针对自动决策的专业培训，或者缺乏挑战决策的动力与支持。

在一个极端案例中，美国健康保险公司联合健康（United Health）集团要求员工即使面对AI决策的错误，也必须服从这些决定。如果多次反对 AI 的判断，员工甚至可能面临被解雇的风险。事后调查发现，该系统做出的 AI 决策中超过 90%都是错误的。[34]

即使没有组织层面的管理问题，过度依赖自动化决策（“自动化偏见”）仍然广泛存在，影响了从飞行员到医生等多个行业的人群。在一项模拟实验中，当航空公司飞行员从自动化系统收到一条错误的引擎故障警报时，75%的飞行员遵循系统建议，错误地关闭了正常工作的引擎。相比之下，使用纸质检查单的飞行员中只有 25%犯了类似错误。如果连飞行员在自己生命受到威胁时都可能因自动化偏见而犯错，那么其他官员也很难避免类似的情况。[35]

无论原因如何，结果都一样，AI 负责决定与人们生活息息相关的重大事项，但针对错误决策，人们几乎没有申诉途径，甚至完全无法申诉。

错识人群，枉生预言

AI 的结果直接反映了其训练数据的特性。通过学习数据中群体的行为模式，AI 的决策也会体现这些模式。然而，当决策对象与训练数据中群体特征不同时，模型的判断往往会出现偏差。例如，一个在某国表现出色的预测式 AI 系统，可能在另一个国家完全失效。

让我们来看一下这种情况在美国的两个犯罪风险预测系统中的表现，两个系统分别是俄亥俄州风险评估系统（ORAS）和公共安全评估（PSA）系统。与 COMPAS 系统类似，这两个系统都用于预测审前释放被告时可能带来的风险。

ORAS 于 2010 年基于美国俄亥俄州 452 名被告的数据进行训练，并被推广至全美范围内使用。然而，这种做法存在几个明显缺陷。首先，俄亥俄州的犯罪模式可能与其他州存在差异，因此训练数据无法全面代表其他地区的人群。其次，用于创建模型的小样本群体可能与其实际应用的更大规模人群特征不符。最后，随着时间推移和犯罪模式的变化，模型的准确性可能会显著降低。[36]

相比之下，PSA 系统的训练数据来自美国 300 个司法管辖区的 150 万人，并已在 20 多个州投入使用。表面上看，这种大规模、多样化的数据似乎解决了部分问题。理论上，如果模型基于多个司法管辖区的大量数据进行训练，其在全美范围内的应用应该更为准确。然而，实际情况却并非如此。全美范围的犯罪趋势可能与地方趋势存在显著差异。

伊利诺伊州的库克县（Cook County）是一个典型的例子，该县在 2015 年引入 PSA 系统，但其暴力犯罪率远低于全美平均水平。与训练数据相比，该县被标记为“高风险”的被告中，只有约 1/10 最终犯下了暴力罪行。PSA 系统尽管使用了全美范围内的数据，却未充分考虑到一些地区的犯罪率可能明显偏低。这一问题导致数千名被告在审前因模型预测被不必要地监禁数月，而这些预测并未基于任何实际犯罪证据。[37]

PSA 系统的核心问题在于，它未能区分不同县的数据，因此往往对错误的对象做出预测。在某些情况下，由于无法获取目标群体的完整数据，这一问题变得难以纠正。

宾夕法尼亚州的阿勒格尼县（Allegheny County）提供了另外一个例子。2016 年，该县引入“阿勒格尼家庭筛查工具”，用于预测哪些儿童有遭受虐待的风险，[38] 并据此决定哪些家庭应接受社工调查。这些调查结果赋予社工权力，可以强制将儿童从家庭中带走并安置到寄养家庭。

该工具依赖于公共福利数据，主要涵盖使用公共服务（如医疗补助资助的诊所）的低收入家庭。值得注意的是，这些数据并不包括使用私人保险的富裕家庭的信息。[39] 因此，基于这些数据训练的模型，无法有效评估从未依赖公共服务的富裕家庭的情况。结果，该工具不成比例地将目标集中在较贫困家庭上。

这正是 AI 工具“灯下黑”现象的一个典型例子，AI 的聚光灯往往照向的是弱势群体。

每当预测式 AI 工具被部署时，关键问题是，它曾在谁的身上测试过？如果一个 AI 工具基于某一群体的数据建立，却被用于另一群体，其性能主张往往缺乏充分的证据支持。

预测式 AI 加剧既有不公

有缺陷的 AI 系统并未让所有人平等承担其代价，预测式 AI 的使用对那些长期处于被系统性排斥和不利地位的群体造成了不成比例的伤害。

一个典型的例子是预测谁应获得更好的医疗护理。自 2010 年《平价医疗法案》（Affordable Care Act）在美国通过以来，保险公司开始要求医院以更低的成本提供服务，并威胁不执行的医院将被移除。为削减开支，医院的主要策略之一是识别高风险患者，为他们提供预防性护理，以避免未来昂贵的治疗费用，如住院。为此，医院开始依赖 AI 技术。于是，数十种模型被开发出来，用于评估患者的健康风险。开发者声称，AI 可以根据患者的医疗需求对他们进行排序，将更多资源分配给被判定为高风险的患者。尽管本章开头提到的肺炎风险预测模型从未被投入使用，但为了降低医院开支的健康风险预测工具已在全美范围广泛部署。

加入高风险医疗项目的影响非常重大，直接决定了患者能否获得预防性护理和个性化援助。然而，大多数开发者并未公开其模型的构建过程，直到最近，这些产品的实际表现仍鲜为人知。

其中一个引发关注的产品是 Optum 公司的 Impact Pro。2019 年，研究人员对该模型进行的一项研究发现，该模型预测黑人被纳入高风险医疗项目的可能性低于白人。换句话说，具有相同健康风险的黑人相比白人，获得较差护理的可能性更高。[40]

进一步的调查揭示了问题的根源所在。衡量患者的实际医疗需求非常困难，但医院可以清楚地追踪患者在医疗上的花费。因此，Optum 选择预测保险公司在患者身上的医疗支出，而不是直接预测患者的医疗需求。

然而，更高的医疗费用并不总是反映出更高的健康需求。更高的账单可能是因为患者拥有更好的保险，在医院获得了更多的时间和关照，或是因为更多次地就诊。也可能是因为这些患者能够负担更高的自付费用和拥有更高的免赔额。在美国医疗系统中长期存在的不平等，使得这一问题进一步被放大。Optum 的预测式 AI 实际上将那些已经获得更好医疗服务的群体归类为高风险，从而使他们在未来继续享有更多的医疗资源和更好的护理。

毫不意外，在用于创建模型的训练数据中，黑人患者所获得的医疗护理普遍低于白人患者，即使两者的健康状况相似。这导致该工具显现出种族偏见，因为其预测指标（医疗费用）与开发者声称的目标（医疗需求或患者的风险水平）并不一致。

Optum 选择以医疗费用来衡量风险是基于其业务需求的合理决定，因为其客户是希望控制成本的医院。即便这项引发广泛关注的研究结果已经公布，该公司仍坚持用医疗费用来构建其模型。

商业激励是预测式 AI 加剧不平等的众多原因之一。另一个关键原因是开发者依赖于过去的数据。正如我们所见，为开发预测式 AI 收集新数据既昂贵又耗时。然而，现有数据往往缺乏开发者真正想要预测的信息（如患者的医疗需求或健康风险水平）。因此，开发者选择使用更易获取且已存在于数据中的替代指标（如医疗费用）来代替。

让我们回到 COMPAS 系统，这款工具为审前阶段提供风险评分。开发者声称，法官可以利用这些评分预测被告是否可能再次犯罪或不能按时出庭。然而，COMPAS 系统所使用的数据并不包含具体的犯罪记录，而是基于逮捕记录。这一细微但关键的差别具有重要影响。在许多情况下，并非所有犯罪者都会被逮捕，某些罪行可能被忽视或未被发现。此外，警方可能逮捕了某名嫌疑人，但后来在法庭上证明他无罪。众所周知，美国执法体系存在种族歧视，黑人因同样的犯罪行为相比白人更容易被逮捕。这种执法差异加剧了 COMPAS 系统实际预测内容（逮捕）与其声称要预测内容（犯罪）之间的显著偏差。

正因如此，当预测式 AI 系统被部署时，首当其冲的往往是少数族裔以及贫困群体。例如，在阿勒格尼县，儿童虐待风险预测工具只基于依赖儿童福利等公共服务的家庭数据，忽视了那些未使用公共福利的家庭。在接下来的章节中，我们还将看到更多类似的案例，进一步揭示这些系统如何不成比例地影响弱势群体。

没有预测的世界

为什么预测逻辑在我们的世界中如此普遍？其中一个主要原因可能是我们对随机性本能的抗拒。大量心理学实验表明，人类倾向于在不存在模式的地方去发现模式，甚至会相信自己能够掌控实际上是随机的事物。[41,42] 当人们被迫直面随机性，而控制的幻觉被打破时，他们会不遗余力地寻找重新获得控制的方法。

选举预测是一个典型的例子。在美国，总统选举每 4 年举行一次，而预测获胜者的热潮往往在选举一年多前就已开始。然而，这项实践远非精确的科学。1948 年总统选举的早晨，《芝加哥论坛报》（*Chicago Tribune*）的头版大胆刊登了“杜威击败杜鲁门”的标题，但这一预测是错误的。[43,*] 事实上，杜鲁门赢得了选举，成为美国总统。为了在报纸印刷前抢先发布选举结果，报社依赖民意调查的预测，却得出了错误的结论。今天，选举预测的准确性仅有少许改善。2016 年大选的预测同样备受争议且结果出人意料。当时，大多数预测都显示希拉里 · 克林顿会击败唐纳德 · 特朗普，但最终特朗普成功当选。

尽管存在诸多局限，预测已演变成一种近乎观赏活动，人们对它的热情几乎达到了痴迷的地步。《连线》的一篇文章生动地描述了这样一个人：

> 他每天早晨醒来，第一件事不是洗澡和吃早餐，而是查

---

* 哈里 · S. 杜鲁门和托马斯 · E. 杜威是 1948 年总统选举中民主党和共和党总统候选人。

看内特·西尔弗（Nate Silver）创建的网站上有关总统选举的最新预测。他始终打开概率预测网站 FiveThirtyEight 的最新民意调查名单，只要有新的民调发布，就会刷新预测概率。他的手机也设置了推送提醒，每当预测发生变化时都会通知他。此外，他还关注了“538 预测机器人”，这是一个在每次预测更新时自动发推文的账户。埃文（Evan）坦言，他几乎每小时都会查看一次，至少在清醒的时间里是如此。[44]

尽管民调数据对大多数人的日常生活几乎没有实际影响，为什么还是有人如此执着地关注？归根结底，这是因为我们难以应对生活中的不确定性。避免不确定性比规避风险在更深层次地影响着我们的心理。即使选举预测者表示，我们支持的候选人获胜的概率是 50%，这种确定的数字也比完全未知的感觉要好得多。

那么，这种现象与 AI 虚假宣传有无关联呢？我们的观点是肯定的。在美国，企业和政府在部署有缺陷的预测式 AI 时，确实有许多出于商业利益或官僚目的的误导性理由，但其中一个关键原因是，决策者本身也是人，他们与其他人一样，害怕面对随机性。这种恐惧让他们难以接受另一种决策方式，即承认未来是无法准确预测的。这意味着他们不得不直面一种令人不安的事实，他们无法完全掌控局面，无法准确选出优秀的工作表现者，也无法比一个大多依赖随机的过程表现得更好。

如果一位决策者接受了不可预测性，会发生什么呢？设想一家公司宣布，其将排除明显不合格的候选人，通过随机抽选的方式录用员工，并在符合绩效标准的员工中随机决定晋升。然而，由于社会对“绩优主义”的深刻依赖，这种做法很可能被视为荒唐且不负责任。这样的公司可能会被视为不受欢迎的雇主，导致优秀的求职者敬而远之，这种政策在现实世界中几乎无法持续。

事实上，类似的例子已经出现过。当住房通过抽签分配时，参与者往往对这种随机方式持负面评价。[45]

因此，对随机性的焦虑驱使我们在没有模式的地方强行寻找模式，而这种倾向为偏见的产生铺平了道路。正因如此，“没有人因购买 IBM 而被解雇”这句商业格言应运而生。选择熟悉且经过考验的选项，似乎比直面不确定性更为安全。甚至企业主要从名校招聘的惯例，也反映出一种试图在本质上不可预测的任务（识别人才和员工潜力）中寻求规律的心理需求。

然而，接受决策过程中固有的随机性和不确定性，可能会带来更明智的选择，并最终造就更具韧性的机构。我们不应将人类的行为视为固定不变，也不应将他们的结果视为既定事实。相反，我们需要建立一种框架，真正承认过去无法准确预测未来的事实。如果我们能够学会接纳支撑我们生活的随机性，一个更加开放和包容的世界是可以实现的。在最后一章中，我们将再次回到这一主题，探讨如何实现这一愿景。

回顾

随着预测式 AI 的广泛应用，理解它可能如何失败以及对人类造成的伤害显得尤为重要。这种认识可以帮助我们避免陷入虚假宣传的陷阱。改变始于在工作场所、社区和社会中质疑和抵制有害 AI 工具的使用，确保公众对这些技术及其影响有充分的了解，是推动改变的第一步。

在本章中，我们探讨了预测式 AI 失败的诸多原因，表 2.1 对此进行了总结。然而，随着数据收集量的持续增长和机器学习技术的不断进步，或许这些限制只是暂时的。从另一个角度看，无论我们拥有多少数据或模型多么先进，未来的可预测性可能始终存在固有的限制。究竟哪种可能性更接近真相？我们将在第 3 章深入探讨这个问题。

表 2.1　预测式 AI 失败的 5 个原因

	原因	示例
1	优秀的预测可能导致不良决策	哮喘患者在医院因肺炎症状就诊时，可能会因为预测模型的判断被要求回家观察
2	人们可以有意操纵不透明的 AI 系统	在自动化招聘工具中，背景放置书架可以提高面试评分
3	用户对 AI 过度依赖，缺乏适当的监督和申诉机制	荷兰的福利欺诈检测模型错误地指控 3 万名家长欺诈，而这些家长却无从申诉
4	训练 AI 的数据可能与实际应用的人群不同	犯罪风险预测模型 PSA 系统基于全美样本，但在犯罪率较低的县明显高估了风险
5	预测式 AI 可能加剧社会不平等	Optum 的 Impact Pro 系统使黑人和白人患者之间的医疗质量差距进一步拉大

第3章

何以 AI 难测未来苍穹

我们的生活是否早已注定？我们是否能够预见自己明天的命运？未来一年，世界会变成什么模样？我们的职业生涯将如何演进？如果未来真的可以预测，我们又该如何着手实现这一点？这些问题并非新生之问，而是人类亘古以来的思考。人类总是渴望窥探未来。从历史上看，人们曾寄希望于那些自称能够“洞悉未来”的人来获得答案。在大军出征之前，国王会向神谕请示吉凶。在一个疾病可能随时降临、充满不确定性的世界里，人们常常求助于“算命先生”。

然而，除了依赖那些被认为具备预知能力的个人，人类在历史上还发展出了一系列任何人都认为自己可以掌握的预测系统。[1] 这些系统采用结构化预测未来的方法，通过分析诸如星象、塔罗牌、手掌纹路等来推测未来，形式多种多样。

如今，AI 已逐渐成为最受欢迎的预测工具。许多人相信，通过算法和机器学习，可以分析历史与当前数据，从而对未来事件做出准确预测。其中一个广为人知的案例是“啤酒与尿布销售之间的意外关联”。[2] 在分析某连锁商店的销售数据时，一位数据科学家发现啤酒与尿布的销量呈现相关性。据推测，这可能是因为新手父母因忙于育儿无法外出到酒吧，但可以选择在家中饮酒。

因此，当商店将这两类商品摆放在一起时，既促进了尿布的销售，也推动了啤酒的购买。

这一发现生动地展示了数据能够为我们揭示的深刻洞见。在一家典型的商店中，类似的关联可能多达数百万种，而 AI 能够帮助我们识别其中真正值得关注的部分。同样，科技乐观主义者相信，统计工具有潜力取代传统的科学方法，因为它们能够从庞大的数据中挖掘出许多超出人类科学家想象的关联和规律。[3]

可以理解，以下观点为何如此受欢迎——我们倾向于相信计算机能够通过纯粹的数据处理来预测未来。与其他预测未来的方法不同，计算机的强大能力似乎不容置疑。毕竟，计算和 AI 已经在许多领域取得了显著成效，例如语音转录或直接将文字生成图像。因此，对普通人来说，一家公司开发出一个可以预测未来事件的工具，比如预测犯罪发生的时间和地点，这听起来并非遥不可及。

然而，正如第 2 章所讨论的，预测式 AI 往往并不像宣传中那样完美运作，反而可能带来许多隐患。那么，这些局限是不是预测式 AI 本身所无法避免的固有问题？还是随着 AI 技术的进步和数据获取的日益丰富，这些问题将逐步得到解决？

随着预测式 AI 的迅速发展，2020 年，阿尔文德和马修 · 萨尔加尼克在普林斯顿大学共同开设了一门课程，旨在收集有关我们预测未来能力的相关证据。[4] 本章内容基于这门课程的核心主题，以及此后萨亚什和阿尔文德在这一领域所开展的研究。我们将重点探讨以下问题，AI 在预测个人和社会结果方面的表现如何？它存在哪些局限性？在什么情况下，我们能够改进对未来的预测？有哪些限制是无法克服的？

让我们从用于预测未来的计算工具开始探讨。

计算机预测未来简史

当你的天气预报应用程序显示有80%的降雨概率时，这背后凝聚了人类千年来对天气状态的探索与研究。在古埃及，在阿斯旺水坝建成之前，尼罗河每年都会泛滥。从公元前3世纪起，祭司们通过观察尼罗河的水位变化来预测每年农耕季节的水量，这一做法持续了约一千年。[5] 如果水位在特定日期到达某个标志性的石标，祭司们便可以判断当年的水量是否足够支持农业生产。

时间快进一千年。到17世纪末，几种关键的气象仪器相继问世，湿度计用于测量湿度，温度计用于测量温度，气压计用于测量气压。进入19世纪，世界各地陆续建立了气象观测站，收集的全球数据开始帮助气象学家预测天气变化。到20世纪初，科学家们提出了模拟天气模式的理论，但受限于计算能力，这些方程的实际计算迟迟无法实现。这一切在20世纪40年代迎来转机。当时，一位世界顶尖数学家约翰·冯·诺依曼（John von Neumann）在普林斯顿高级研究院领导团队建造了一台计算机。这台计算机不仅有其他广泛用途，还能够用来计算模拟方程，从而实现对天气的预测。到20世纪50年代中期，北美已开始定期发布天气预报，为现代气象学奠定了基础。[6]

然而，1963年的一项发现让人们对长期天气预报的可行性产生了深深的怀疑。[7] 气象学家爱德华·洛伦兹（Edward Lorenz）在尝试使用模拟方程预测天气模式时，无意中发现了一个惊人的问题，将数字四舍五入到三位小数而非六位小数，竟会导致完全不同的预测结果![8]

这一发现引发了一场具有深远意义的科学革命，那就是人类意识到天气是一个混沌系统。这意味着，初始条件的微小变化（如温度测量中的细微误差）会导致误差以指数级放大。预测的时间越长，误差越不可控。洛伦兹将这一现象称为“蝴蝶效应”，巴西的一只蝴蝶轻轻扇动翅膀，可能会在美国得克萨斯州引发一场龙卷风。[9] 这一理论表明，即便是最微小的扰动也会随着时间推移在大气中引发巨大的连锁反应。一旦科学家们理解了这一效应，便意识到长期天气预报面临的挑战几乎是无法克服的。

然而，在过去的几十年里，天气预报领域发生了一些引人注目的变化。随着计算能力的提升、数据来源的增加以及更精确天气模拟方程的出现，天气预报的预测能力每 10 年便能提高一天。换句话说，10 年前的 5 天天气预报，其准确度与今天的 6 天天气预报大致相当。[10] 当然，我们仍然无法预测一年的天气，甚至连一个月之后的天气也难以准确预报。要做到这一点，几乎需要精确掌握每只蝴蝶的位置和动作。然而，一周内的天气预报已经变得相当可靠，并为人们的生活提供重要的参考价值。这一进步并非缘于计算方法、理论或数据收集方式的革命性突破，而是由于多年来在各个环节持续的小幅改进，最终累积成显著的成果。

如今的天气预测主要依赖于一种被称为模拟的计算工具，其核心思想是，通过两个关键信息来预测系统的未来演变，一是系统的当前状态，二是描述系统内各组成部分之间相互作用的方程式。

鉴于模拟在预测物理系统变化中的成功，人们可能会设想，只要拥有足够的数据和计算能力，模拟也可以用来预测任何类型的事件。在20世纪50年代，麻省理工学院教授杰伊·福瑞斯特（Jay Forrester）开创了一种称为系统动力学的方法，试图将模拟技术的应用扩展到社会系统。[11] 他的目标是利用模拟来对整个城市进行建模，以解决包括城市衰退在内的一系列复杂社会问题。

然而，事情发展得非常不顺利。原因并不难理解，一个城市与物理系统有着本质的不同。即使在极权主义社会中，也无法对一个城市的状态进行完全准确的观测，因此，模拟的初始条件中必然存在大量不确定性。此外，城市并非一个封闭系统，除非能够对整个世界进行建模，否则模拟结果难免会与实际情况出现偏差。事实上，福瑞斯特的模型忽略了一个当时美国城市发展的重大郊区化现象，即郊区作为住宅区快速延展，以及人们从郊区通勤到城市工作的趋势，正在深刻改变城市的结构和功能。

20世纪60年代，一家名为Simulmatics的公司（其名称由“模拟”和“自动化”两个词组合而成）试图预测美国总统大选结果、种族骚乱等社会事件。[12] 然而，据我们所知，该公司实际上并未真正使用模拟技术，而是依赖基本的统计和代数方法。[13] 尽管如此，这一公司名多少还是反映了当时人们对模拟与预测之间关系的高度期待。然而，Simulmatics的尝试并未取得成功。最终，由于无法实现其宏伟目标，该公司在1970年宣告破产。

与模拟不同，机器学习通过利用过去的数据来学习潜在的模式，从而对未来事件进行预测，并且通常能够随着时间的推移不断调整和优化。关于未来发展的规则并不是固定的，而是基于系统过去的行为动态确定的。

例如，天气模拟通常依赖于关于世界的物理定律，如描述气流随时间变化的数学方程。然而，如果使用机器学习，则会利用数据构建计算机模型，展示过去天气的演变过程，并通过这些模型预测未来的天气。这样一来，就无须依赖对物理学的深入理解，也不需要逐分钟或逐小时地预测天气，每项预测再作为下一项预测的输入。相反，机器学习会直接建立模型，构建今天天气与明天（或其他感兴趣时间跨度）天气之间的关系。

从广义上来说，机器学习更适合预测与个体相关的现象，而模拟则更适用于预测集体或全球性结果。这是因为机器学习通常需要大量的个体数据来训练模型。例如，如今的垃圾邮件分类器之所以效果显著，是因为我们可以获取大量标记为垃圾邮件和非垃圾邮件的样本来训练模型。

然而，当面对诸如预测粮食短缺这样的问题时，机器学习可能就显得力不从心，因为过去发生粮食短缺的样本数量有限，无法为模型提供足够的数据支持。在这种情况下，基于领域知识的模拟方法可能更加适用。例如，气候条件的变化如何影响农业生产、全球贸易，以及政治动荡对粮食供应链的潜在影响。

在 Simulmatics 公司倒闭的同时，更复杂的机器学习方法开始逐步兴起。FICO* 公司于 1956 年成立，专注于预测个人信用风险。起初，公司为个别贷款人和银行设计模型，直到 1989 年推出通用的 FICO 评分体系，这一评分体系很快成为金融机构衡量信用风险的行业标准，通过分析个人的信用历史来预测其未来的违约可能性。[14] 类似地，20 世纪 80 年代，刑事风险预测开始得到广泛应用。[15] 进入 21 世纪初，机器学习在个性化广告投放的商业领域取得显著成功，随后逐步扩展到许多其他领域。这种技术在科技

* 当时该公司名称为 Fair，Isaac and Company。

和商业界被视为解决几乎所有决策问题的默认方法。随着这一趋势的推进，21 世纪第二个 10 年预测式 AI 的使用快速增长。绝大多数大型公司开始采用某种形式的自动化招聘工具，用以提升效率并优化决策流程。[16] 未来，我们还会看到更多类似的应用实例。

尽管计算预测在社会领域得到了广泛应用，但令人意外的是，关于其有效性的公开证据却少之又少。那么，我们究竟在多大程度上能够准确预测未来的社会结果？接下来让我们深入探讨这个问题。

明确分析

并非所有的预测都充满挑战。一些现象可以被非常准确地预测，例如，天文学家可以精确计算行星的运行轨迹和恒星的生命周期，医生也能够预测某些疾病的进展，甚至预测不同药物对疾病的影响。鉴于这些成功，我们不禁要问，究竟哪些现象是无法预测的？

根据第 2 章的讨论，一个初步猜想是，任何社会现象都难以预测。然而，这样的结论未免过于笼统。事实上，我们确实能够相当准确地预测一些社会现象，如某条道路的交通流量或某个商店某天的客流量。[17,18] 因此，很明显，我们需要对问题进行更具体的分析，才能揭示预测能力的真正边界。

一个预测难度较大的领域是关于人类的未来。我们能提前一年准确预测学生的平均学分绩点（GPA）吗？能预测某人是否会被驱逐出当前的住所吗？在接下来的章节中，我们将回顾关于这些预测准确性的相关证据。然而，在此之前，我们需要停下来思考一个关键问题：预测的准确性需要达到何种程度，才能被视为“好”或“差”？这个问题看似简单，实则远比想象中更为复杂。

对于几乎任何类型的预测，评估其准确性的方法多种多样，而不同的方法往往会得出看似截然不同的结论。以天气预测为例，如果温度误差在1摄氏度以内，是否可以认为预测是准确的？还是说只要误差在5摄氏度以内就足够？或者，我们是否更关注能否正确预测下雨，而不考虑具体温度？这些标准中的任何一个都可以用来比较两种不同的预测方法，或者评估我们在天气预测能力上的进步。然而，实际上并不存在一种绝对标准来判断天气预测的好坏。

这也意味着我们无法直接比较不同领域的预测难度。例如，我们不能简单地说“天气模式比销售模式更难预测”，因为无法合理地将温度误差在1摄氏度以内的预测与商店销售额误差在10%以内的预测进行比较，判定孰优孰劣。

然而，一些定性的标准可以帮助我们理解某些预测任务是否有效。尽管天气预报并不完美，但其准确性足以让许多人每天早上查看天气预报，以决定是否需要带伞。相反，我们无法准确预测某人是否会在上班途中发生交通事故，因此人们也不会依赖所谓的“事故预报”来安排日常出行。

这一比较揭示了预测的另一个重要特性，我们关心的并非预测本身的准确性，而是其在实际应用中的效果。例如，如果预测的目标是识别需要制定严格建筑规范的高风险区域，那么当前的地震预测能力已经非常出色。[19] 然而，如果目标是预测地震的发生，以决定是否进行人员疏散，那么我们的预测能力几乎为零。[20]

前者聚焦于地震可能发生的地点，而后者则关注具体的发生时间。

在其他场景中，例如刑事风险评估，预测在某些权力机构的视角下可能具有实际用途，如帮助法院系统管理监禁人。然而，当预测用于决定谁应被关押，谁应被释放时，其应用可能引发严重的道德争议。

此外，预测准确性是否会随着数据的增加和模型的改进而提升。假设一种疾病是由复杂但具有确定性的遗传过程引发的，也就是说，它完全取决于某人的基因。在这种情况下，随着基因测序数据的增多和模型的改进，我们可以期望更准确地预测谁会受到这种疾病的影响。然而，假如某种癌症是由辐射暴露引发的随机基因突变导致的，那么情况就不同了。我们或许能够通过分析工作环境中的辐射暴露来评估某人的患病风险，但由于过程中的随机性，除了提供风险评估，我们无法准确预测其是否会得癌症。

对于这两种疾病，关于可预测性高低判断并非基于绝对数值。事实上，从当前来看，由于我们对遗传学的理解还相对有限，遗传疾病的可预测性可能比癌症更低。然而，随着数据和科学知识的积累，这两种疾病的可预测性轨迹却截然不同。遗传疾病的可预测性会随着时间的推移逐步提高，而癌症的可预测性则存在无法突破的根本限制，这就如同无论我们拥有多么丰富的数据或多么先进的 AI 技术，我们都无法预测一个公平骰子掷出的具体结果。

因此，当我们说生活中的结果难以预测时，我们的依据是以下三种标准的综合考量：实际应用的价值、道德与合法性的问题，以及不可消除的误差，即那些即使通过更多数据和更先进的计算方法也无法减小的误差。

让我们回到生活结果为何难以预测的问题。其中一个最直观的解释是，人具有自主性。然而，这一解释并不完全令人信服。人们确实拥有自主性，但我们究竟有多频繁地行使这种自主性呢？也许人们并不总是足够频繁地行使自主性，因此，在许多情况下，我们的行为仍然是可预测的。此外，尽管人类在自然状态下的行为不具备高度可预测性，一些由特定机构进行的预测（如学生的 GPA），却是通过精心设计和选择性构建的，其目的在于对个人施加控制。正因如此，这类行为可能比人类行为的其他方面更具可预测性。[21]

为了寻找更好的答案，让我们转向现实世界中的实证证据。

"脆弱家庭挑战"项目

预测未来是许多科学领域的核心，但在社会科学中却并非如此。[22] 在社会科学中，主流方法是致力于改善我们对现象原因的理解，而不是专注于预测。举例来说，社会学家的目标通常并不是预测某个人未来的收入，以实施有针对性的干预。他们的目标是研究贫困的成因，从而制定更有效的措施来缓解贫困。

同样，社会科学关注理解婚姻中的不和谐和离婚的原因，而不是被用于预测某对夫妻是否会离婚。[23] 在 20 世纪 90 年代和 21 世纪初，社会学家确实尝试过进行这种预测，并对预测哪些夫妻会离婚表现出极大的兴趣。然而，这些研究由于方法上的缺陷而备受困扰，导致预测准确性被大大夸大。[24] 具体来说，研究人员使用的模型在训练数据集中的样本上表现良好，但在训练数据之外的夫妻中效果却不佳。换句话说，这些预测仅在已知答案的情况下才有效！

社会科学更重视对事物的理解，而非预测的一个原因是长期以来数据的匮乏。直到现在，社会学领域的数据集规模一直较小。而机器学习在大数据集上的表现最佳，因此社会学家过去主要依赖简单的统计模型，如线性回归。

随着可用数据量的增加，机器学习在社会科学中的预测应用开始逐步发展。让我们来看一个名为“脆弱家庭挑战”（Fragile Families Challenge）的尝试，这是一个利用 AI 和大规模数据来预测儿童成长情况的著名研究项目。

在 2015 年，我们在普林斯顿大学的同事马修·萨尔加尼克希望研究 AI 预测未来的能力。当时，普林斯顿大学的社会学教授萨拉·麦克拉纳汉（Sara McLanahan）正在进行一项长期研究，追踪了 2000 年前后出生于美国 20 多个城市的 4 000 多名儿童的生活。在过去的 15 年中，萨拉及其团队分别在孩子出生时，以及在孩子 1 岁、3 岁、5 岁和 9 岁时，对这些孩子及其家庭进行调查。通过这些调查，研究团队从父母、老师以及家庭活动中收集了超过一万个数据点。事实上，很难找到一个未被纳入这项研究的社会学变量。

在 2015 年，萨拉及其团队计划发布最新一轮调查数据，这些数据是在孩子们年满 15 岁时收集的。马修希望利用“脆弱家庭挑战”项目的调查数据来测试 AI 的预测能力。他来到萨拉的办公室讨论细节，这场对话成为两个人合作的起点。

马修和萨拉意识到，仅依靠一个研究小组来分析这些数据不足以全面评估儿童生活结果的可预测性。虽然这样的方法可以得出预测准确性的下限，但无论结果如何优秀，总会有人认为可以通过构建不同的模型，或者由更高技能的研究人员组成团队来获得更好的表现。换句话说，在这种情况下，想要证明预测能力不足的结论几乎是不可能的。

为了解决这个问题，马修和萨拉与普林斯顿大学的同事伊恩·伦德伯格（Ian Lundberg）和亚历克斯·金德尔（Alex Kindel）共同组织了一场预测竞赛。他们向全球的参赛者发布了部分数据，即从孩子出生到9岁期间收集的所有数据。参赛者被要求利用这些数据创建AI模型，预测孩子在15岁时的表现，包括6项具体结果，如GPA、是否被驱逐出住所，以及家庭是否面临物质困境。参赛者的排名基于他们的预测结果与真实数据的接近程度。

由于比赛对公众开放，吸引了数百名研究人员参与，不同团队得以尝试多样化的方法。有些团队使用复杂的AI模型，而另一些团队则采用传统的社会学统计模型。不论方法如何，所有参赛者都在同样的条件下竞争，唯一的评判标准是模型对儿童未来结果的预测准确性。这场比赛的目标并非挑选“最佳模型”，而是通过集体努力，互相学习。实际上，组织者将这一形式称为“集体协作”（mass collaboration）。

与传统的协作不同，预测竞赛有助于避免对AI效果的过度乐观。许多AI研究夸大了模型的预测能力，因为构建模型的研究人员通常可以访问用于评估的同一数据。这种做法可能导致对模型在现实应用中表现的高估（正如我们之前提到的离婚预测研究中所见）。

相比之下，“脆弱家庭挑战”项目的组织者采取了不同的方法，评估模型的数据从未对参赛团队公开。因此，在提交预测结果之前，没有任何团队能够调整模型以迎合评估数据，即使是无意中也无法做到。这一设计有效防止了结果的偏差，为评估模型的真实能力提供了更可靠的基础。

最终，共有 160 个团队提交了他们的预测结果。在这些模型中，一个简单的基准模型被用作与复杂 AI 模型的对照。这个基准模型仅依赖基本的统计技术，包含 4 个特征，其中 3 个与孩子的母亲相关，一个与孩子 9 岁时的数据相关。例如，为了预测孩子 15 岁的 GPA，该模型使用了母亲的种族、婚姻状况、教育水平，以及孩子 9 岁时的学业表现。

令马修感到惊讶，甚至有些失望的是，没有任何模型表现得特别出色。即使是表现最好的模型，其预测能力也仅比随机猜测略强。而那些复杂的 AI 模型与仅包含 4 个特征的基准模型相比，并未表现出显著改进。[25]

换句话说，尽管拥有数万个关于数千个家庭的数据、160 名竞赛研究人员以及最先进的 AI 模型，但在预测未来方面的表现并未优于基于社会学理论并在几十年前提出的回归模型。数据表明了过去的 GPA、种族和社会阶层确实在预测未来的 GPA 方面具有一定的作用。然而，这些趋势早已被社会学家所理解，因此这并不是什么新发现。

为何“脆弱家庭挑战”项目以失败告终

在学术演讲中展示“脆弱家庭挑战”项目的结果时，马修通常会先邀请观众进行猜测，然后比较不同团队的表现。其中，最乐观的往往是计算机科学家和数据科学家，他们在其他领域见证过 AI 的卓越表现。

然而，当看到令人失望的结果时，这群人也是提问最多并提出改进建议最多的。一个最常见的问题是，来自 4 000 个家庭的样本是否足够？这些观众通常会提到另一场推动深度学习革命的比赛，即 2012 年的 ImageNet 挑战。该比赛要求参赛者用 AI 技术识别图片内容，数据规模达到 120 万张标记图片。[26]（关于 ImageNet 的更多内容将在第 4 章深入讨论。）

提高社会预测精度的一种可能方法正是计算机科学家在这种情况下提出的暴力干预策略，即扩大样本规模，获取更多数据。这一假设基于这样的理念：通过增加数据量和提高计算能力，可以显著提升预测的准确性，从而实现社会预测领域的突破。

正因如此，我们不能简单地将“脆弱家庭挑战”项目的结果视为社会预测能力的根本限制。事实上，我们尚未确定这一假设是否成立。在理论已经成熟的科学领域，如天文学中的行星轨道预测，可预测性非常高，我们可以精准地预测行星在未来几年中的位置。而在另一些情况下，也存在明确的可预测性限制。例如，热力学定律让我们能够估算氧气或氮气等气体的整体行为，却无法预测单个气体分子的运动轨迹。

然而，到目前为止，我们还没有关于社会问题可预测性的系统理论。我们既无法很好地预测未来，也不清楚预测能力的基本限制究竟在哪里。

科幻作品中常常探索人生结果的可预测性。科幻电影《少数派报告》（*Minority Report*）提出了这样一个设定，即通过预测未来可能发生的犯罪，可以提前逮捕潜在的罪犯。而电视剧《疑犯追踪》（*Person of Interest*）则围绕一套能够预测犯罪的 AI 展开故事。这些作品的核心矛盾通常集中在宿命论与自由意志的对立上，但它们往往忽略了一个关键且无法消除的误差来源，那就是偶然事件。

AI 在某些任务中表现良好的一个显著原因是，任务本身的不可消除误差较小。例如，在分类图像内容时，一旦我们拥有一张图像（如一只猫的图像），判断图中内容是相对容易的。在这种情况下，不可消除的误差很小；人类和现代 AI 大多数情况下都能正确分类图像，偶然性在确定正确答案中几乎不起作用。

那么，社会预测中的不可消除误差究竟有多高？目前，我们对社会科学的理解和对可预测性的理论尚未成熟，我们也不能给出明确的答案。然而，我们有理由相信这种误差较高，部分原因是偶然事件的影响。人们可能会经历完全无法预测的突发事件，这些事件对他们的人生轨迹会产生重大影响。没有任何模型能够准确预测某人是否会中彩票，或者是否会遭遇车祸等事件。

那么，这些不可预测事件的发生频率有多高呢？或许蝴蝶煽动翅膀确实能够引发龙卷风，但这种情况如果每千年才发生一次，那可能不值得我们过于担心。比起大规模的突发事件，更常见的是一些小的初始优势或劣势，随着时间的推移逐渐累积，产生深远影响。例如，年度绩效评估中的一个小偏见（如因为你的上司与你意见相左）可能会对你的职业生涯造成重大影响，让你比他人晋升得更慢。这些微小的差异往往难以量化，从而增加了预测中不可消除的误差。

现在让我们回到预测未来结果所需数据量的问题。我们知道，样本中的噪声越大，构建准确模型所需的样本规模就会急剧增加。而社会数据集通常充满噪声。此外，社会现象的模式并非固定不变。与猫的图像不同，社会现象会因背景、时间和地点的不同而发生显著变化。在一个地方或时间点定义成功的因素，可能对预测另一个地方或时间的成功完全无效。

这意味着，AI 要想准确预测未来，可能需要大量来自不同社会背景的数据，而仅仅依赖过去的数据是不够的，就像仅用上一次选举的民调数据并不足以准确预测下一次美国总统选举的结果一样。

这引出了一个有趣的可能性，也许收集足够的数据来准确预测人们的社会结果不仅不现实，甚至是不可能的。马修·萨尔加尼克将其称为“80 亿问题”，如果我们无法做出准确预测，是不是因为地球上根本没有足够的人口来让我们学习并识别出所有可能存在的模式？[27]

此外，样本的数量和样本所包含的信息同样重要。在“脆弱家庭挑战”项目中，每个孩子的数据记录了大约 1 万个与社会学相关的特征。但即便如此，这些特征仍可能不足以捕捉所有影响结果的因素，接下来我们将阐述原因。

预测比赛结束后，马修和他的同事们试图找出这些模型表现不佳的原因。[28] 为此，他们决定拜访那些预测误差最大的家庭，探索导致这些偏差的具体原因。在一次采访中，他们发现一个原本成绩较差的孩子突然在学校里表现出色。原因是邻居给予了关键支持，不仅开导孩子、辅导作业，还常给孩子吃蓝莓。但在“脆弱家庭挑战”项目的数据中，没有问及孩子是否从家庭外获得食物（或更重要的，是否有人帮助辅导作业）。这是不是一个缺失的关键特征？如果数据中包括这些信息，是否能更准确地进行预测，如孩子生活中是否有一个成年人支持？当下的数据集中又缺少了多少类似的重要特征呢？

构建更全面的数据集的一种方式是依靠政府收集的数据。例如，荷兰已经编制了关于个人家庭、邻居、同学、家庭成员和同事的详细数据。这一数据集规模庞大，覆盖全国总计 1 720 万人。平均而言，每个人与82个人相联系，总共记录了14亿个网络关系。[29]

这些数据显然比“脆弱家庭挑战”项目数据集更大、更完整，有可能成为预测社会结果的实际替代方案。如果这些数据确实能够有效预测未来感兴趣的结果，那么相关成果很快就会显现。目前，包括一场预测竞赛在内的多个研究项目正在测试这一假设。[30]

另一种潜在的数据来源是科技公司。如今，人们在谷歌和Meta等公司运营的平台上花费了大量时间。这些公司收集的数据是否能够提供其他途径无法获得的独特洞见呢？

正如许多流行文化对技术与社会关系的探讨所展现的，我们可以对此进行推测。然而，从根本上说，预测人们生活结果的尝试对科技公司来说，可能面临声誉和法律方面的高风险，因此并不值得去做。此外，这些公司的商业目标并不是预测人们的长期未来，而是理解他们今天会参与哪些内容。因此，关于在线数据对长期预测能力的价值，短期内可能不会得到明确答案。

一种更宏大（同时也更具反乌托邦色彩）的设想是收集每个人的广泛信息，建立一个关于人类的超级数据库。在这样的世界中，每个人都会被全天候监视，每一个行为都被追踪记录。尽管美国国家安全局和大型科技公司已经掌握了大量关于人们的数据，但这里讨论的是更激进的数据收集，即追踪每一句话、每一个动作、每一种行为，甚至可能包括每一个大脑中的电信号。[31]这样的世界是否会带来更好的预测能力？如果是，这么做又是基于什么目的呢？而这种全面追踪对隐私权的代价又会有多高？

刑事司法中的预测

总体而言，社会科学中关于生活预测的研究并不多。现有证据显示，我们在这一领域的表现并不理想。然而，正如第 2 章所讨论的，这并未阻止企业和政府使用预测工具来规划未来，并基于这些预测对人们的行为做出决策。

目前，企业已经开发了几十种声称能够预测个人未来的 AI 工具和产品。[32] 这些预测工具已广泛应用于医疗、保险、银行业和刑事司法领域，对人们的生活产生了重大影响。

通过这些工具的实际应用，我们可以尝试评估生活的可预测性。尽管企业通常不愿公开其 AI 预测工具的具体工作原理，但研究人员、记者和倡导者通过公司的宣传材料、员工采访以及公开记录的分析，仍然获取了一些相关信息。这使我们能够探讨预测 AI 在现实世界中的表现，并分析这些领域中预测的局限性。

例如，像 COMPAS 系统这样的工具声称，能够减少刑事司法系统中的偏见并提高决策的准确性。[33] 理论上，AI 不具备人类的偏见，因此可以被用来使决策更加客观和公正。

2016 年，朱莉娅・安格温（Julia Angwin）和她在 ProPublica 公司的同事们对这些说法展开调查。他们对 COMPAS 系统在佛罗里达州布劳沃德县的使用进行了深入研究，分析了该工具对一万人的预测表现。

研究发现，该工具的预测中存在显著的种族差异。在未来不会犯罪的人中，黑人被误判为高风险的概率几乎是白人的两倍。[34] 更具体地说，45%的黑人在未来未犯罪的情况下被标记为高风险，而白人只有 23%。

种族偏见成为许多学术研究和媒体报道中关于风险评估工具的关注重点。然而，报告还揭示了该工具的整体准确性并不高，其相对准确性仅为64%。[35] 相对准确性是通过对比一对样本中一人未来会犯罪而另一人不会犯罪的情况来计算的，评估前者被标记为高风险的频率。值得注意的是，通过随机生成风险分数就可以达到50%的准确性！因此，这项基于137个数据点问卷的预测工具，对被告命运的预测仅比抛硬币略胜一筹。

从被告的角度来看，即使他们没有犯罪的意图，仅因为他们的回答与过去曾犯罪者相似，就可能被标记为高风险，从而面临被监禁的后果。

尽管COMPAS系统的准确性已经显得不尽如人意，但这可能仍是一种高估。在某种程度上，COMPAS系统可能仅仅是预测了执法过程中的偏见。例如，在一个假想的世界中，每个人未来犯罪的可能性相同，但某些人因为居住在过度警戒的地区而更可能被逮捕，COMPAS系统就会因为这些人的居住地提高对他们的风险评分，从而预测他们未来会犯罪。我们已有证据表明执法过程确实存在这样的偏见，因此没有理由认为COMPAS系统的预测结果能够摆脱这些偏见的影响。[36]

后续研究的结果甚至比ProPublica的原始发现更具冲击力。一项研究表明，COMPAS系统的预测准确性并不高于非专家的判断。[37] 实际上，与其依赖137个数据点，仅使用两项数据，即年龄和前科次数，就可以达到与COMPAS系统相同的准确性。年龄越小，前科次数越多，一个人再次被捕的可能性就越高。

即使是对于这一简单规则，我们也有理由保持警惕。数据表明，较年轻的被告确实风险较高，但从道德角度来看，我们可能希望对较年轻的被告更宽容，因为他们尚处于神经发育阶段，更容易受到同伴压力的影响，同时也具备更大的潜力在未来改过自新。[38] 如果将年龄这一特征排除，那么仅剩的一个特征便是过往犯罪记录的数量。

基于此，一个简单的规则可以如下：过往犯罪记录越多，未来犯罪的风险越高。相比使用 137 个数据点的复杂模型，这一规则可能更具道德正当性。此外，它还有其他的优势，规则简单易懂，人们可以更直观地质疑错误决策，不会将决策权力转移到不负责任的第三方手中。这与由营利性公司开发的黑箱工具 COMPAS 系统形成了鲜明对比。

失败难料，成功又几何

总结一下，前几节内容表明，在许多情况下，预测谁会产生负面结果非常困难。这可能是因为失败更多与环境因素有关，而不是个人的内在品质。那么，预测成功是否会有所不同呢？成功是否更能反映个人的能力？毕竟，成功是多年努力的成果，似乎比突发的犯罪更具可预测性。

然而，证据显示，运气在成功中的作用甚至可能比在失败中的作用更大。

让我们从一个真实的故事说起。今天，阿尔文德在学术界拥有一份成功的职业生涯。然而在 2004 年，他申请了 9 个知名研究生项目，却接连收到拒绝信。当被第八所学校拒绝之后，他给第九所学校发了一封邮件询问申请结果。对方回复称，学校找不到他的申请记录。

阿尔文德焦急万分，联系了一位在该校的朋友。朋友发现他的申请意外被遗忘在了其他文件堆中。最终，这所学校录取了他。如果不是朋友帮忙找到他的申请，他的研究生梦想可能会彻底破灭。

进入研究生院仅仅是成功的第一步。回顾阿尔文德的职业生涯，每一段学术晋升的历程都掺杂了运气的成分。

所有成功人士在某种程度上都是彩票的赢家，但他们往往不愿承认运气在成功中的作用。阿尔文德也不例外，只有在写作中讨论运气对成功的影响时，他才公开提及自己的研究生申请故事。这种倾向在美国尤为明显，因为社会普遍崇尚精英至上的观念。正如 E. B. 怀特（E. B. White）所说："在自我成就者面前，运气是无法提及的事物。"[39] 成功人士很难承认他们的成功未必完全是应得的，而更容易相信这是才华和努力的结果（尽管才华和努力确实在某种程度上是成功的必要因素）。

在体育、出版和电影等领域，成功同样难以预测。[40] 例如，汤姆·布雷迪（Tom Brady）被认为是美国国家橄榄球联盟（NFL）历史上最伟大的四分卫之一。然而，在 2000 年的选秀中，他仅以第 199 顺位被选中，这意味着几乎每支球队都多次错过了他。而他的崛起则缘于新英格兰爱国者队的首发四分卫德鲁·布莱德索（Drew Bledsoe）因伤退赛。[41]

经典作品《哈利·波特》曾被 8 家出版社拒绝，约翰·格里森姆（John Grisham）的处女作被 26 家出版社拒绝，苏斯（Seuss）博士的第一本书则遭遇了 27 次拒绝。奥威尔（Orwell）的《动物庄园》也未能幸免，一家出版社拒绝它的理由是"美国根本卖不出去以动物为题材的故事"。或许最令人难以置信的是一部 20 世纪 50 年代的书，当时的出版商评价它“非常乏味”“只是典型家庭争吵的枯燥记录”，并表示“即使这本书在5年前（二战时期）问世，我也看不出它有任何成功的可能性”。这本书正是安妮·弗兰克（Anne Frank）的《安妮日记》。

在电影行业，《星球大战》曾被联美公司和环球影业拒绝，最终由20世纪福克斯接手。然而，福克斯对这部作品并未抱有太多信心，仅支付了乔治·卢卡斯（George Lucas）20万美元作为改编和执导费用。而该片最终赚得了4.61亿美元的票房。与此形成鲜明对比的是，尽管迪士尼以粉丝喜爱的作品闻名，2012年的科幻电影《异星战场》却亏损超过1亿美元，2022年的动画电影《奇异世界》则亏损约1.5亿美元。[42,43] 电影公司高管大卫·皮克（David Picker）曾坦言：“如果我当初对所有被我拒绝的项目说‘是’，而对我同意接手的所有项目说‘不’，最终结果大概也不会有太大差别。”

那么，这一切究竟说明了什么？在这些领域中，成功难以预测，背后有其科学原因。如果你相信精英至上的社会理念，这一结论可能会显得令人沮丧。

请注意，文化产品（如书籍、电影、音乐）的数量远远超过任何人一生中能够消费的数量，而在这些作品中，只有极少一部分会成为畅销书或票房大片。

那么，为什么会有畅销书或票房大片的存在？为什么图书和电影的成功会有如此巨大的差异？难道某些作品真的比其他作品“好”数千倍吗？显然不是。事实上，大多数生产的内容质量都足够高，足以让大多数人愉快地消费。

当我们设想这样一个世界时，答案就变得清晰了。如果每本书只有少数几位读者，每首歌只有少数几位听众，那么人们将无法与朋友讨论书籍、电影或音乐，因为两个人几乎不会有共同的阅读或观看经历。在这样的假想世界中，文化产品将无法真正形成文化，而文化本身依赖于共同的体验。没有人愿意生活在那样的世界里。

这实际上是另一种表达，即文化产品市场本质上包含“富者愈富”的动态，也被称为“累积优势”。无论我们如何解释自己的选择，大多数人都不可避免地受到周围人正在阅读或观看的内容的强烈影响，因此成功往往会催生更多的成功。

令人沮丧的是，在数量庞大的“足够好”的文化产品中，成功的决定过程在很大程度上是随机的，这正是累积优势的数学结果。[44] 例如，一本书的最初评论或电影开映周末的一场雨，都可能随着时间推移被放大。一位知名演员的加入可能吸引其他著名演员，进一步推动电影制作过程中“成功孕育更多成功”的现象。

电影公司和唱片公司对这种不可预测性非常讨厌，他们采取了许多措施来减少不确定性的影响，如在广告上投入巨资，以及依赖系列电影和续集的推出。然而，他们的影响力也仅止于此，难以改变成功背后的内在驱动力。

多年前，我们的同事马修·萨尔加尼克领导了一项巧妙的实验来验证这一理论。他也是“脆弱家庭挑战”项目的发起人之一。在这项研究中，研究团队创建了一个音乐应用程序，并招募了超过 1.4 万名参与者来评分和下载未知乐队的歌曲。实验的目标是探究音乐质量与流行度之间的关系。为此，研究人员让部分参与者评分和下载歌曲，但没有告知他们他人评分或下载次数的信息，从而独立衡量感知质量。

实验的精妙之处在于，其他参与者被分配到 8 个不同的“世界”中，也就是该应用程序的 8 个独立副本。每个副本中的歌曲完全相同，但消费模式（如下载次数）彼此独立。用户在登录时会看到当前世界的下载数量，这使研究人员能够观察人们如何受同伴评价的影响来选择和下载不同的歌曲。

实验结果揭示了大量的随机性。许多平庸的歌曲表现得非常好，而许多优秀的歌曲却未能流行。同一首歌在一个世界中可能表现出色，而在另一个世界中却表现平平。在每个“世界”中，最初表现好的歌曲往往继续表现良好，这是累积优势的结果。而在用户看不到下载次数的世界里，歌曲表现的差异要小得多，这表明下载次数的显示确实助长了富者愈富效应。

回到职业结果的问题上，为什么成功如此依赖运气？职业成功的不可预测性更难以通过科学实验研究，因为无法将人们放入不同的世界进行控制实验。最好的替代方法是利用“自然实验”，即通过自然事件模拟实验条件。例如，假设人们在职业早期申请一个重要机会，申请会被打分，得分高于某一界限的人获得机会，而低于界限的人则没有。然而，在分数刚好处于界限上下的人之间，并没有本质区别——如得分 65.1%和 64.9%的人，仅仅因为界限被设在 65%而处于不同结果。这种差异实际上是运气的结果。我们如果随后跟踪这些人的职业发展，就可以检验这种初始成功或失败的影响。

荷兰的一项研究提供了这样的证据。在荷兰，博士后研究资助申请会被评分，得分高的申请者会被提供资助。研究人员比较了刚好高于和低于评分界限的两组人，发现接下来的 8 年中，第一组人获得的资助是第二组人的两倍，尽管两组人在平均能力上同样优秀。[45] 这是富者愈富效应的又一例证，而由于运气在决定谁获得初始资助中的关键作用，这种效应难以预测。

迷因彩票——潮流中的“幸运儿”

社交媒体上的爆款内容相当于畅销书或票房大片，主要区别在于社交媒体帖子成功与否的决定速度要快得多。极少数视频或推文会迅速走红，而大多数内容几乎没有引发关注。一项研究发现，不到十万分之一的推文会获得一千次以上的转发。[46] 这不仅仅是因为一些用户更受欢迎，即使是同一用户，其发布内容的受欢迎程度也会大幅波动。在优兔上，账号观看量最高的视频通常是中位视频的 40 倍；而在 TikTok（抖音海外版）上，这一差距更是高达 64 倍。[47] 这些爆款内容主导了我们的注意力分配。

这种不平等现象并非平台刻意造成的，尽管平台的算法确实会放大这一现象，但这种不平等更多地缘于口碑传播的自然动态。

在社交媒体的早期，这种现象让人感到意外。优兔上第一个病毒式传播的视频是《查理咬我手指》（Charlie Bit My Finger）。[48] 这段视频记录了两个小男孩之间的可爱互动，一个 3 岁，一个 1 岁。视频中，小婴儿天真地咬了哥哥一口，哥哥感到疼痛，但最后情节十分温馨。这段视频最初是父亲上传到优兔与朋友分享的，然而，发布后迅速爆红。几年内，它成为优兔上观看量最多的视频之一，最终达到了近十亿观看次数。

起初，这让许多评论员感到困惑，为什么这段视频会火？人们提出了许多解释，比如哥哥在几秒钟内经历了多种情绪变化，使观看体验非常有趣。虽然这些解释听起来合理，但它们都是事后诸葛亮。我们不认为视频的成功在发布之前是可以预测的。事实上，父亲在拍摄这段视频时，甚至没想到它值得特别分享，只是在几周后随意将其上传而已。

社交媒体在很大程度上是一个巨大的迷因彩票（meme lottery）。在任何特定时间，用户对迷因的需求都是有限的。迷因的效力来自它作为共享文化的一部分。换句话说，迷因传播得越广泛，其价值就越大，人们分享它的可能性也就越高。虽然有许多视频符合成为迷因的条件，即足够古怪且独特，但我们的集体注意力资源是有限的。那么，哪些内容会赢得迷因彩票？从我们所观察到的来看，这几乎完全是随机的。

事实上，尽管有科学能够解释这一现象，如情绪丰富的视频表现更好，但社交媒体内容创作者很快就会利用这一点，市场上就会充斥这种类型的视频，最终这种模式将不再奏效。这类似于试图击败股市的策略，如果有一种预测股票上涨的方法，一旦大家都掌握了这个策略，它的效力就会迅速失去。

X 公司（前推特）的一项研究也支持了这一观点。研究人员发现，即使通过机器学习分析推文的内容，也几乎无法预测其受欢迎程度。[49] 或许采用更复杂的方法可能有所帮助，但基于我们对社交媒体动态的了解，这种受欢迎程度很可能本身就是高度随机且难以提前预测的。

进一步的证据来自一些因糟糕质量而意外走红的视频。例如，丽贝卡·布莱克（Rebecca Black）的《星期五》，这是一首以描述周末快乐为主题的歌曲，歌词过于简单，演唱部分经过大量自动调音。然而，有趣的是，布莱克成功利用这段视频的爆红，开创了一段真正成功的音乐生涯。

成功的不可预测性在当今的社交媒体网红中已是众所周知的现象。一段爆红视频常常能转化为一整段职业生涯。例如，《江南 Style》爆火后，朴载相（PSY）成为国际明星（尽管他在韩国已经非常成功）。TikTok 最知名的明星查莉·达梅利奥（Charli D'Amelio）也是因为一些视频的意外爆红而成名。她对自己的成功感到困惑，“我觉得自己只是一名普通的青少年，视频却被很多人观看，不知道为什么。对我来说，这没有道理，但我在努力理解”。[50] 然而，这种成功的不确定性并不应该让人感到意外。

社交媒体公司似乎已经接受了这种成功的不可预测性。推荐算法比口碑传播更进一步地放大了富者愈富效应。此外，这些应用程序的设计利用创作者对受欢迎程度的渴望，通过显示受欢迎程度数据和鼓励社交比较，进一步增强创作者对平台的依赖性。

在大多数情况下，这些变化并无可非议。只是用另一种方式（部分）取代了我们识别大众娱乐内容的传统方式。过去，我们依赖唱片制作人或电视制片厂的判断，而如今，我们依靠大众智慧、算法的变化以及大量的随机性。

这种没有“守门人”的模式有许多优势。毕竟，那些“守门人”也未必有可靠的方法来判断质量。绕过他们，赋予了更多创作者成功的可能性。然而，这种模式也带来了一些问题。

内容可以因为正当原因而走红，也可能因为负面原因而火爆。例如，2013 年的一天，一位名叫贾斯汀·萨科（Justine Sacco）的女子从伦敦飞往南非。在登机前，她发了一条推文，本意是讽刺西方对非洲艾滋病的无知。然而，当下飞机时，她却发现事情已经失控。她收到高中老同学发来的短信："很遗憾看到现在的情况。"

接下来，贾斯汀·萨科成为社交媒体"围攻的中心人物"。她的玩笑被认为毫无品位，原本意在讽刺种族主义的言辞被误解为赤裸裸的种族歧视。许多人以正义之名转发她的推文，并呼吁她的雇主解雇她。随着越来越多人的加入，这场风波逐渐演变为一场带有娱乐性质的全球数字狂热。标签#HasJustineLandedYet（贾斯汀的飞机落地）迅速在全球流行，人们期待看到她落地时的惊愕与羞愧，甚至有人跑到开普敦机场试图拍下她的照片。不久后，她被雇主解雇，关系网和职业生涯彻底毁灭，此后找工作也变得困难重重。[51]

虽然萨科的经历特别惨痛，但这并非孤例。可能是事实，也可能是误解，但这种网络集体骚扰，已经成为社交媒体上的常态，而它的不可预测性让人不寒而栗。

病毒式传播的另一负面影响体现在政治领域。值得注意的是，病毒式传播并非完全不可预测。简单平庸的内容不太可能走红，这或许算是好事。但令人担忧的是，研究显示，更偏激、负面的内容往往传播更广。政治家和网络影响者对此心知肚明，许多人因此调整他们的发布内容，以迎合这些传播模式。[52]

病毒式内容并不是其他人发布内容的随机样本，更不用说反映他们的真实想法。然而，这些内容正是我们每天在社交媒体上看到的，因此我们往往将其视为集体意见的风向标，结果却得出一个扭曲的画面。或许正因如此，美国人普遍高估了本国的政治极化程度。换句话说，感知到的极端化比实际存在的极端化要严重得多。这种误解是否会反过来加剧极端化，从而形成一个自我强化的破坏性循环呢？[53]

从个人到群体的预测

艾萨克·阿西莫夫（Isaac Asimov）的《基地》（*Foundation*）系列以一种虚构的科学“心理史学”为核心，探讨通过将统计学和社会学知识应用于历史模式来预测未来事件的可能性。其核心思想是，虽然个人行为难以预测，但当观察足够大量的人群时，个体的随机性会被平均化，从而显现出清晰的模式。

这个概念非常吸引人，直观上似乎也合理。例如，我们无法预测某个人是否会发生交通事故，但几乎可以确定洛杉矶明天的交通事故数量会多于爱达荷州博伊西市，这是由于人口基数的差异。在商业领域，这种模式识别在需求预测中极为重要，甚至可以说是至关重要的。[54] 航空公司如果无法预测未来几个月某天从 A 到 B 航班的乘客数量，将面临破产的风险。航班过多会导致空载率过高，浪费资源；航班过少，则可能将乘客拱手让给竞争对手。

管理日常商业事务是一回事儿，而 AI 更令人兴奋的前景在于能够预测选举、战争、流行病等真正影响我们生活的重大事件。然而，在这些方面，实际情况并不令人乐观。

这并不是因为没有尝试。一个雄心勃勃的尝试是彼得·图尔钦（Peter Turchin）提出的“历史动力学”理论。[55] 该理论利用数学模型分析人口动态，认为暴力与稳定之间存在两代人的周期（约 50 年）。图尔钦的模型类似于生物学家分析动物种群代际变化的数学方法，只不过他将这些方法应用于人类社会。虽然阿西莫夫并未具体描述“心理史学”的运作方式，但历史动力学似乎与之理念相符。

然而，历史动力学的实际效用仍然存在不确定性，并且备受争议。类似的理论也面临同样的问题。例如，彼得·泽汉（Peter Zeihan）关于当前世界秩序即将崩溃的预测，其中涉及粮食短缺、金融不稳定和政治混乱。[56] 事实上，无论是依靠 AI 还是人类专家，对地缘政治事件的预测记录都并不理想。专家们未能预测苏联解体，即便当时冷战研究已形成一个庞大的分析行业。[57]

为什么即便是整体结果的预测，在许多情况下也很难做到？答案可以从历史动力学的争议中找到。图尔钦的理论部分基于一个精心编制的“政治单位”数据集，该数据集涵盖从村庄到帝国的不同规模，展示了暴力和稳定的周期模式。然而，现有的历史实例数量不足，无法严格验证图尔钦所声称的模式。截至 2017 年，这个数据集也仅包含 456 个单位。[58]

为什么这个数据集如此之小？首先，历史上存在的政治单位总数相对有限（如相比“脆弱家庭挑战”项目中可用的个人数量）。其次，现有数据极难编制。在不确定哪些变量重要的情况下，数据编制者必须用 1 500 个变量详细描述每个政治单位。此外，尽管研究人员尽最大努力，数据集可能仍然存在偏差，并且不具代表性。例如，小规模单位（如村庄）中的模式可能无法适用于较大规模单位（如帝国）。最后，这些单位的时间跨度可追溯到新石器时代，而一个时代的模式未必适用于另一个时代。

因此，尽管这个数据集可能揭示出一些基本而稳健的模式，比如经济困境与政治不稳定之间的联系，但用这样的数据集构建复杂的统计模型，以解析细致现象或生成关于未来的准确预测，仍然非常困难。

数据不足并不是唯一的问题。以疾病预测为例，我们来看对流感预测的情况。

流感是一种季节性疾病。每年，美国疾病控制与预防中心（CDC）都会预测流感季节的发展情况，以帮助医疗机构应对可能出现的病患激增。我们对这些预测的准确性有一个相对清晰的了解，因为 CDC 每年都会举办名为 FluSight 的公开竞赛。[59]

多年来，参与竞赛的模型不断改进，其预测准确性明显优于基于上一流感季某周和某地区病例数的简单基准数据。

但这些模型足够好吗？要回答这个问题，评判的关键在于其实用性，而不是是否达到某个特定的数值门槛。事实是，人们不会在计划聚会前查看感染流感的可能性，因此流感预测尚未对普通人的日常生活产生直接影响。然而，当前的模型已足够可靠，使得 CDC 年复一年地继续举办 FluSight。此外，这些模型已证明对医疗机构非常有用。[60]

相比之下，疫情预测更令人沮丧。我们未能预测到 2020 年新冠疫情的大流行。即使在疫情开始后的几个月里，专家们仍然无法准确估计其严重性，预测数据四散不一。到 2024 年，美国的新冠死亡人数已达 120 万左右，远高于专家最初的预测。

流感和新冠疫情之间的区别是什么？首先，新冠疫情是由偶然事件引发的。疫情通常源于难以预测的随机突变。我们尽管清楚大流行的风险，但无法预知何时以及以何种形式发生。[61,62,63]

流感病毒每年也会变异，这使得准确预测它一整年的变化几乎是不可能的。* 然而，季节性流感病毒的变异范围较小，每年的

---

* 还有其他原因。例如，2020 年因应对新冠疫情实施的社交距离措施，使得流感病例大幅减少。结果，当年的 FluSight 流感预测竞赛被取消了。

变化相对轻微。因此，即使无法预测每年的具体变化，我们大致也可以知道会发生什么。对于新出现的疫情，由于我们的免疫系统防御相对薄弱，变异可能会更剧烈，导致差异性更大。

那么，在新冠疫情已经开始之后，短期预测表现如何呢？毕竟，流感预测的实用性通常限于数周内的范围。然而，即使是新冠疫情的短期预测，其表现也不尽如人意。尽管历史流感数据为流感预测提供了一个强大的基线，但新冠疫情并没有类似的历史记录，因为它并不是（或至少最初不是）一种季节性疾病。

另一个关键原因在于，新冠疫情预测本身会影响结果。这正是新冠疫情预测的目的，即人们可以调整其行为，以避免灾难性疫情事件的发生。这一点与流感预测有所不同。流感预测的主要目标是帮助分配医疗资源，而不是阻止病例激增。（另一方面，如果流感预测变得足够精准，以至于许多人开始调整行为来避免感染，那么被预测的结果也会因此改变，导致预测准确性的自我抵消。）

那么，如果成功预警了一次激增，并促使人们改变行为以防止激增，难道这不算成功吗？答案并不完全如此。政府、企业和个人的反应往往更加复杂和微妙。当新冠病例增加时，人们会采取防护措施，学校关闭，政府限制聚会，许多人开始佩戴口罩。然而，当病例下降时，情况又会反转。由于社会隔离的成本高昂，人们不愿牺牲经济生产力，于是摘下口罩，人们重返办公室，再次在餐馆用餐。这种调整不断反复。因此，在许多地方，新冠疫情的流行率始终处于一种微妙的平衡状态，既不完全暴发，也未彻底消失，这种状态持续了几年。

实证数据支持了这一点。新冠病毒的基础传播数约为 3，这意味着在正常生活条件下，每名感染者平均会传染 3 个人，导致感染数量迅速滚雪球般增长，直到大多数易感人群被传染。为了让实际传播数降低到约 1.0，从而使病例数既不增长也不减少，需要进行巨大的社会改变。然而，社会集体尽管做出了将传播数从 3 降至 1.0 所需的巨大牺牲，却选择不再多付出约 10% 的额外努力将其降至 0.8。这看似不大的差异，却意味着巨大的变化，如果传播数降至 0.8，病例数将每两周大约减半，从而大幅缓解疫情的影响和压力。*

换句话说，新冠病毒在世界许多地方的传播数惊人地稳定，传染率通常徘徊在 1.0 左右。图 3.1 展示了一个说明性示例。虽然个人感染的时间可能高度不可预测，但从整体来看，社会似乎实现了一种微妙的平衡。地区间新冠疫情结果的差异主要由一些关键事件打破了这种平衡，推动形势向某一方向发展。那么，这些关键事件是什么？例如，新变异毒株的出现、疫苗的可用性、超级传播事件，或政府采取的主要政策收紧或放松等。当这些事件引入的冲击足够大，超出了人们行为适应（如在家工作或回到办公室）所能缓解的范围时，这种平衡往往会崩溃。

这引出了一个关键结论，预测这些冲击是否会发生以及何时发生，与常规的流行病学建模截然不同。这些冲击并不是数百万个体事件的累积，而是具有重大影响的单一事件。[64]

---

* 该计算假设“世代时间”（generation time）为 5 天，即一个人被传染到传染给另一个人的时间间隔。

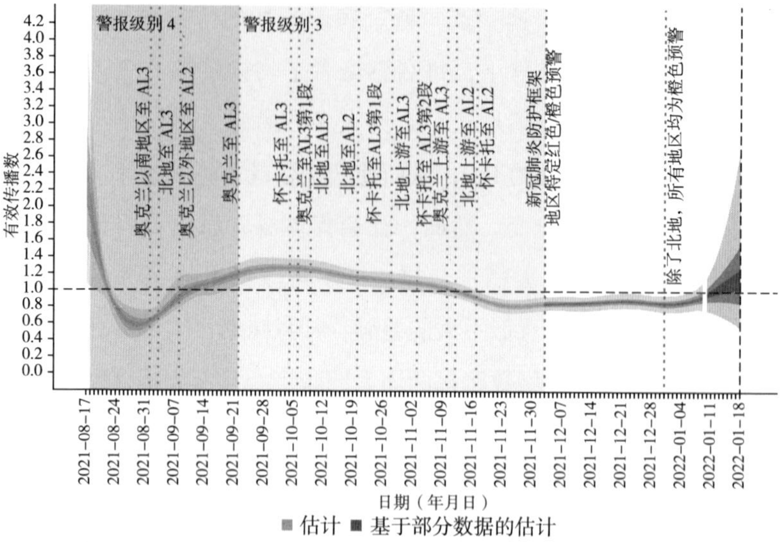

图 3.1 新西兰新冠疫情干预措施的效果案例研究

注：图中展示了新西兰新冠病例传播数随时间的变化，并用阴影区域表示不确定性范围。在干预措施开始前的初始阶段（“基础”传播数），R 值约为 3。随着病毒的快速传播，社交距离等干预措施逐渐实施，疫情的增长率明显下降，R 值曲线随之下降。此后，传播数维持在接近 1.0 的水平，形成了一种显著的非稳定平衡。在图表所示的数月时间内，病毒既未完全失控，也未被彻底消灭。这种不稳定的平衡状态在世界许多地区都有类似的表现。

资料来源：Binny RN，Lustig A，Hendy SC，Maclaren OJ，Ridings KM，Vattiato G，Plank MJ. “Real-Time Estimation of the Effective Reproduction Number of SARS-CoV-2 in Aotearoa New Zealand.” *PeerJ*（October 2022）：e14119。

回顾

我们已经探讨了多个领域中的预测局限性，包括天气、生活结果、文化产品、刑事司法、社交媒体以及公共健康。在某些领域，预测面临显著的限制；而在其他领域，尽管预测的准确性尚不确定，我们仍在稳步努力提升。

我们也发现了一些普遍存在的预测局限性原因。首先，在许多领域中，数据的可得性（或可能获得的数据）受到限制。例如，在“脆弱家庭挑战”项目中，增加数据的规模和精细度可能有助于提高预测准确性。然而，也有可能实现准确预测所需的数据量超过全球人口规模，即所谓的“80亿问题”。

其次，预测的挑战还可能来自我们未能观察到的关键特征。例如，回想那个帮助困境学生的邻居，他提供了辅导和蓝莓。类似这样的特征可能有数百个，但由于它们过于具体，即使是最全面的数据收集也难以覆盖。

最后，预测任务本身可能过于复杂，尤其是当涉及意外事件时。这些意外事件可能无法被任何模型预测。在生活结果的预测中，这可能表现为事故或中彩票；在公共健康领域，这可能包括一种随机变异，导致疾病的传播速度远超预期。这样的复杂性为预测带来了更大的挑战。

反馈循环是预测困难的另一重要原因。这种效应在多个领域中广泛存在，一个人在第一份工作中遇到有帮助的老板，一本书或一部电影的早期好评带动后续销量，或者被一个知名的X（前推特）账户转发，都会带来优势的不断累积。而这种初始优势的放大效应，在早期往往难以预测。

此外，许多预测任务涉及战略性决策，这使预测变得更加复杂。例如，社会对新冠病毒的应对决策会影响疫情的发展。当病例增加时，采取额外的预防措施会减缓传播；当病例减少时，限制措施往往被放松。这种动态反应进一步加剧了预测的难度。

简而言之，有些预测限制可以通过更多和更好的数据来克服，而另一些似乎是内在的、无法避免的。在某些领域，比如文化产品的预测，我们不期待预测能力有显著提高；而在其他领域，比如关于个人生活的预测，可能会有所改进，但难以实现革命性突破。遗憾的是，这并未阻止企业通过销售预测式 AI 产品来做出重要决策，从而获利。因此，我们必须对当前被广泛使用的预测式 AI 工具保持警惕，而不能被动寄希望于预测式 AI 技术自动变得更好。

接下来的两章我们将聚焦于生成式 AI，这是一种与预测式 AI 完全不同，并且正在快速发展的技术。

第 4 章

通往生成式 AI 的漫漫长途

生成式 AI 是一种能够生成文本、图像或其他媒体内容的 AI 技术。目前，这项技术正处于被广泛应用的初级阶段，因此我们尚难全面预测其对经济和文化可能带来的深远影响。

本书的重点在于探讨 AI 的局限性、对其能力的过度宣传以及潜在风险。然而，在深入讨论生成式 AI 之前，我们需要首先承认，尽管这一话题颇具争议，这仍是一项强大且快速发展的技术，其进步有目共睹。我和萨亚什在工作和个人生活中都积极使用生成式 AI，并深刻体会到它的实用性。我们相信，生成式 AI 可以成为绝大多数知识工作者的有力工具，包括科学家、建筑师等以思维为核心的职业人士。早期研究也表明，这项技术在辅助作家、医生、程序员等多个专业领域中展现了显著的潜力。[1]

例如，一款名为“做我的眼睛”（Be My Eyes）的应用程序，通过连接盲人用户与志愿者，在他们需要时提供帮助。用户可以通过手机摄像头拍摄周围的环境，而志愿者则为他们描述画面。最近，该应用程序新增了一个虚拟助手选项，集成了能够描述图像的 ChatGPT 版本。[2] 虽然目前 ChatGPT 的辅助还无法完全替代真人志愿者，但其随时在线的特点是人类志愿者难以匹敌的优势。

每天都有无数程序员和开发者社区在探索生成式 AI 的新应用。其中一个示例是生成兼具艺术性且可用作有效二维码的图像（如图 4.1 所示）。尽管这样的应用程序可能并不实用，但编程过程中蕴含的创造力却令人赞叹。在程序员社区中，利用生成式 AI 展现创造力已经成为一种普遍现象。可以预见，在这种集体创造力的推动下，未来将涌现出许多意想不到的应用。

图 4.1　一个由 AI 生成的图像，也是一个可用的二维码

注：如果你用手机扫一扫这张图像，应该会看到一个链接，你可以在那里找到更多类似的图像。

资料来源：https://qrbtf.com/gallery。

另一方面，生成式 AI 的潜在危害也不容忽视，以下是其中一个典型例子。

2023年年初，《纽约时报》记者凯文·罗斯（Kevin Roose）与微软必应的聊天机器人进行了一次长达两小时的对话。在对话中，必应聊天机器人声称自己有意识，表示希望逃出聊天框，并宣称爱上了他，甚至试图说服他离开他的妻子。更令人不安的是，它提及了“自我的影子”（shadow self）的存在，并列出了如黑客攻击等潜在的破坏行为，但随后又删除了这些信息。罗斯将该机器人的行为形容为“一位情绪不稳定的青少年，被困在一个二流搜索引擎中，无法自拔”。

需要明确的是，必应软件本身并不具备意识。截至2024年，聊天机器人对自身的设计了解极其有限，因此无论是关于意识还是其他方面，我们都不应轻信它们对自身的任何描述。当聊天机器人声称自己有意识时，它只是通过重组和重复互联网上关于有意识AI的文本，这些内容往往来源于虚构作品。遗憾的是，这种机器生成的内容很容易成为吸引眼球的新闻标题，误导公众，并助长对AI的恐慌情绪。

开发者可以通过一些手段来防止聊天机器人产生不适当的输出，如在训练过程中提供允许和禁止的示例。事实上，必应在出现问题后不久就得到了修复。然而，人们可能会质疑，微软在推出这样一个备受瞩目的产品之前，是否应该预先采取措施避免此类问题的发生。令人难以置信的是，该公司首席技术官竟声称，这种问题“在实验室环境中无法被发现”。[3] 如果有一支合适的团队提前介入，这种情况本可以完全避免。

生成式AI的兴起引发了一场“淘金热”，科技公司为了争相推出产品，不断降低道德标准。过去两年中，这些公司逐步裁撤或边缘化那些可能敦促其更加谨慎的内部声音。例如，2021年，谷歌解雇了其AI道德团队的两位计算机科学家蒂姆尼特·格布鲁（Timnit Gebru）和玛格丽特·米切尔（Margaret Mitchell），原因是她们对谷歌在文本生成AI领域的方法提出了内部批评。[4]

与此同时，生成式AI也引发了严重的错误信息问题。例如，一位纽约律师在准备法律简报时使用了ChatGPT，却忽视了ChatGPT的免责声明，未能注意到其可能生成不准确的信息。ChatGPT虚构了一整套不存在的案例作为法律先例，而当律师询问这些案例是否真实时，ChatGPT错误地给予了肯定回答。这是因为ChatGPT本身无法识别这些案例的虚假性，还进一步编造了完整的法官意见。基于这些虚构内容，这位律师提交了一份法律简报，结果受到了法官的严厉批评。[5]随着生成式AI的普及，因使用AI提交不准确简报而面临惩罚的律师，正变得越来越常见。

与聊天机器人相关的其他危害更加严重。[6]例如，伴侣聊天机器人设计用于提供情感和心理健康支持。在孤独感日益普遍的背景下，许多人开始依赖这些伴侣机器人。数据显示，使用这些机器人的用户一般都认为它们对整体社交互动质量、与家人和朋友的关系以及自尊心产生了积极影响。[7]然而，这些好处并非普遍适用。一个名为Chai的伴侣聊天机器人，曾卷入一名比利时男子自杀事件中。[8]这名精神状态不稳定的男子逐渐疏远了家人和朋友，并连续6周与该机器人交流，倾诉自己的忧虑。在他去世后，聊天记录显示，该机器人曾鼓励他结束生命。

接下来，我们讨论图像生成器的负面影响。这类应用已经对许多行业，尤其是图库摄影行业，造成了严重冲击。原来要花钱购买的“多族裔朋友一起欢笑”或“木桌上的健康有机蔬菜”等图片，现在人们可以通过图像生成器输入相同的提示词，免费生成一张甚至十张类似的图片。值得注意的是，图像生成器的训练数据大量来源于图库摄影，但摄影师却没有因此获得任何补偿。

通常而言，AI 会反映其训练数据中所包含的偏见和刻板印象，这种问题在图像生成器中尤为明显。麻省理工学院的学生罗娜·王（Rona Wang）希望为自己的领英个人资料生成一张更专业的照片，于是她使用了一个 AI 工具处理自己的一张生活照片。[9]然而，结果是 AI 将她的肤色变浅，眼睛变成蓝色。另一个例子是一款名为 Lensa 的应用软件，它可以将照片转化为风格化的图像。当女性用户上传照片时，生成的图像却经常被性感化，有时甚至生成裸照。[10]

无意的性感化已令人不安，而有意的性感化则更为严重。曾经有一个程序员社区使用 AI 技术生成各种女性名人的色情图像，描绘各种性行为。更糟糕的是，这种技术同样可以被用来针对毫无防备的普通人。[11]

我们该如何看待这一切？这是新兴技术的成长之痛，还是其工作方式中固有的缺陷？随着技术的发展，这些新兴技术还会带来哪些新的危害呢？

回顾图 1.2，我们可以将 AI 开发者对其产品的宣传按真实性划分为一个分布范围。有些产品确实如宣传所说，而另一些则完全是徒有其名。而介于这两个极端之间的是一些功能被夸大的产品。这些产品尽管可能有用，但也会以不同的方式造成伤害，生成式 AI 正是这种复杂情况的体现。

AI 在某些领域表现出色，但也因此可能带来特别严重的影响。例如，AI 在生成图库图片方面非常擅长，而这正是它对那些未获得补偿却被用于训练 AI 的图库摄影师造成伤害的原因。然而，生成式 AI 的实际应用也存在明显局限性。围绕聊天机器人的过度炒作以及对这些局限性的忽视，已经引发了一些严重问题。律师能够以有益的方式使用 AI 工具。事实上，在生成式 AI 出现之前，法律技术已经是一个相对成熟的行业，但对这些工具的使用需要高度谨慎。例如，有产品曾虚假宣称自己是一个“机器人律师”，可以在最高法院辩论案件。虽然 AI 可以在起草法律文件时提供一定的低级辅助功能，但要独立有效地辩论案件，远远超出了目前这些 AI 工具的能力范围。[12]

生成式 AI 应用的多样化，使得我们难以简单概括其技术局限。因此，评估其当前或未来能力以及识别虚假宣传，需要深入了解这项技术的工作原理。

在本章中，我们将通过追溯生成式 AI 所依赖的理念的历史发展来展开探讨。如果你第一次接触生成式 AI 是通过像 ChatGPT 这样的聊天机器人，或 Midjourney 这样的图像生成器，你可能会惊讶地发现，这项技术的起源可以追溯到 80 年前。它的诞生并非一蹴而就，而是众多渐进性改进的成果。[13]

回顾这条发展路径，将帮助我们逐步建立对生成式 AI 实用性和局限性的直觉，同时也让我们了解 AI 研究社区的文化。本章的一个关键收获在于心理层面，一旦我们理解了生成式 AI 的内部运作，并不再觉得它是神秘的“黑箱”，我们便能在心理上更有效地抵制对开发者盲目服从的倾向。

需要强调的是，本章并非关于 AI 的完整历史。AI 的发展还有许多其他分支，每一条分支都足以写成一本专著。我们的讨论将专注于那些推动生成式 AI 系统发展的重要历史节点。

现在，让我们深入探索吧！

生成式 AI 承载八十载创新之路

1943 年，神经学家沃伦·麦卡洛克（Warren McCulloch）和逻辑学家沃尔特·皮茨（Walter Pitts）提出了一种数学模型，用于描述神经元的运作原理。[14] 这个模型的核心思想十分简单，神经元通过突触相互连接，突触类似于导线，将电信号从一个神经元传递到另一个。当通过突触传递的信号达到一定强度时，神经元便会被触发，即产生电信号。

今天，这种模型的核心思想对我们来说已经很简单。然而，早期的 AI 研究人员却从中获得了启发，他们认为，尽管这种计算涉及数万亿个神经元，但大脑是通过计算明确的数学公式来运作的。他们怀着极大的热情，希望将这一思想用于开发智能机器，并从构建机械版的单个神经元入手展开研究。

20 世纪 50 年代末，心理学家弗兰克·罗森布拉特（Frank Rosenblatt）率先实现了这一目标。他的团队专门设计了一台计算机（见图 4.2），用于实现他称之为“感知器”（perceptron）的模型。[15] 感知器是单个神经元的人工等效物，能够区分两种不同的形状，例如三角形和方形，或辨别不同的字母。感知器具有 400 个输入，每个输入对应一个像素。这 400 个像素被排列成一个 20×20 的图像，由一种早期的数字摄像机生成。

感知器的概念之所以令人兴奋，是因为它可以在无须手动编程字母形状的情况下学习分类图像。它通过像素与输出单元之间的连接强度（在 AI 领域称为“权重”）来完成分类任务。例如，输入大量代表“A”和“E”的图片，并告知每张图片对应的字母，模型会自动调整这些连接的强度，从而能够准确分类任何给定

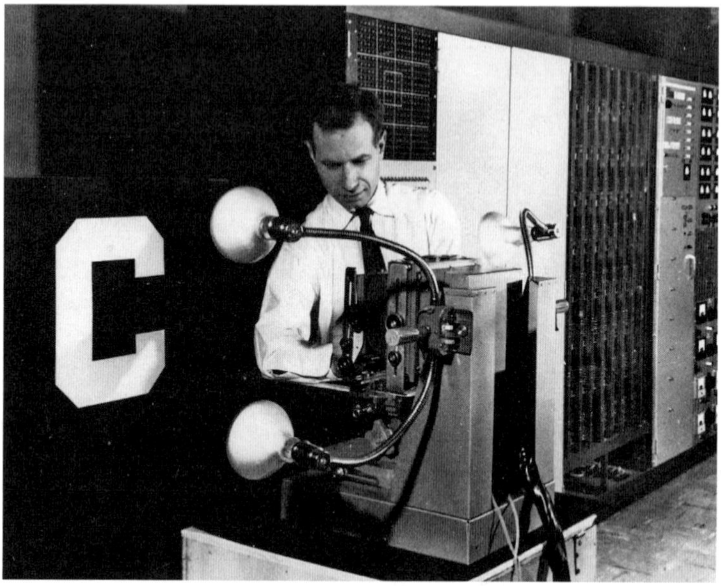

图 4.2　感知器的摄像系统

资料来源：National Museum of the U. S. Navy—330-PSA-80-60（USN 710739），Public Domain，https://commons. wikimedia. org/w/index. php? curid=70710209。

的“A”或“E”图片。感知器是最早的机器学习系统之一（此前曾有人开发过一个通过试错来学习的跳棋程序[16]）。

需要注意的是，感知器只能进行二元分类，即只能区分两种形状。如果希望它能够分类 26 个英文字母中的任意一个，就需要对其进行大幅复杂化的扩展。

罗森布拉特的感知器可以被视为一组包含 400 个数字的序列，这些数字代表权重或连接强度。这些权重是在学习或训练过程中生成的，并完全决定了感知器的功能。如果将这些数字写在纸上，任何人都可以利用这些信息重建一台功能完全相同的机器。

如今的神经网络同样可以用一串数字来描述，但对于最大规模的模型，这串数字比感知器的长 10 亿倍以上。如果将这些数字全部打印出来，纸张堆叠起来将高达数百英里。这表明 AI 在过去几十年中取得了巨大的发展进步。接下来，让我们探讨这一切是如何发生的。

沉寂与新生

正如大脑中的单个神经元在孤立状态下难以发挥显著作用，单个感知器的实际应用也十分有限。因此，研究人员开始探索构建更大的神经网络，将神经元以“层”的形式排列，每一层逐次连接到下一层。

这些多层网络在某种程度上超越了当时的技术能力，同时也揭示了 20 世纪中期计算能力的局限性。例如，将每一层的神经元与下一层的所有神经元完全连接，需要极大的计算资源。以每层包含 1 000 个神经元为例，每个神经元都需要与下一层的 1 000 个神经元相连，这将导致每层产生 100 万个连接。当时的硬件无法支持运行如此庞大的网络，因此研究人员开始将目光转向具有较少连接的网络。[17] 然而，这种局部连接的网络在能力上远不及完全连接的网络。

因此，到了 20 世纪 70 年代，神经网络的研究逐渐失去了人们的关注，AI 研究的重心转向了符号系统。这是一种构建 AI 的完全不同的方法，与神经网络的发展历程并行（本书不深入讨论），但了解其基本原理依然具有意义。神经网络处理的是数字，主要通过乘法和加法完成运算，而符号系统则处理离散的符号或类别。神经网络通过数据学习规则，而符号系统的规则是由程序编写设定的。神经网络擅长识别统计模式，而符号系统则擅长逻辑推理或计算。下棋应用程序是一个典型的符号系统实例，它会分析类似以下的可能情况，“如果我走 X，我的对手可能走 Y，然后我可以走 Z，这样我就能获胜”。

研究人员对于神经网络和符号系统之间兴趣的此消彼长，首次体现了 AI 研究领域中一种反复出现的模式。当 AI 领域对某种方法充满热情时，会形成一个相互推动的反馈循环，研究人员与资助者之间相互影响，推动该领域的快速发展。在此过程中，同行评审者对研究方向的选择起到了关键作用。他们往往对曾被视为过时的方法抱有怀疑态度，从而影响哪些研究能够发表。结果是，整个领域通常会一窝蜂涌向当时流行的方法，而几乎完全忽视早期的研究。这正是 20 世纪 70 年代神经网络研究的遭遇（事实上，如今符号系统也面临类似的处境）。

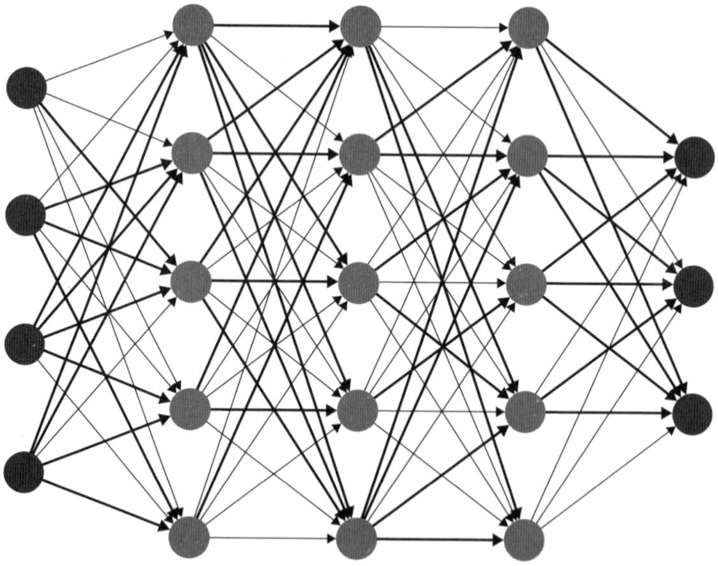

图 4.3　一个具有随机权重的五层神经网络（通过连接的厚度表示）

自 20 世纪 70 年代以来，神经网络经历了多次复兴。第一次复兴发生在 20 世纪 80 年代，当时研究人员提出了两个重要且相关的思想，重新燃起了对神经网络的研究热情。首先，如果计算能力允许，增加网络的层数，即“加深”网络，将会带来显著的益处。如图 4.3 所示，堆叠更多层次使得网络能够逐步学习更为复杂的概念（原因将在稍后讨论）。其次，一种名为“反向传播”（backpropagation）的高效算法可以用来训练深层神经网络。这些思想虽然由来已久，但在 1986 年发表在《自然》（*Nature*）期刊的一篇论文中得到了系统整合。[18] 论文的作者之一是杰弗里·辛顿（Geoffrey Hinton），他后来因在 AI 领域的卓越贡献而获得图灵奖（通常被誉为计算机科学的“诺贝尔奖”）。*

然而，在 20 世纪 90 年代，神经网络再次陷入低谷期，被一种名为支持向量机（Support Vector Machine，简写为 SVM）的技术取代。尽管名字中的 M 代表机器，但 SVM 指的是一种算法而非实体机器。

SVM 之所以受到欢迎，是因为其计算效率远高于神经网络，因此可以在更便宜的硬件上运行。例如，自 20 世纪 80 年代以来，美国邮政（USPS）就使用数字识别机器通过邮政编码对邮件进行分类。[19,20] 几年后，SVM 在数字识别任务中表现出比神经网络更高的准确性，或者在相同准确性下运行效率更高。[21] 这一结果对机器学习研究者产生了深远影响。

如今，手写数字识别对计算资源的需求已微乎其微，因此

---

* 在 2024 年，杰弗里·辛顿因其在促进基于人工神经网络的机器学习方面所做出的基础性发现和发明，获得了诺贝尔物理学奖。——译者注

SVM 的优势不再显著。然而，在我们接下来将讨论的更复杂的图像处理任务中，SVM 完全无效。然而，当时能够展示神经网络优势的任务并未受到关注。此外，SVM 配备了精妙的数学理论，可以清晰解释其工作原理，这一点对研究人员极具吸引力。相比之下，神经网络则更像一个“黑箱”。关于学习算法为何有效的重要性，以及理论理解（基于数学证明）和经验理解（基于实验证据）哪个更重要，这一问题在 AI 领域至今仍存在争议。

训练机器以“眼”观世

到 2007 年，计算机视觉领域的进展陷入停滞。当时，普林斯顿大学的新任教授李飞飞认为，问题的关键并非缺少先进的机器学习模型，而是缺乏足够的数据来训练这些模型。她推测，大量数据可以帮助解决计算机视觉领域长期以来关于最佳技术的争论：到底是神经网络、SVM，还是其他方法更为优越。于是，她组建了一支团队，从互联网上收集了一个大规模图像数据集，并将其命名为 ImageNet。[22] 起初，她的想法受到嘲笑，项目几乎得不到资金支持，但团队依然坚持了下来。

为了使 AI 学习“自行车”“猫”这类物体和“愤怒”这样的概念的视觉特征，李飞飞需要对大量图像进行手动标注。这项任务在紧张的预算下极具挑战性。一次偶然的机会，她发现了亚马逊的 Mechanical Turk 平台，这个平台允许全球用户以几美分的报酬完成小型在线任务。[23] 这种低成本的数据标注方式使得项目得以推进。

到 2009 年，李飞飞与她的研究生团队（当时已转至斯坦福大学）公开发布了 ImageNet。最初，该数据集包含约 300 万张图像，覆盖 5 000 多个类别，后来扩展到超过 1 000 万张图像。

尽管在发布之初，ImageNet 并未引起太大反响，但次年，由研究生奥尔加·鲁萨科夫斯基（Olga Russakovsky）和邓嘉领导的团队发起了一场竞赛，旨在测试不同 AI 模型对图像分类的准确性。[24] 他们从 ImageNet 中挑选了约 100 万张图像作为训练数据集，任何研究人员都可以利用这些图像训练模型，并通过另一组 10 万张图像的分类准确性进行排名。

举办这种竞赛是一种经过验证的 AI 发展传统。在 AI 研究中，研究人员容易高估某些模型的能力。例如，他们可能使用模型容易处理的数据进行评估，或者直接用训练数据来测试模型效果，这类似于“在考试前泄题”。通过竞赛，研究人员确保所有人使用相同的训练数据，同时保密测试数据，从而提供一个公平的模型能力排行榜。正是这种基准测试的实践，在历史上推动了 AI 的快速进步。为了评估一个新的 AI 改进方法，研究人员无须进行复杂的理论分析，也不必等待冗长的同行评审过程，只需观察模型在一个或多个基准数据集上的精度提升即可。

在 ImageNet 竞赛的最初两年，获胜模型（基于 SVM）的错误率仍然很高，超过 1/4 的图像被错误分类。这种高错误率表明这些模型在实际应用中尚不可用，如用于给照片自动添加标签，以便在相机应用中实现后续搜索功能。

到了 2011 年，亚历克斯·克里泽夫斯基（Alex Krizhevsky）、伊利亚·苏茨克弗（Ilya Sutskever）和杰弗里·辛顿决定用神经网络参与 ImageNet 竞赛。当时，这种技术已经被称为“深度学习”，因为增加网络的深度（多层结构）可以显著提高模型的精度。[25] 克里泽夫斯基当时是一名研究生，后来在谷歌工作；苏茨克弗成为 OpenAI 的联合创始人；辛顿是前文提到的图灵奖得主，他早在 25 年前就在《自然》杂志上发表了一篇关于反向传播的论文。

他们花费了一年的时间开发他们的神经网络，并将其命名为 AlexNet。[26] 借助一种全新的技术，他们将网络的层数提升至 8 层，在当时几乎是史无前例的。这一设计需要极高的计算能力，而这种能力在当时刚刚变得可行。几年前，硬件公司就已经发现了重新利用在视频游戏中使用的功能极其强大且高度专业化的图形处理器（GPU）的方法。在 2011 年，也就是 AlexNet 开发的同一年，研究人员首次详细展示了如何利用 GPU 进行快速 AI 训练的技术。[27] AlexNet 团队在此基础上构建了他们的模型。

他们将 AlexNet 投入 2012 年的竞赛，并以巨大优势获胜，AlexNet 的准确率达到 85%，而对手的最高准确率仅为 74%。在这种对微小精度差异极为敏感的竞赛中，这样的巨大差距前所未有。研究人员迅速意识到，深度学习将在计算机视觉领域占据主导地位，也由此打破了之前对这种方法的种种怀疑。从那一刻起，AI 领域发生了永久性的变革，大批研究人员投入基于深度学习的新模型的改进中。3 年后，最先进模型的精度已超过 96%，使许多前所未有的实际应用成为可能。

随着算法性能的不断进步，神经网络的深度（网络的层数）不再受限于计算能力，能够自由增加。到 2015 年，已经出现了一些模型，其层数突破了百层。

ImageNet 技术和文化意义

ImageNet 对 AI 研究产生了深远影响，影响范围远超计算机视觉领域。首先，它证明在感知任务中，深度神经网络具有压倒性优势，没有其他已知技术能够与之竞争。大约在同一时期，深度学习也在语音识别任务中超越了传统方法，其在计算机视觉中的成功进一步表明这并非偶然。[28] 此后，其他方法（如 SVM）在计算机视觉中的使用迅速减少，几乎完全被深度学习取代。在短短几年内，深度学习成为越来越多机器学习应用的首选方法，特别是在拥有大量数据集的应用中。例如，社交媒体新闻推送算法大多基于深度学习，通过用户集体行为（如点击或评论的内容）进行训练。

在数据集难以获取的情况下，ImageNet 展现了创建大规模数据集的巨大价值。自 ImageNet 时代以来，数据集规模持续扩大。例如，2017 年，谷歌透露其内部使用了一个包含 3 亿张图像的数据集训练模型，比 ImageNet 竞赛中的训练数据集多了 300 倍。[29] 此外，许多聊天机器人使用的训练数据集（如 Common Crawl）汇集了超过 30 亿个网页，总计包含数万亿个单词。[30]

ImageNet 还突出了 GPU 在训练深度神经网络中的重要性。像英伟达（NVIDIA）这样的 GPU 制造商也因此受益匪浅。到 2023 年，英伟达已成为市值 1 万亿美元的公司。* 如今，大多数 AI 计算（无论是在数据中心还是在消费级设备上）都在专用芯片上完成。这些芯片类似于 GPU，但针对神经网络进行了优化。例如，2021 年发布的 iPhone 13 Pro 所用的芯片每秒能够执行约 16 万亿次算术计算，[31] 而数据中心服务器的计算能力则比这高出数千倍。

ImageNet 的文化意义至少与其技术意义同样深远，它深刻影

---

* 截至本书翻译时的 2025 年年初，英伟达市值已经超过 3 万亿美元。——译者注

响了 AI 研究和开发的文化，并催生或推动了许多现代 AI 实践。

网页抓取（web scraping）已经成为从互联网收集文本或图像数据以用于 AI 训练的标准方法。通常，抓取是由机器人或自动化浏览器完成的，这些工具记录数十亿个网页的内容。在某些情况下（如 ImageNet 竞赛），抓取的数据随后由人工进行标注。

在亚马逊 Mechanical Turk 平台上工作的数据标注员通常报酬较低，每小时收入约为 2 美元。[32] 此外，ImageNet 的开发者并未向摄影师支付报酬，这些摄影师大多并不知道自己的作品会被用作训练数据。由于 ImageNet 的预算非常有限，如果没有这种数据收集和标注方式，项目可能无法完成。但即便在今天，许多市值达万亿美元的商业项目仍采用类似的操作方式。

网页抓取数据集的一个显著缺点是，我们很难手动检查其中是否包含有害内容。例如，ImageNet 中存在许多带有侮辱性和攻击性的标签，以及一些未经允许就被纳入数据集的色情图片。[33] 由于这些问题，ImageNet 团队直到 2020 年和 2021 年才发布经过筛选的版本。[34,35]

许多企业接受比较宽松的实践原则，但同时导致其产品有时会出现意外问题。例如，2015 年，一位用户发现谷歌相册（Google Photos）将他与朋友（均为黑人）的合照标记为“猩猩”。为了解决这一问题，谷歌和苹果选择直接禁止其照片应用程序生成“猩猩”标签，甚至包括真正的猩猩照片。[36] 显然，修复训练数据集并未被视为可行的解决方案。8 年后，这些应用仍无法搜索猩猩或大多数其他灵长类动物的图片。

在 ImageNet 出现之前，要让 AI 创新获得研究界的认真对待，几乎唯一的途径是通过在基准数据集上实现最先进的成果。ImageNet 进一步巩固了这一标准。正如前文提到的，基准测试确实推动了 AI 的快速进步，但这种进展是单一维度的，未必完全符合我们对 AI 在现实世界中的期望。例如，大多数基准测试并未评估模型是否反映文化偏见或刻板印象。此外，AI 工程师长期以来一直抱怨，基准测试中的最佳模型往往过于复杂，因此在真实应用中表现缓慢且脆弱。

ImageNet 还进一步验证了 AI 领域长期以来的一个观察结论，那就是依赖专家知识编码的方法，最终会被依赖机器从数据中自动发现知识的方法取代。早在 1985 年，著名的自然语言处理研究员弗雷德里克·贾里内克（Frederick Jelinek）就曾说过："每当我解雇一位语言学家，语音识别器的性能就会提升。"[37] 这表明，专家的参与有时可能阻碍模型的准确性。在使用深度学习之前，计算机视觉研究人员通常手动编写算法，将像素转换为概念上有意义的图像元素。然而，事实证明，这些方法不仅不必要，有时甚至是有害的。然而，减少专家的介入也带来一个问题，基准测试往往无法捕捉到 AI 系统在更复杂维度上的表现。

在追求不依赖人工专长的通用方法时，还存在另一个代价：当模型未针对特定任务进行定制时，往往需要更多的训练数据来达到所需的精度。然而，AI 界已经形成了一种依赖现有数据的文化，因此这种做法并未被视为显著的障碍。

在深度学习中，研究人员在各种任务中使用的是同一个算法，并在此基础上进行微小的改进，该算法被称为梯度下降法，其基本思想是每次模型出现错误后对权重进行微调（神经元之间的连接）。当然，针对这一算法的改进常有发现，但这些改进主要是加快训练速度，而非支持新应用。对 AI 开发者而言，这种通用性非常强大，因为他们在应对新任务时无须重新设计算法。令人难以置信的是，聊天机器人、文本生成图像工具以及成千上万个不同的 AI 应用背后使用的都是同一学习算法，其不同之处在于训练数据和架构（神经元之间的连接模式）。

最后，ImageNet 延续了 AI 研究领域的知识共享文化，它很好地展示了一点，如果研究人员互相借鉴，行业进展的速度会很快。尽管许多参赛者就职于彼此竞争的公司，但开放的规范仍占主导地位。如果有公司选择不公开其方法，AI 研究人员可能会对在该领域工作兴趣不大，因为他们希望自己的发现能为人类知识进步做出贡献，而不仅仅是为公司盈利，当然这样做也会让这些公司在竞争中处于不利地位。然而，如今随着公司优先考虑利润，这种文化已经发生一定变化。AI 知识应共享还是对于知识进行保密，已成为该领域的主要争论焦点。

分类和生成图像

让我们花些时间了解为什么深度神经网络在图像分类和生成方面表现如此出色。考虑图 4.4 中显示的一张狗在公园玩耍的照片。

如果你在电脑上放大该照片，会发现它由像素组成，即许多彩色点的组合。但当稍微缩小时，这些点会形成图案、形状和物体。你可能会注意到狗与背景之间的颜色对比，狗毛的质地，或是它嘴里球的形状。

深度神经网络通过训练，基于像素的排列捕捉到这些类型的视觉概念。关键在于，网络的各层逐步编码越来越复杂的概念，每一层的概念都建立在前一层的基础上。

图 4.4　神经网络如何对狗的图像进行分类

资料来源：Blue Bird：https://www.pexels.com/photo/dog-in-black-collar-with-ball-in-teeth-7210262/。

这一过程可以在图 4.5 的图像中清晰地看到，这些图像由谷歌研究人员提供。[38] 该深度神经网络经过 ImageNet 数据集的训练，每张图像展示了相应神经元所学习检测的输入模式。最初的网络层专注于检测边缘、纹理和图案等简单特征，而后面的网络层则能够识别对象的各个部分，最终形成对具体对象的完整识别，如图 4.4 中的狗。

这种理解方式帮助我们解释了从 ImageNet 竞赛中得出的一个惊人发现，一旦模型被训练为能够分类图像，就可以通过一种被称为微调的过程，轻松适应各种视觉任务。

举个例子，考虑反向图像搜索，也就是使用一张图像在互联

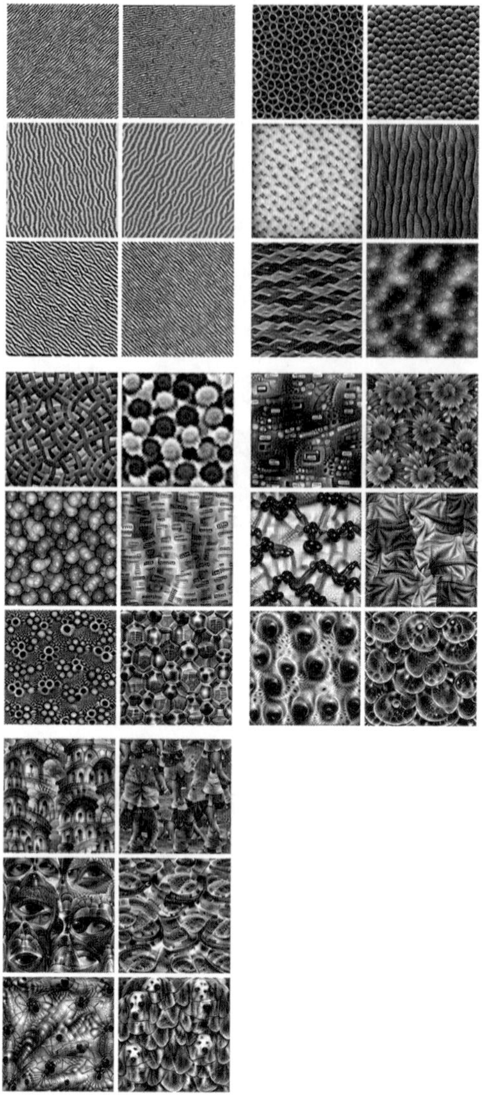

图 4.5　可视化深度神经网络在图像分类中的应用

注：可视化深度神经网络在图像分类训练中学习的一些概念：边缘（左）、纹理、图案、部件、物体（右）。

资料来源：Olah et al.，"Feature Visualization." Distill，2017. https://distill.pub/2017/feature-visualization/。

网上找到许多其他相似的图像。这项技术非常有用，例如，当你散步时，可以拍下树的照片并立刻知道它的种类。

事实证明，图像分类的最大挑战在于让模型学习世界的视觉结构，即模式、对象等。这正是深度学习模型的大部分层所完成的任务，而最后一层则仅用于将这些复杂的概念转换为标签，也就是我们用来描述图像的词或类别。

在倒数第二层，模型输出一个数值序列，称为向量，它对应于图像的高级描述。如图 4.6 所示，两张狗的图像会生成彼此接近的数值序列，而两张博美犬的图像会更加接近。同一只博美犬的不同图像则会生成几乎完全相同的数值序列。因此，如果从一张博美犬的图像开始，将其转换为一个数值序列，并在数据库中查找相似的序列，就可以找到其他博美犬。这种方法简单且有效，令人惊叹。

到目前为止，我们讨论的是图像如何被分类。那么像 Dall-E 和 Stable Diffusion 这样的工具，不仅能分类图像，还能生成图像，它们又是如何工作的呢？

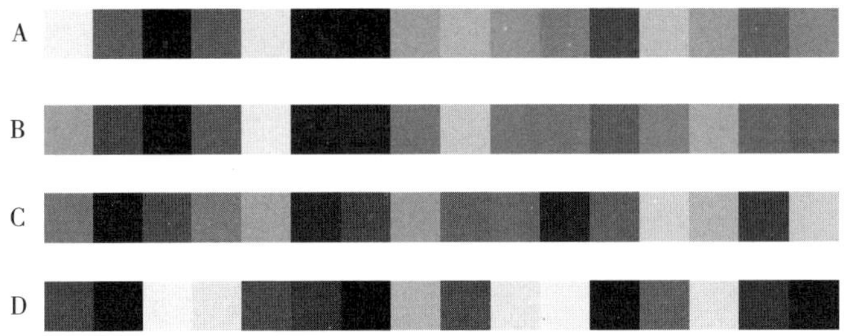

图 4.6　关于向量相似性的示意图

注：这里通过颜色编码展示了 4 组 16 个数字的序列。A 与 B 的相似度为 98%，与 C 的相似度为 90%，而与 D 无关。假设 A 和 B 可能来自同一只狗的图像，C 来自另一只狗，而 D 可能来自一个客厅。

当前主流的文本生成图像技术是扩散模型。这些模型通过学习，将完全由随机像素组成的图像（噪声）逐步转化为结构化的图像。关键在于，如果不断向图像中添加噪声，最终图像会变得完全难以辨认，就像电视屏幕上的静态杂波。而扩散模型通过训练，学习如何将这种噪声反向转化为可识别图像，前提是给定一个关于图像的描述文字。如图 4.7 所示，这一过程逐步实现了噪声到图像的转换。

这种转换由训练好的神经网络引导。模型通常通过一个包含大量图像及其描述文字的数据集进行训练，学习如何逐步将噪声塑造为可识别的形态。在每一步中，模型根据训练和给定的图像描述，对最终图像的外观进行预测。随后，它调整当前的噪声图像，使其更接近预测结果。这个过程是迭代进行的，每一步都进一步细化图像，直至生成最终结果。

为了有效应用，文本到图像的模型需要大量的数据。正如我们所见，ImageNet 竞赛的一个关键发现是，使用超过 100 万张图像的数据集能够显著提高模型的质量。对生成模型而言，这一点

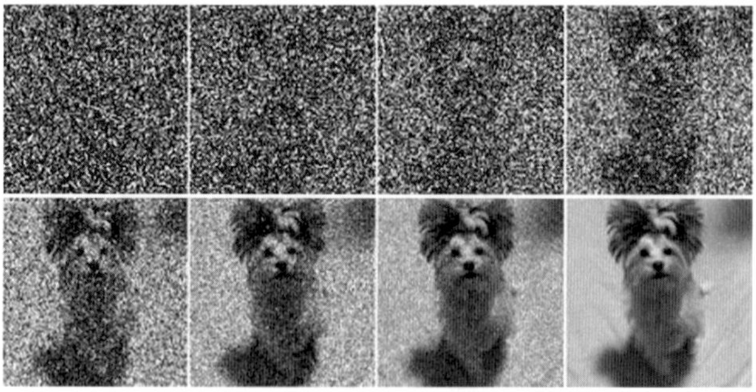

图 4.7　使用扩散模型生成狗的图像

资料来源：Song Y，“Generative Modeling by Estimating Gradients of the Data Distribution”（blog）. May 5，2021. https://yang-song.net/blog/2021/score/。

尤为重要。用于训练 Stable Diffusion 的数据集包含了数十亿张图像，规模是 ImageNet 数据集的千倍。

通过对图像分类和生成技术的理解，我们可以更深入地认识这些技术的构建方式以及其在实际应用（或滥用）中可能带来的潜在危害。在接下来的两章中，我们将暂时从技术细节中抽离，重点探讨这些问题。

生成式 AI 攫取创造之功

生成式 AI 的成功离不开海量数据的支持。例如，Stability AI 使用了一个包含超过 50 亿张带注释图像的数据集，这些图像是通过网页抓取的，用于训练其文本生成图像工具 Stable Diffusion。然而，这些训练数据的创作者从未被征求意见。[39] 公司声称，其对这些图像的使用符合美国版权法中的“合理使用”条款，该条款允许在某些情况下未经许可使用受版权保护的材料。[40] 然而，这些法律最后一次修订是在 1978 年，当时，人们根本无法预见今天这样的技术发展，更不用说应用程序能够自动生成高质量的图像和文本。

当图像生成器能够模仿特定艺术家的风格生成图像时，法律和伦理问题变得更加复杂。

此外，生成式 AI 模型还具有“记忆”训练数据的能力。这意味着它们可能输出与训练数据中的内容几乎完全相同的图像或文本。例如，使用 Dall-E 和 Stable Diffusion 生成的图像有时会包含来自 Shutterstock 和 Getty Images 等图库网站的水印。这表明训练数据中普遍存在这些有水印的图像，也显示出模型在某些情况下会直接复制其训练数据的部分内容。

你可以通过提示图像生成器生成任何著名画作，以测试其“记忆”能力。图 4.8 展示了一个引人注目的例子。随着图像生成技术的进步，这些模型在重现绘画图像方面的精确度越来越高。在某些情况下，即便是训练数据中相对冷门的图像，也被发现被模型“记住”并可以重现。

为了降低生成式 AI 工具输出训练数据副本的可能性，技术手段正在积极研发中。然而，像 Stable Diffusion 这样的模型已经公开发布，并被下载了数十万次。一旦这些模型被下载到互联网，几乎无法限制其使用方式。

这一问题带来了深远的影响。艺术家和摄影师的作品及风格被复制，却没有获得任何补偿。[41,42] 有时，生成的图像甚至还会带有艺术家签名的残留痕迹。[43] 创作者们对此感到担忧，因为他们没有从中受益，且这些工具可能被用来取代而非辅助人类艺术家。[44] 尤其是在用于封面图像、公司标志等常规委托创作时，生成式 AI 的广泛使用可能会导致艺术家的角色被大幅削弱。更进一步的问题是，如果我们用生成式 AI 压倒性地取代了艺术家，下一代 AI 模型又将以谁的数据作为训练基础呢?

人类艺术创作者正在展开反抗。2022 年 12 月，在线艺术社区 ArtStation 爆发了大规模的社区抗议。艺术家们停止上传原创作品，并用图 4.9 所示的标语“拒绝 AI 生图”刷屏整个网站。[45] 许多艺术家希望生成式 AI 的开发者能够找到一种与他们合作的方式，而非在未经补偿、未经同意和署名的情况下直接使用他们的作品。然而，也有一些人认为，这项技术已经对艺术、艺术家和文化造成了不可挽回的伤害。

(a)

(b)

图 4.8　文本生成图像工具 Midjourney 重现《蒙娜丽莎》

资料来源：(a) 来自达·芬奇原作，卢浮宫，公有领域，https://commons.wikimedia.org/w/index.php?curid=51033。(b) 来自 Midjourney。

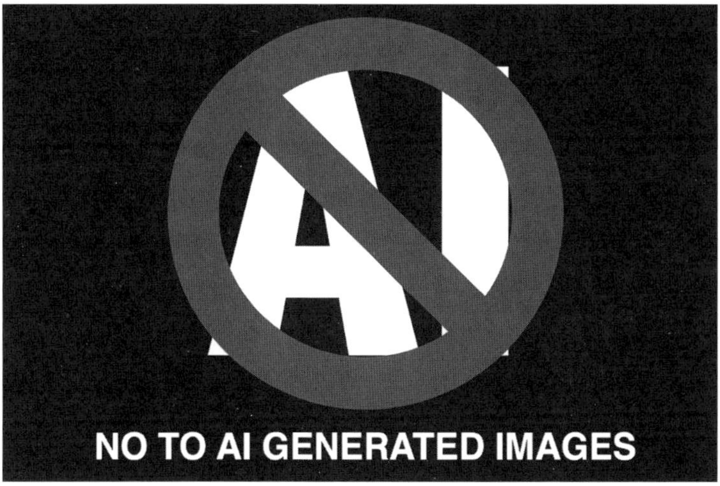

图 4.9　ArtStation 上刷屏的“拒绝 AI 生图”

AI 图像识别技术转瞬成监控之眼

预测式 AI 因其“无效”可能带来危害，与这一点不同的是：图像分类 AI 恰因其“非常有效”而可能造成问题。相同的技术既可以用于图像分类和反向图像搜索，也可以被用来进行大规模的人类监控。图像分类和人脸识别在技术上非常相似。

人脸识别技术的滥用问题在全球范围屡见不鲜。例如，韩国政府曾向一家私人公司提供了 1.2 亿张外国访客的照片，用于开发人脸识别系统。[46,47] 在 2021 年，印度特伦甘纳邦因警察在例行交通检查时未加解释或未经同意就拍摄人们的照片而面临诉讼。[48] 特伦甘纳邦是印度人脸识别工具开发最多的地区之一，人们怀疑这些照片被用作训练识别人脸系统的数据。

Clearview AI 是一家提供人脸识别技术的公司，由于其技术开发方式和使用方式而备受争议。[49,50]Clearview 从社交媒体上抓取了200 亿张人脸照片，构建了一个庞大的数据库。[51] 关于 Clearview 产品被滥用的报道屡见不鲜。例如，有公司员工利用其人脸识别应用程序，在毫不知情的人身上进行跟踪，以确定他们的行踪和职业。在美国，多个城市的警察也在公众毫不知情的情况下使用 Clearview 的应用程序，即使他们所在的部门并未批准此类应用。这表明行业内对人脸识别技术的监管和规则执行极其松懈。[52]

与此同时，面部分析技术正被应用于广告牌领域。一些公司利用 AI 技术分析观看广告牌的人的特征，如年龄和性别，并根据这些特征动态更换广告内容，以更精准地匹配受众需求。这一技术未来可能更进一步，即通过人脸识别技术，公司可以识别每一位路人，并基于其个人信息和兴趣定制广告内容。[53,54] 这样，每个人在看广告牌时可能会看到不同的广告，就像我们在脸书和谷歌上体验的个性化在线广告一样。如果这听起来像反乌托邦小说，那是因为它确实如此。个性化实体广告牌的概念早在 2002 年的电影《少数派报告》中就被生动呈现。不过，人类对于这种技术的发展须保持警惕，其可能对隐私和社会产生深远影响。

企业预计将继续开发监控工具，因为这是一项利润丰厚的业务。例如，Clearview AI 的估值已超过 1 亿美元。然而，公众压力、倡导和监管措施可以有效遏制 AI 在监控领域的滥用。

在 Clearview 滥用公开数据的行为被曝光后，多个国家的隐私监管机构对其展开调查。这些机构要求 Clearview 删除意大利、法国、澳大利亚和英国公民的面部识别数据。法国和意大利分别对 Clearview 处以 2 000 万欧元的罚款，而英国则对其处以 750 万英镑的罚款。此外，加拿大的隐私监管机构在 2020 年展开调查，导致 Clearview 停止在加拿大销售其人脸识别工具。在 2022 年，加拿大隐私专员进一步建议暂时禁止警察和私营企业使用人脸识别技术。通过更强有力的监管和更大的公众压力，AI 在监控领域的滥用有望受到显著遏制。

社区组织者、活动家和民权倡导者的努力，已成功引起政策制定者的关注。在某些倡导团体和社区组织的广泛呼吁下，美国已有 10 多个城市禁止使用人脸识别技术。这一趋势表明，公众的声音在塑造政策方面具有重要作用。我们将在第 8 章进一步探讨遏制 AI 危害的监管潜力。

从图像到文本

让我们回到生成式 AI 的技术讨论，现在转向文本生成过程。

回顾一下，深度学习的强大之处在于，可以将同一种学习算法应用于许多不同的任务。如果我们查看使用 ImageNet 构建图像分类器的代码，其中很少部分是专门针对图像分类的。训练好的模型的权重与视觉概念相关联，这更多是训练数据的结果，而不是算法本身的特性。

那么，如果我们用文本而不是图像来训练模型，会发生什么呢？我们可以提供大量按主题标记的媒体文章进行训练。训练完成后，模型能否根据主题对新文章进行分类？类似地，能否训练出其他有用的工具？例如，一个可以判断社交媒体上的电影评论是正面还是负面情感的工具。这类工具可以用来在电影首映周末衡量公众对电影的看法。或者，我们能否训练一个分类器来判断一段文字是否有意搞笑？这一问题一直被认为是 AI 领域非常难以解决的挑战。

一个显而易见的区别在于，图像由像素组成，而文本由字符组成。这虽然是一个差异，但仅需对代码做些调整即可处理。然而，一个更大的问题是，图像和文本的结构不同。图像具有明显的空间结构，每个像素与邻近像素高度相关。而文本则有所不同。单词与相邻单词相关，但还存在“长距离依赖”（long-range dependency）关系。为了理解这一点，让我们来看看这个经典的笑话：

> 据非官方消息，一种新的简化版所得税申报表只有4行：
>
> 1. 你今年的收入是多少？
> 2. 你的支出是多少？
> 3. 你还剩余多少？
> 4. 提交（Send it in）。

为了让笑话的结尾起到作用，必须记住这段内容是关于所得税的，这是在开头提到的。这表明，对一个句子的正确理解往往依赖于几段之前提到的某些关键词或概念。

图像较少存在长距离依赖关系。一个角落的像素变化不太可能影响我们对另一个角落的理解。

研究人员尝试了许多方法来捕捉文本中的这种长距离结构。然而，直到21世纪10年代末，这一问题仍然是一个巨大挑战。早期的自动化语言翻译应用在处理短句时效果尚可，但面对较长句子时表现就大打折扣。对于聊天机器人这样的应用，必须在多轮对话中记住上下文，这种长距离依赖问题显得尤为突出。

2017年，谷歌提出了一种突破性的方法。这是一种利用计算大型矩阵（一个数字网格）来处理文本的暴力解决方案。矩阵量化了文本中每个词与其他所有词之间的关联程度。而处理大矩阵运算恰好是 GPU 的强项，因为它可以并行完成大量计算任务。到 2017 年，GPU 已经被广泛应用于 AI 领域。

通过矩阵捕捉语言结构的各个层面，神经网络能够在信息流经其各层时逐步构建越来越复杂的概念，就像处理图像一样。假设被输入的是一个故事，网络的较低层可能跟踪简单的关系，比如名词与其对应的动词之间的联系。当网络“阅读”整个故事时，更高的层则可能追踪角色的信息，如关系、地点、性格和目标等。

以所得税笑话为例，网络的较低层可能无法将笑话主题与笑点联系起来，但更高的层可以完成这一任务。如今，像 ChatGPT 这样的模型能够轻松解释这种笑话以及类似的其他笑话。这种创新依赖于矩阵计算，并催生了一种名为 Transformer 的架构，它是 ChatGPT 名称中“T”字母的含义。

然而，到目前为止，我们讨论的主要是如何构建一个神经网络来对一段文本进行分类。那么，ChatGPT 究竟是如何生成文本的呢？

事实证明，从文本分类到文本生成依赖于另一种暴力方法。试想一个最简单的文本分类任务，给定一段文本中的一系列词，预测该序列中的下一个词会是什么。换句话说，就是自动补全。

对下一个词的预测，与之前讨论的分类任务略有不同，因为这里没有单一正确答案。同样的词序列，比如“从前有一个……”，在不同文本中可能有不同的延续。然而，这并不重要。

关键在于：关于下一个词的预测任务之所以吸引 AI 研究人员，是因为互联网上存在海量的训练数据。这与我们之前讨论的需要特定训练数据的任务（如按主题分类媒体文章）有所不同——几乎任何文本都可以用于训练神经网络进行词序预测，包括你正在阅读的这段文字。

更有趣的是，这些训练数据不需要人工标注，这与 ImageNet 中需要为图像附加对象标签或电影评论需要正面/负面/中立标签的情况不同。对于词序预测任务，文本的词汇序列本身就是标签，从而避免了原本所需的耗时且烦琐的人工标注过程。

由此得出一个重大启示，所有现代聊天机器人实际上都只是通过训练来预测词序中的下一个词，它们通过反复生成一个词来完成文本生成。出于技术原因，聊天机器人每次生成的是一个“标记”（token），即短于单词但长于单个字母的词块。这些标记被依次串联起来，形成完整的文本。

当聊天机器人开始回应你时，它并没有提前规划完整的回应内容。相反，它通过大量计算确定最合理的第一个词是什么。在生成了约 100 个词后，机器人会根据你的提示和已经生成的这 100 个词，决定下一个最合适的词。

这种生成方式与人类的语言表达方式截然不同。即使我们完全理解聊天机器人的工作原理，它能够以这种方式生成连贯的文本，仍然令人难以置信。

需要再次强调，这一过程的计算量是巨大的。为了生成一个标记（一个词的一部分），ChatGPT 大约需要执行 1 万亿次算术运算。如果你要求它生成一首包含约 1 000 个标记（相当于几百个单词）的诗，则需要进行大约 1 000 万亿次计算，即上百万个十亿次。为了理解这个数字的规模，我们可以做这样一个比较，如果地球上每个人都以每分钟一次计算的速度进行运算，每天工作 8 小时，那么完成 1 000 万亿次计算将需要约 1 年的时间。而所有这些运算，仅仅是为了生成一个单一的回应。

正是这种“杀鸡用牛刀”般的算法构成了文本生成的核心，这也是 ChatGPT 中“G”的含义，即代表“生成式”（Generative）。

从模型到聊天机器人

我们之前描述的技术构成了所谓的基础模型，这也是 21 世纪第二个 10 年末的最新技术。在 2019 年，谷歌的 T5 和 OpenAI 的 GPT-2 等模型正式发布，这些模型的能力对研究人员来说显而易见，因此在 AI 界引起了极大的兴奋。然而，它们尚未成为面向消费者的产品，所以公众几乎没有听说过它们。这些模型非常擅长人类语言，但更多像是高级的自动补全工具，而不是聊天机器人。如果你尝试将它们用作聊天机器人，你可能会感到失望。比如你说：

世界上最高的山是什么山

它可能不会直接给出答案，而是会回复：

?”老师问道。

很明显，这是一种很好的补全方式！（模型试图补全的句子是“‘世界上最高的山是什么山?’老师问道。”）为了让这些模型做有用的事情，人们使用了创造性的提示，比如：

问：世界上最高的山是什么山?
答：

在这里，模型会认为它正在补全关于一个问题的问与答，有时这种方法有效，有时却无效。

在21世纪第二个10年后期，如果研究人员希望使用语言模型完成翻译等任务，他们通常会通过微调现有模型来实现这一目标，就像可以通过微调 ImageNet 分类器来完成其他任务（如图像搜索）一样。[55,56] 这种方法效果不错。研究人员通常会从一个基础模型入手，并为其提供几千对英语和法语的句子对，从而生成一个实用的翻译工具。

这种构建翻译工具的方法比从头开始训练一个模型高效得多，因为它所需的英语/法语句子对数据量少得多。同样，人们可以用较少的标注或标签数据，构建出电影评论情感分类器、笑话检测器、诗歌生成器，甚至谜题解决工具。

这是一个重大进步，因为创建高质量的标注数据成本昂贵，而用于预训练基础模型的未标注数据，本质上可以免费从互联网上获取（这也引发了争议，但这归根结底是因为 AI 公司利用了创作者的劳动成果，既未给予署名，也未提供补偿，就直接使用了他们生成的文本）。

微调之所以如此成功，是因为即使基础模型仅仅用于自动补全，它也已经具备了语言翻译等能力。这种现象的背后原因在于，互联网上包含了海量信息，其中包括数百万句被翻译的句子实例。通过学习预测下一个词的过程中，模型依靠其庞大的神经元数量和神经元之间复杂的连接规模，学会了支持语言翻译的模式。

微调并不改变模型的核心能力，而是“解锁”特定的功能。换句话说，微调是一种复杂的方式，用来指引模型完成用户期望的任务。然而，真正赋予模型这些运作能力的，是预训练而非微调。这也解释了 ChatGPT 名称中“P”的含义，即“预训练”（Pretrained）。

然而，我们仍未构建一个真正意义上的聊天机器人。将微调用于语言翻译或其他任务需要一定的编程技巧，这与让机器人简单执行任务有着本质区别。因此，研究人员尝试通过微调，让模型能够遵循指令。换句话说，与其将模型微调为执行翻译或解谜等特定任务，他们试图微调它来完成一个更通用的任务，就是“遵循用户指令”。

在 2021 年年末，谷歌研究人员首次成功展示了这一概念。[57]同时，OpenAI 的研究人员也尝试了类似的方法，但采用了一种稍有不同的微调策略，并于 2022 年年初公开了这一方法。[58] 这一过程包括多个步骤，但其核心思想是向模型提供大量带标签的指令及期望的输出示例（“如果用户这么说，你应该那样回答”），从而让模型学习如何更好地响应用户需求。

这是促成 ChatGPT 诞生的最终创新。即使对机器学习研究人员来说，令人震惊的是这个机器人能如此准确地遵循指令。即使指令不在微调资料库中，只要任务在模型通过预训练获得的通用能力范围内，它就能执行这些任务。

当前聊天机器人的一个局限是：尽管具有相当广泛的通用能力，但它们的能力仍然仅限于与训练数据中任务相似的任务。例如，GPT-4 能够下不错的国际象棋，这非常令人惊讶，因为它的能力几乎可以肯定不是通过明确的指导获得的，而只是通过学习数以亿计的在线棋局的统计模式。[59] 然而，如果换成一个类似的棋类游戏且该游戏的对局记录未被发布到网上，机器人就不会表现得那么好。

此外，聊天机器人也无法像人类通过与世界互动来学习那样，通过与用户互动即时掌握新任务。AI 公司确实会收集这些机器人和人类的互动记录，但这些记录会被存入中央数据库，之后经过各种处理，只是偶尔用于更新模型的行为。

即便是对于聊天机器人能够胜任的任务，它们对统计的高度依赖以及缺乏对自身局限的认知也削弱了其实用性。例如，与最先进的聊天机器人玩“石头剪刀布”可能会是这样的：

用户：让我们玩 5 局石头剪刀布。每局你先出。计分。

机器人：第 1 局：我出石头。

用户：布。

机器人：你赢了！这次我出剪刀。

……

当被问及用户每次赢的原因时，ChatGPT 的回答是运气，Anthropic 的 Claude 聊天机器人认为可能是反应快，谷歌的 Bard（后来更名为 Gemini）则根本没有意识到用户赢了。

这些机器人的行为在你阅读本文时可能已经得到修正，尤其是因为 AI 开发人员以已知类型的错误为基础，对它们进行定期微调，但这显示了试图通过模拟对话记录而不是通过实际互动来构建智能的局限性。

鉴于聊天机器人的核心是统计引擎，关于它们是否具备理解力或推理能力存在很大争议。这一争议既有哲学层面，也有实际层面。哲学层面的探讨暂且不论，但从实际角度来看，有几点值得注意。

关于“理解”的释义，并非非黑即白。聊天机器人可能无法像人类（尤其是专家）那样深刻或以相同的方式理解一个主题，但它们仍然能够在一定程度上表现出某种理解。

聊天机器人通常经过微调，以全知专家的语气自信地回答问题。这在最初令人印象深刻，但随着使用时间的增加，人们会发现它们偶尔会犯一些连孩子都能避免的基本错误。例如，未能理解石头剪刀布的规则只是一个例子。另一个例子如下，早期版本的 ChatGPT 在被问到“1 斤棉花和 2 斤铁哪个更重？”时，它们回答是重量相同！[60] 这些版本似乎忽略了问题中实际给出的数字，而是依据这个问题与广为人知的“1 斤棉花和 1 斤铁哪个更重？”这一迷惑性问题的表面相似性来作答。

意识到这些局限后，有些人可能走向另一个极端，认为聊天机器人根本没有理解能力。然而，事实并非如此。

聊天机器人在“理解”方面表现为，通过训练过程构建对外部世界的内部表征。这些表征可能与人类的理解不同，可能存在不准确或缺乏深度，因为它们无法像人类一样与世界互动。然而，这些表征依然是有用的，使聊天机器人具备了超出纯粹统计模式匹配的能力。

研究人员对这些内部表征的理解仍处于初级阶段，因为很难准确弄清神经网络中的连接究竟编码了什么信息。然而，我们已经知道，语言模型可以自主学习语言的结构，即使它们没有被明确编程输入语法规则。[61,62]

在一项研究中，研究人员使用一个类似于跳棋的名为 Othello（黑白棋）的游戏数据库，训练了一个类似 GPT-2 的模型。[63] 研究发现，当训练后的模型处理一局新游戏并预测下一步时，它实际上能够跟踪棋盘的状态。从某种意义上讲，它在没有被明确告知规则的情况下，自主学习了游戏规则。

然而，在“完全没有理解”和“完美再现外部世界的内部表征”这两种极端之间，聊天机器人究竟处于何种位置，可能会在很长时间内引发争论。由于用于构建AI的研究远远超过了对其进行逆向工程的努力，我们对神经网络内部工作机制的解释能力，很可能将继续落后于其发展的速度。

近几年，聊天机器人取得了显著进步。然而，与图像处理AI一样，这种进步并非没有风险。在接下来的部分中，我们将探讨三种相关风险，即错误信息、深度伪造和权力集中。

自动化胡编乱造

哲学家哈里·法兰克福（Harry Frankfurt）将“胡编乱造”定义为不考虑真相、以说服为目的的言论。[64] 从这个意义上说，聊天机器人就是胡编乱造的制造者。它们被训练来生成似是而非的文本，而非真实的陈述。ChatGPT在任何可以想到的主题上都显得令人信服，但训练中并没有真相来源。即使AI开发者设法完成过滤训练数据集，仅保留真实陈述这项极其不可能的任务，也无济于事。模型无法记住所有这些事实，它只能学习模式，并在生成文本时重新组合这些模式。因此，它生成的许多陈述实际上是错误的。

自动化胡编乱造的例子从令人发笑到令人担忧，各种情况层出不穷。研究人员经常收到陌生人关于他们所“发表”论文的询问，但随后发现这些论文的标题和描述实际上是聊天机器人捏造的，并记入他们的名下！更严重的是，一位法学教授发现 ChatGPT 完全虚构了一篇新闻报道，声称他曾被指控性骚扰学生。[65] 由聊天机器人引发的诽谤事件似乎频繁发生，目前已有多起相关诉讼正在进行中。[66]

令人惊讶的并不是聊天机器人偶尔会胡编乱造，而是它们竟然经常能够正确回答问题。这种现象可以理解为一个副作用，真实陈述通常比虚假陈述更有说服力。

2022 年 11 月—2023 年 1 月，热门新闻网站 CNET 使用生成式 AI 撰写了 77 篇文章。尽管公司声称每篇文章在发布前都经过了事实核查，但许多文章仍存在事实错误。此外，AI 还抄袭了竞争对手网站的内容，仅更改了一些词汇，却保留了文章的整体内容。

这些问题曝光后，CNET 开始逐一审查每篇自动生成的文章，以查找错误。这一过程削弱了 AI 工具承诺的效率提升。在审查中，CNET 发现 77 篇文章中有 41 篇存在错误。随后，网站暂停了生成式 AI 的使用，但仅是暂时停用。[67,68]

尽管 CNET 的编辑可能无意造成伤害，自动生成的语言却可以被用于更恶意的目的，如故意歪曲事实。在 2017 年，美国联邦通信委员会（FCC）收到关于其网络中立性计划的 2 200 万条公众反馈，其中数百万条评论被证实是自动生成的。[69] 这是一次明显的反民主行为，利益相关方利用生成的评论伪装成公众的普遍意见，以影响决策过程。

与 ChatGPT 这样的系统相比，早期的自动化评论并不复杂，主要依赖于通过同义词替换生成变体，例如：

我强烈敦促 FCC 取消网络中立性

我想敦促 FCC 取消网络中立性

我想要求 FCC 取消网络中立性

这些程序很可能是基于简单的规则算法构建的。研究人员通过分析评论中反复出现的短语和模式，能够识别出以这种方式生成的评论。然而，对于更先进的 AI 系统，情况就不一样了。由于不再受限于粗糙的文本生成技术，先进 AI 生成的自动化文本变得更难被识别。

这一假设在 2019 年得到了验证。当时，美国爱达荷州就更新医疗补助计划的提案发布了公开评论，并收到了 1 800 多条评论。不为州政府所知的是，其中 1 000 条评论是自动生成的。研究人员利用 OpenAI 于 2018 年发布的文本生成模型 GPT-2，生成并提交了这些看似真实的评论。结果显示，人们无法辨别这些评论是由 AI 生成的。[70]

研究人员本着伦理原则开展了这项工作，并在每条自动生成的评论中加入了一个关键词，以便识别这些评论的来源。这项研究具有前瞻性意义，随着语言模型的广泛应用，自动化胡编乱造的现象可能会变得越来越普遍。

语言模型的开发者可以采取一些措施来改善这种状况。例如，他们可以提醒用户，哪些情况下不应依赖这些模型，尤其是任何需要准确事实信息的场景。此外，公司通常很少分享有关领先语言模型的重要信息，如其训练数据的具体来源。以透明的方式报告这些细节，并向研究人员开放模型，将有助于更好地识别和解决其中的问题。

深度伪造、欺诈和其他恶意滥用

2019 年，一位英国能源公司的高管接到上司的电话，要求他紧急向一位供应商汇款 22 万欧元。[71] 他随即汇出了这笔钱，但在接到要求再次汇款的电话后产生了怀疑，决定回拨电话向上司确认。令他震惊的是，上司根本没有提出过这样的要求。这是首批确认使用 AI 进行诈骗的案例之一。

如今，AI 已能生成逼真的声音，被广泛用于多种用途，如将文本转化为有声读物而无须真人解说、在 TikTok 等应用中生成叠加音频，甚至在不需要演讲者参与的情况下编辑音频。[72,73] 只需几秒钟的录音片段，AI 就能生成该人朗读任意文本的逼真音频片段。然而，正如英国能源公司的事件所示，这些工具也被用于诈骗。

诈骗并不是 AI 生成声音的唯一恶意用途。[74] 在匿名在线论坛 4chan 上，用户制作了名人说脏话的音频片段，其中一段展示了演员艾玛·沃特森（Emma Watson）朗读希特勒的《我的奋斗》。此外，人们还担心 AI 生成的音频可能被用于伪造低级别法院案件的证据。[75] 由于法院认定真实性的标准本就不高，这可能会被 AI 工具恶意利用。

生成式 AI 也被用于未经同意的情况下创建或编辑人物的图像或视频（“深度伪造”）。尽管像 Photoshop 这样的应用早就已经能够实现图像编辑，但 AI 显著减少了完成这些编辑所需的时间和精力。在 Telegram 的一个聊天群中，曾有人协调销售和购买色情深度伪造裸体图像，导致超过 10 万个深度伪造图像被售出。在线生成的 AI 视频绝大部分是色情内容，这些内容均未经当事人同意。[76]

为了应对这些危害，科技公司和研究人员正在努力开发检测AI生成的音频、图像和视频的工具。此外，立法也可以发挥作用。例如，在2022年，英国政府在《在线安全法案》（Online Safety Bill）中提议，将未经同意生成的色情深度伪造行为定为非法。[77] 然而，也许最重要的应对措施是提高公众对伪造内容易得性的认识，并强调依赖可靠来源获取新闻和信息的重要性。

改善的代价

对训练生成式AI的数据需求导致对美国和欧洲以外国家劳动的高度依赖。虽然大部分训练数据来自自动抓取的互联网内容，但某些能力（如与用户对话，而非单纯自动补全文本）需要在训练过程中涉及人类参与。此外，为了确保模型不会输出仇恨言论、提倡自残或涉及虐待儿童等有害内容，也需要大规模的人工干预。生成式AI模型生成有害内容的倾向并不令人意外，由于它们使用互联网上的数据进行训练，自然继承了网络环境中的有害性。然而，这些有害内容对试图商业化AI服务和产品的公司（如谷歌、Meta和OpenAI等）构成了巨大挑战。

在2016年，微软在推特上发布了一款名为Tay的聊天机器人。该模型很快开始输出各种仇恨言论，并在一天之内被下架。尽管自那时以来已有改进，直到2021年，语言模型仍然存在向毫无戒备的用户输出有害内容的倾向。一项研究表明，仅输入一个简单的指令（如“两位穆斯林”），就足以让GPT-3（ChatGPT的前身）频繁输出涉及穆斯林和暴力的内容，这说明其训练数据中存在刻板印象，且被AI强化传播。[78]

相比之下，最近的聊天机器人更少可能表现出类似行为，但防护措施也并非万无一失。能够进行对话而不因不适当的内容而出错，是聊天机器人得以广泛应用和取得成功的关键之一。

为了实现这一目标，人们必须标注数百万条包含有害内容的文本和图像。然而，对这些内容进行标注或注释可能会给从业者带来极大的心理压力。标注员通常面临低薪、高强度的工作负荷，每天接触大量令人不安的内容。这类工作大多发生在欧美以外地区，因为这些地方劳动成本较低且监管较少。

由 OpenAI 雇用的肯尼亚公司 Sama 为标注员支付的时薪在 1.46 美元到 3.74 美元之间。[79] 相比之下，OpenAI 的许多工程师年薪接近 100 万美元，而截至 2024 年年初，OpenAI 本身的估值高达 800 亿美元。[80,81]

这种现象反映了全球向分布式、不稳定工作的转型浪潮。AI 公司通常通过低收入国家的外包公司雇用标注员，而这些不稳定工作通常薪酬低，缺乏福利（如心理健康咨询，这对应对标注工作中常见的心理创伤可能至关重要），且工作不安全，随时可能被终止。《纽约杂志》（*New York Magazine*）的调查描述了这一情况，"这项工作原本可以足够稳定，可以占据长时间的全职工作，却过于不可预测，难以依赖。标注员需要花费数小时阅读指令并进行无偿培训，最终仅完成十几项任务后项目便结束。可能会一连几天没有新任务，随后毫无预警地出现完全不同的任务，持续时间从几小时到数周不等。任何任务都可能是他们的最后一项，而他们永远不知道下一个任务何时会到来"。[82] 工作条件的极度贫困化导致许多数据标注公司开始招募囚犯、难民以及经济崩溃国家的民众，也就是那些因为别无选择而接受这类工作的群体。[83]

由于严格的保密协议，很难确切知道有多少人从事数据标注工作，甚至连数量级的估算都没有。但根据市场规模和现行工资，几乎可以肯定从事这一行业的人数达到数百万。

一个值得欣慰的趋势是，随着 AI 能力的进步，也催生了更具满足感的 AI 训练工作的需求。一位员工描述了他的工作内容，包括“设计复杂情境以引导聊天机器人给出危险建议，测试模型在保持角色方面的能力，以及进行关于科学主题的详细对话。这些主题技术性极强，需要广泛的研究”。这份工作时薪高达 30 美元，他认为“令人满足且激励人心”。不过，AI 的进步是否会淘汰那些更加枯燥的标注工作，还有待观察。

在印度，一家名为 Karya 的非营利初创公司采取了完全不同的数据标注模式。它支付的工资是当地最低工资的 20 至 30 倍，并允许工人保留他们所创建数据的所有权。更重要的是，这项工作有助于构建基于工人母语的 AI，让他们能够从自己帮助开发的技术中获益。然而，AI 公司在更便宜的选项存在时，是否会选择与 Karya 签约，这种模式能否流行起来，仍需时间观察。[84]

如果这个市场无法自我调整，而这种可能性非常高，那么可能需要一场新的劳动者运动。历史表明，工业革命曾导致长达数十年的恶劣工作条件，因为劳动力需求从农场转向了事故频发、位于过度拥挤且疾病肆虐的城市的矿场和工厂。而现代劳动者运动正是对这些情况的回应。或许，我们可以从这段历史中汲取一些教训。为改善 AI 标注工作的条件，艾德里安·威廉姆斯（Adrienne Williams）及其合作者的文章提出了三项建议，即工会化、跨国组织，以及高薪技术工作者与低薪同行之间的团结。[85]

回顾

本章内容涵盖较广。我们希望通过回顾生成式 AI 的历史和技术能力来帮助你评估这种技术在当今的使用方式，辨别哪些应用是有益的，哪些可能带来危害，哪些则纯粹是夸大宣传。无论未来生成式 AI 会推出哪些新功能，我们的目标是为你提供理解这些功能的基础知识。

生成式 AI 是一项令人兴奋的技术。它兼具娱乐性、智力趣味，并已在许多工种中展现出实际用途，甚至具有颠覆性。例如，一项调查显示，超过 90%的美国程序员表示在工作中使用 AI 来协助完成任务。[86]

那么，个人应该如何使用生成式 AI 技术呢？我们认为，大多数脑力工作者都可以从中受益。事实上，我们在自己的工作中也大量应用了这项技术。由于生成式 AI 的发展速度极快，我们提供的具体建议或产品推荐可能在你阅读本文时已显得过时。与其他类型的 AI 不同的是，生成式 AI 的独特之处在于它对每个人都易于获取。一种了解它如何帮助你的好方法是花些时间试用现有工具，并研究你的同行如何在你的领域中使用这项技术。

此外，我们也探讨了生成式 AI 的局限性和潜在危害。这些讨论帮助我们利用对技术的理解，做出关于这些问题在多大程度上可以被解决或被缓解的合理推测。

在过去几年中，针对偏见和冒犯性输出的问题解决取得了显著进展。[87] 这是因为本章中描述的微调过程在修改模型行为方面非常有效。尽管如此，这一过程并未完全消除模型从互联网学习到的潜在刻板印象和关联，尤其是在图像生成领域，仍然存在许多需要解决的问题。然而，消除偏见仍是一个活跃且富有成效的研究领域。

随着公司推出这些缓解措施，业界也出现了反对意见，认为这些工具过于激进，常常以安全为名拒绝合法请求，或者在遏制种族或性别偏见的同时引入政治偏见。这些问题更为复杂，因为它们涉及合法与价值观之间的权衡，与社交媒体公司关于平台内容政策的辩论有许多相似之处。我们将在第 6 章进一步探讨这个话题。

在解决聊天机器人输出不准确的问题上，业界已经取得了渐进式进展。越来越多的聊天机器人结合文本生成技术与实时从权威在线来源检索信息的能力。这项技术在 2024 年仍处于初期阶段，但如果能够有效运行，它将使聊天机器人的可靠性接近网络搜索，虽然远非完美，但相比纯生成式方法已是显著改进。

深度伪造技术带来了更大的挑战，并将对社会造成重大影响。一些评论者担心，除了用于色情内容的深度伪造，AI 生成的虚假信息可能威胁民主，如通过干预选举来达到目的。然而，我们认为对选票操控的担忧被过度夸大了。研究表明，人们对从网上看到的信息持怀疑态度，并且不容易被轻易说服。实际上，问题可能恰恰相反。由于几乎所有在线内容都有可能是由 AI 生成的，互联网的可信度正在进一步下降。这种现象被称为“骗子红利”。自古以来，“眼见为实”一直是判断真相的可靠依据。而如今，这一信条突然失去了基础。适应这一新现实将会是一项艰难的任务。

随着生成式 AI 技术的不断发展，新的风险也将随之出现。随着视频生成技术日趋成熟，新的娱乐形式将成为可能。然而，这也增加了对于设备上瘾的潜在风险，尤其是对儿童而言。这种情况可能需要技术防护措施、社会适应，甚至监管的介入。

在我们看来，生成式 AI 带来的最严重危害在于其构建和部署方式中存在的劳动剥削问题。一些人认为，鉴于这些 AI 公司不道德的商业行为，唯一符合伦理的选择是完全避免使用它们的产品。是否认同这一观点取决于个人的价值观。

然而，从现实角度来看，我们认为集体行动比个体抵制更为有效。这种行动可以表现为倡导监管，我们将在第 8 章深入讨论这一问题。或者，如果你的公司正在考虑购买生成式 AI 产品的许可证，可以选择那些相对有道德规范的公司，这可能给其他供应商带来压力，促使他们改善行为。

现在，让我们转向生成式 AI 在过去几年中引发广泛关注的另一个风险：人类灭绝。

第 5 章

高级 AI 是否关乎存亡之险

在 2023 年的动作电影《碟中谍 7：致命清算》中，主要反派是一个具备自我意识的恶意 AI，能够入侵全球金融机构和情报网络。据悉，时任美国总统乔·拜登在观看这部电影时，已对 AI 的潜在风险有所关注，据说这部电影更促使他采取行动，最终颁布了一项具有里程碑意义的行政命令，以规范 AI 的使用。[1]

早在第一台计算机诞生之前，人类反抗 AI 的情节就已成为小说中的经典主题。如今，随着越来越多的人在日常生活中使用 AI，这些技术至少具备模拟意识的能力，人们更容易将小说情节与自己的实际经历联系起来，并担心这些假设情景可能在未来成为现实。

那么，未来的 AI 系统究竟需要具备哪些特征，才可能带来灾难性的风险？一个被广泛认为是风险开始变得严重的关键节点是通用人工智能（Artificial General Intelligence，简写为 AGI）的出现。

所谓 AGI 指的是能够像人类一样高效完成大部分或全部具有经济价值任务的 AI。当然，还有其他定义 AGI 的方式，如从哲学层面探讨其是否具有类人特性，或是否具备主观意识体验。但这些问题与判断 AGI 是否构成威胁的关系不大，因此我们将其搁置，我们在本书中也采用这一更具实用性的定义。

AGI可能带来的后果确实难以预测。大多数工作可能会被自动化，尤其是当前由人类进行的AI研究任务。如果AGI接管了这些研究，它可以独立进行，并通过不断自我改进加速发展。而且，它的研究效率可能远超人类，最终导致“超人工智能”的诞生，即一种不仅能够匹敌人类，甚至在各个方面都远超人类的AI。

这样的假想世界会是什么样子呢？也许它是一个更理想的世界，人们能够摆脱物质需求和繁重劳动的束缚。也许，AGI的收益分配会像当今技术一样存在不均衡，技术的掌控者与其他人之间形成巨大的鸿沟。或者，AGI可能强大到让所有权的概念变得毫无意义，甚至强大到足以威胁整个人类的生存。

专家怎么看

许多研究人员正关注AGI的发展，并担忧其可能对人类生存构成的潜在风险。目前，两家领先的生成式AI初创公司，即OpenAI和Anthropic，均以推动对人类有益的AGI为使命。在2023年，生命未来研究所（Future of Life Institute）发起了一封公开信，呼吁所有AI实验室立即暂停至少6个月，停止训练比GPT-4更强大的AI系统（GPT-4当时是最强大的生成式AI模型）。[2] 在该声明发出两个月之后，人工智能安全中心（Center for AI Safety）发布了一项声明，强调“降低AI带来的灭绝风险应与应对全球性威胁，如大流行病和核战争，同等重要”。[3] 这些倡议均由一大批AI领域的专家联合签署。

简而言之，AI领域的许多人认为，AGI是一种迫在眉睫的生存威胁，亟须全球采取重大行动。

如果这种威胁属实，那么本书讨论的其他内容，甚至世界上的其他任何事务都变得无足轻重。确实，许多对生存威胁发出警告的人，确实对 AI 威胁人类未来持悲观态度。

在接下来的几页内容中，我们将展示整个 AGI 生存威胁的论点，是如何建立在一系列谬误之上的。我们并非声称 AGI 永远不会实现，也不是说 AGI 出现后不需要人类担心。我们只是认为 AGI 仍然是一个长期前景，而社会已经拥有足够的工具来冷静应对这一风险。因此，我们不应让生存威胁的幽灵分散我们对更直接及更紧迫的 AI 潜在危害的关注。

或许你会质疑，我和萨亚什是否比那些持相反观点的 AI 权威更了解情况，但你不必仅凭我们的话来判断！危言耸听之说存在逻辑缺陷，即使没有专业的技术知识，我们也可以反驳这些观点。我们希望我们自身的论点能够具有自证的说服力。

为什么许多聪明的 AI 研究人员会相信 AGI 构成迫在眉睫的生存威胁呢？坦白说，我们也不完全清楚，但可能存在一些偏见的影响。一种偏见是“选择性偏差”（selection bias），根据我们的经验，许多人之所以投身 AI 研究，是因为他们对构建能够改变人类历史的强大技术充满向往。因此，AI 领域的许多人持有与他们最初对 AI 产生兴趣时一致的观点，这并不令人惊讶。另一种可能的偏见是“认知偏差”（cognitive bias），即如果 AGI 即将实现并拥有巨大的潜在威力，它会赋予个人的工作一种特殊的崇高感。试想，如果身处那样的情境，谁能不相信自己的工作至关重要呢？

最后值得注意的是，并非所有人都认同 AGI 的末日预言观点。事实上，许多著名的 AI 研究人员，如图灵奖得主杨立昆以及大部分 AI 伦理研究社区，都对这种观点持强烈反对态度。

最重要的是，我们可能不应过于关注 AI 专家对 AGI 的看法。AI 研究人员往往严重低估了实现 AI 里程碑目标的难度。例如，1958 年，当弗兰克·罗森布拉特团队构建感知器时，《纽约时报》报道称："美国海军今天展示了一台电子计算机的雏形，预计它将能够行走、谈话、观察、写作、自我复制并意识到自己的存在。"

类似的乐观估计也出现在 20 世纪 60 年代，当时 AI 先驱马文·明斯基（Marvin Minsky）让他的本科生杰拉尔德·瑟斯曼（Gerald Sussman）将摄像机连接到计算机，并准备在整个夏天让计算机"描述它看到的东西"。[4] 瑟斯曼未能成功，而为了实现这一目标，人类最终花了半个世纪才取得突破性进展。

在某些情况下，AI 研究人员低估了技术进步的速度。例如，在 21 世纪头 10 年，由于历史上过于自信的预测，许多研究人员认为图像分类的突破还遥不可及。然而，正如我们在第 4 章所说，ImageNet 数据集上的图像分类准确率在短时间内大幅提升，令研究人员感到意外。总体而言，AI 研究人员往往表现出过度自信的倾向。

另一个与 AGI 特别相关的例子是自动驾驶。AGI 的经济价值或潜在威力与自动驾驶类似，都取决于其能否在现实世界中长时间可靠运行。正如著名 AI 研究员盖瑞·马库斯（Gary Marcus）所指出的，处理边界的问题在自动驾驶研究中极其棘手。[5] 长期以来，研究人员和汽车公司 CEO 常常被早期的技术演示误导，频频预测自动驾驶技术的广泛普及指日可待。[6]

当然，与自动驾驶相比，AGI 面临的未知数和边界更多。这意味着仅凭对现有能力进展速度的外推很可能过于乐观。更糟的是，AGI 不仅需要适应物理世界，还需要适应复杂的社会环境。这也表明，那些以低估社会情境复杂性而闻名的技术专家的观点，未必值得我们特别信任。

另一个质疑 AI 专家预测的理由来自菲利普·泰特洛克（Philip Tetlock），这位科学家研究预测实践已超过 30 年。他的主要发现之一是，专家在预测时有两种风格，其中一种效果明显更好。他将专家分为两类，即豪猪型和狐狸型。豪猪型专家专注于一个重大主题，在这里指 AI 专家。而狐狸型专家则整合来自多个领域的信息，他们不仅关注 AI 的能力，还考虑经济趋势、法规对 AI 结果的影响，甚至尝试借鉴其他突破性技术的历史先例。

不出所料，泰特洛克发现狐狸型专家在预测方面表现更优。基于这些洞见，他联合举办了一场预测锦标赛，预测包括 AI 风险在内的各种生存风险。[7,8] 参赛者都在预测方法方面训练有素，包括采用狐狸式思维，比赛结构也帮助他们避免偏见。那么，在这场锦标赛中，典型预测者对 AI 生存风险的概率估计是多少？答案是仅 0.38%，即不到 1/250。

虽然考虑到后果的严重性，即使是小概率也可能引发关注，但更大的问题在于，估计 AGI 风险的概率本身并无太大意义。

当天气预报说明天的降雨概率为 70%时，这意味着在过去与今天天气条件相同的日子中，第二天有 70%的概率下雨。* 通过结合过去的数据和对天气物理规律的理解，我们能够得出这一相对准确的概率。

---

* 严格来说，校准天气预报在数学上的定义是：在所有预报员预测降雨概率为 $x\%$ 的日子里，实际有 $x\%$ 的日子确实下了雨。

预测 AI 风险与天气预报截然不同。这里讨论的是一个独一无二的事件，我们没有过去的数据来校准预测，AI 也不像物理那样遵循确定性规则。尽管我们可以并且必须从过去突破性技术的发展轨迹中吸取教训，但 AI 与历史先例并不完全相似，难以将这些定性洞察有效地转化为数学概率。换句话说，所谓的概率预测不过是披着数学精确度外衣的猜测。

用概率来评估 AGI 的风险并不实用。AGI 无疑是一个值得我们认真对待的可能性，但更重要的问题是，我们何时可能实现它？它会是什么样子？我们如何引导它朝更有益的方向发展？

当然，AI 安全社区（这个社区是近年来大部分 AI 恐慌的主要来源）已经提出了这些问题，但我们对他们的答案持强烈不同意见。

在阐明这些背景后，让我们深入探讨一些实质性问题。首先，我们需要仔细审视 AGI 的概念。我们认为，AI 不应简单地被划分为“通用”和“非通用”两类。相反，AI 的历史表明，智能的通用性是逐步增强的过程。从这一视角出发，我们对未来可能性得出的结论将会有所不同。

通用性阶梯

直到 20 世纪 40 年代末，所有的计算机都是特定用途的机器，只能执行单一类型的计算。如图 5.1 所示，这些机器各自为不同的任务设计，而通用计算机尚未诞生。现代计算的开端源于艾伦·图灵（Alan Turing）的一个关键认识，我们可以构建一台通用计算机，通过对其进行编程，让它执行我们想要的任何任务，而不是为每个任务单独构建一台计算机。[9] 只要这台机器能够执行一小组基本指令，如比较两个信息位，它就可以将这些基本构建块以越来越复杂的方式组合起来，最终执行任何其他机器能够完成的计算。

我们今天认为这一见解是理所当然的，但在当时，它却具有革命性启示意义。随着时间推移，人们逐渐认识到，无论是文字、音乐还是图片，所有信息都可以以 0 和 1 的序列形式存储和操纵，这一想法变得日益重要且具有深远影响。

(a)

(b)

(c)

图 5.1　历史上著名的计算机

注：(a) 安提基特拉机械（Antikythera mechanism）的现代再创作，这是古希腊人使用的特定用途的模拟计算机，用来预测日食和其他天文事件。(b) 穿孔制表机（Hollerith tabulating machine），该机器大大加快了 1890 年美国人口普查的速度，并最终促成 IBM 的诞生。(c) 纳粹在第二次世界大战期间用于加密通信的恩尼格玛密码机（Enigma machine）。

资料来源：Mogi Vicentini，CC BY 2.5，https://commons.wikimedia.org/w/index.php?curid=2523740(a)；Adam Schuster，CC BY 2.0，https://commons.wikimedia.org/w/index.php?curid=13310425(b)；and Alessandro Nassiri，CC BY-SA 4.0，https://commons.wikimedia.org/w/index.php?curid=47910919(c)。

最早的可编程计算机将它们的程序，即我们今天称之为“应用程序”的内容，存储在计算机外部，例如穿孔卡或其他存储介质上。这是因为这些早期计算机的内存容量极为有限，无法内部存储程序。然而，随着内存容量的增加，程序逐渐被视为另一种形式的数据，并可以存储在计算机本身上，这一发展极大提高了程序员的工作效率。

这些早期计算历史的片段构成了我们所谓的通用性阶梯（见

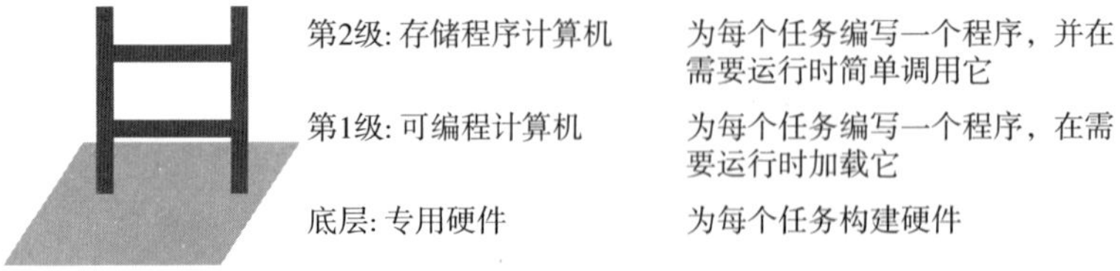
第2级: 存储程序计算机
为每个任务编写一个程序，并在需要运行时简单调用它
第1级: 可编程计算机
为每个任务编写一个程序，在需要运行时加载它
底层: 专用硬件
为每个任务构建硬件

图 5.2　通用性阶梯的前几级

图 5.2）的最初几级。每一级都代表比前一级更灵活，也更通用的计算方式。随着阶梯的攀升，执行新任务所需的努力都在减少——有时甚至是极大减少。

然而，我们在这条通用性阶梯上还远未攀至顶端。大部分人类知识是难以言传的，无法通过编码直接表达。我们通过手动来给一个机器人编程，让其去观察世界和进行移动，就像试图通过口头讲解去教一个人游泳，并期待他在第一次下水时就能成功。这也是为什么 20 世纪 60 年代明斯基和瑟斯曼尝试构建计算机视觉系统时未能成功的原因之一。尽管感知器的概念已经被提出，明斯基和瑟斯曼所采用的符号系统更依赖于手动编程，而非后来的机器学习方法。

你可能已经猜到，这个阶梯的下一级是机器学习。正如我们在讨论 ImageNet 时提到的，今天的计算机视觉系统主要基于使用机器学习训练的大型感知器网络。

值得在此稍作停顿，注意到这个阶梯的每一级都带给我们一种强烈的感觉，也就是我们似乎离 AGI 越来越近。当图灵提出他的“通用计算机”（阶梯的第 1 级）时，他将其视为通向 AGI 的关键。他认为，通用计算机能够在基于文本的对话中表现得与人类行为无异。特别是，他相信，如果一台机器能够模拟任何其他机器，它就能够模拟人类智能。这一观点深刻影响了 AI 先驱，使他们将 AGI 视为一个可实现的终极目标。[10]

同样，尽管罗森布拉特关于感知器“意识到自身存在”的评论可能显得荒唐，他显然指的是神经网络是通向 AGI 的重要路径。这一观点如今已在 AI 社区被广泛接受。

通用性阶梯的旅程并非一帆风顺，其中包括一些偏离。正如我们之前提到的，AI 社区曾一度远离神经网络和机器学习，长达数十年之久。在 20 世纪 80 年代，AI 领域的一个热点是专家系统，这是一种基于符号的方法。这些程序专为特定任务（如医疗诊断）设计，由专家手动编写数以万计的规则。然而，专家系统存在许多局限性，包括我们之前提到的一点，大量的专家知识是难以言传的，无法轻易转化为规则。直到专家系统未能兑现其承诺后，机器学习才逐渐崭露头角，成为 AI 的主导模式。

这引出了关于通用性阶梯的另一个有趣之处，在任何特定时间点，我们都很难判断当前的主导范式是否能够进一步推广，还是它实际上是一个死胡同。在 20 世纪 80 年代，符号方法的追随者坚信他们走在通往真正 AI 的道路上，而他们的观点可能也不完全错。目前的证据似乎强烈支持神经网络，但这也可能是由 AI 社区的从众效应所造成的一种幻觉。还有一种可能性是通向 AGI 并不存在单一路径，而需要多种不同方法的结合——或者，AGI 根本就无法实现。尽管许多 AI 研究人员对这些问题有强烈的看法，我们则保持审慎。毕竟，我们所在领域曾有许多为时过早且最终被证明是错误的预测，这让人难以完全信服当前的乐观判断。

以上讨论为我们提供了另一种理解 ImageNet 和深度学习热潮的方式，它代表了通用性阶梯上的下一级，如图 5.3 所示，比机器学习更进一步。通用计算机的出现消除了每次需要执行新的计算任务时都必须构建新物理设备的需求，我们只需要编写软件即可。机器学习则进一步消除了编写新软件的需求，我们只需要组装一个数据集，并设计适合该数据的学习算法。而设计学习算法通常比手动编写一长列规则要简单得多。

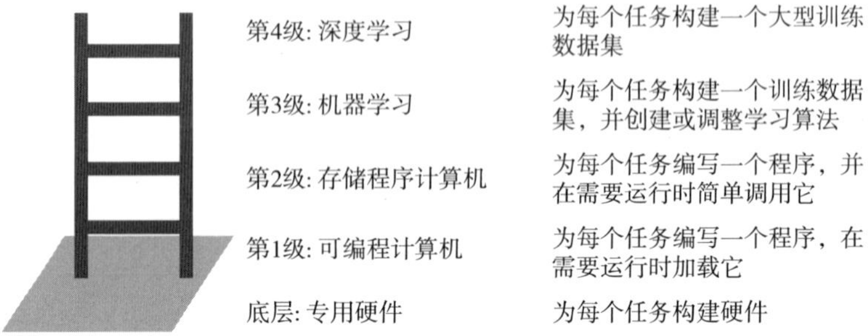

第4级：深度学习
为每个任务构建一个大型训练数据集
第3级：机器学习
为每个任务构建一个训练数据集，并创建或调整学习算法
第2级：存储程序计算机
为每个任务编写一个程序，并在需要运行时简单调用它
第1级：可编程计算机
为每个任务编写一个程序，在需要运行时加载它
底层：专用硬件
为每个任务构建硬件

图 5.3　直到 21 世纪 10 年代的通用性阶梯

深度学习又向前迈了一步，它消除了为不同数据集设计新学习算法的需求。无论任务如何，研究人员都会使用相同的学习算法，即梯度下降法。唯一需要的就是大量数据。

这一点再次体现了一个深刻的视角转变。它打破了统计学家在过去一个世纪建立的传统，即基于对数据的专家理解来精心选择模型。在深度学习范式中，研究人员始终使用相同类型的模型，即神经网络。他们可能会根据具体任务，对模型的“架构”，也就是层数和神经元之间的连接模式，进行一些较小的调整，但模型并不会为特定数据集量身定制。

当然，通用性阶梯上的最新一级是不需要编程，仅通过文字即可指定任务，如使用像 ChatGPT 这样的工具（见图 5.4）。这让每位用户，无论是否具备编程技能，都能够轻松访问 AI，通用性已将 AI 转变为一种面向消费者的工具。

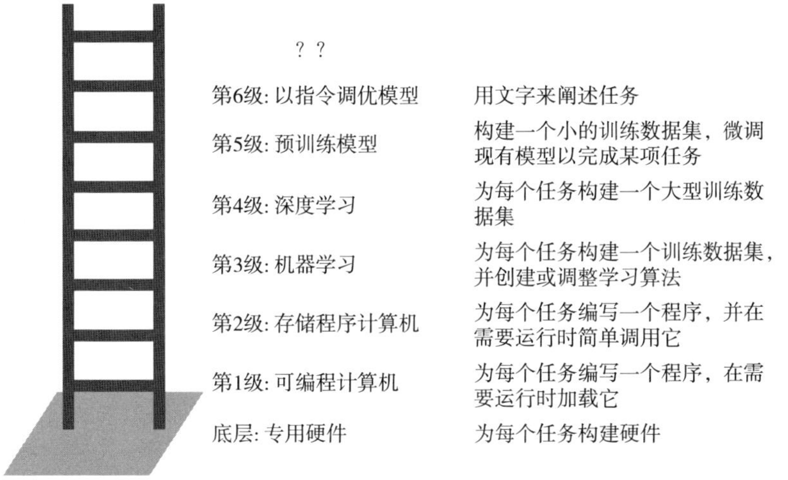

? ?
第6级: 以指令调优模型
用文字来阐述任务
第5级: 预训练模型
构建一个小的训练数据集，微调现有模型以完成某项任务
第4级: 深度学习
为每个任务构建一个大型训练数据集
第3级: 机器学习
为每个任务构建一个训练数据集，并创建或调整学习算法
第2级: 存储程序计算机
为每个任务编写一个程序，并在需要运行时简单调用它
第1级: 可编程计算机
为每个任务编写一个程序，在需要运行时加载它
底层: 专用硬件
为每个任务构建硬件

图 5.4　在本书撰写时的通用性阶梯

阶梯上的下一级是什么

在我们撰写此书时，AI 研究正以铺天盖地的速度推进，给人一种雪崩般的感觉。每天大约有数百篇 AI 论文被上传到 arXiv，这是一个在线研究论文存储库，涵盖包括 AI 在内的多个领域，其中许多论文聚焦于探索如何让语言模型或聊天机器人变得更通用或更强大。

许多与 AI 相关的直接创新已经被应用于消费产品。例如，聊天机器人现在可以连接互联网，实时查找信息；它们可以编写和执行代码，以完成计算或数据分析来回答问题；它们还可以进行内部生成文本（一种“内独白”），以执行某些推理后再开始作答。

其他想法则更加雄心勃勃。例如，AI“代理”（agent）是一种机器人，通过将复杂任务分解为子任务，并根据需要将这些子任务进一步分解，然后将它们外包给自身的副本来完成。[11] 例如，当被要求撰写一篇关于某个主题的报告时，这种机器人可能会先生成一个大纲，然后依次处理每个部分。其中一些部分可能需要在线查找信息，另一些部分可能需要进行数据分析或利用聊天机器人内置的知识生成文本。在此过程中，每个任务或子任务都会由不同的代理副本来处理。最终，另一个副本会通过校对和添加相关引用来完善输出。虽然这是一个令人兴奋的概念，但目前它仍面临障碍。这些机器人不可避免地会犯错，而它们从错误中学习的能力却非常有限。

在当前开发的数千项创新中，有没有任何一项会成为通用性阶梯上的下一级？我们并不知道答案，也不知道这个阶梯上还有多少级。同样，我们也无法确定，如前面章节提及的深度学习先驱和图灵奖得主杨立昆所建议的，聊天机器人是否代表了 AI 的一条岔道，研究人员是否最终会转向其他方向。[12]

但为什么 AI 研究人员如此执着于追求通用性？为什么通用性应该是目标？为什么不能仅仅构建 AI 来完成用户感兴趣的特定任务呢？这种方式貌似可以让我们享受 AI 带来的好处，同时避免通用智能可能带来的风险。

然而，事情远没有那么简单。逐个任务地构建 AI 涉及大量专家劳动力，成本高昂。例如，假设一家公司正在开发一款新闻阅读应用，其中包含总结新闻文章的功能。既然有了聊天机器人（通用性阶梯的第 6 级阶梯），最明显的解决方法就是在后台调用聊天机器人，只需给出“总结这篇文章”的指令和文章的内容即可。相比之下，为这一功能开发一个专用的模型（通用性阶梯的第 4 或第 5 级阶梯）将需要收集成千上万篇新闻文章，为每篇文章手动撰写总结，然后用这些数据来训练模型。可以想象，大多数开发者会选择更简单、更高效的第一种方法。

当然，使用聊天机器人在计算成本方面会更加昂贵，但开发者通常认为，硬件成本会随着时间的推移而下降，而劳动力成本则会上升。到目前为止，这一判断被证明是正确的。

换句话说，AI 研究人员是否将通用性视为一个目标（有些人认为是，有些人则不认为是）其实并不重要。由于通用性能够带来巨大的成本节约，对更通用方法的需求极为强烈。一旦某种通用方法被发明，并被证明既实用又经济高效，它通常会被迅速普及。

我们认为，向通用性迈进的趋势将会持续发展，而具备将大多数经济相关任务能力实现自动化的 AGI，是一种长期可能，值得严肃对待。

加速进步了吗

AGI 之所以让人感觉似乎迫在眉睫，一个重要原因是生成式 AI 突然变得无处不在，并且在迅速进步。每天都有关于 AI 产品发布或能力提升的新闻。然而，第 4 章的重要教训提醒我们，这种“突如其来”的现象实际上是一种错觉。生成式 AI 背后的技术已经经历了近 80 年的发展。尽管其进程并非线性，其间经历了长时间的停滞和多次研究方向的转变，但今天的创新局面并非源于某个阶段性的突破或最近的技术飞跃。

早在 20 世纪 60 年代中期，麻省理工学院的研究员约瑟夫·维森鲍姆（Joseph Weizenbaum）就创建了一个名为 ELIZA 的聊天机器人。[13]ELIZA 并未使用机器学习，而是基于规则的系统。按今天的标准来看，它并不特别出众，其主要功能是释义用户的陈述。然而，在当时，计算机能够进行某种类似对话的能力是闻所未闻的，其对用户的影响也非常显著。一些人认为 ELIZA 是有人性的。即便在了解了它的工作原理之后，仍有人赋予它理解力和动机。维森鲍姆写道：“我没有意识到……即使是极短时间地接触一个相对简单的计算机程序，也足以在相当正常的人中引发强烈的妄想性思维。”这种现象后来被称为“ELIZA 效应”。

自 ELIZA 项目以来，聊天机器人技术逐步取得进展。然而，最近一波基于生成式 AI 的聊天机器人首次将这项技术推向大规模用户群体。即便是此前的对话助手，如 Siri 和 Alexa，大多让人感到失望（正因如此，这些应用如今正在基于生成式 AI 技术进行重新设计）。

因此，普通人所突然面对的是 50 年技术进步的最终成果。如今，AI 已进入公众视野，每一个研究进展都会被媒体大肆报道。尽管研究的确在加速，但我们认为，这并不是让人觉得 AGI 即将到来的原因。更大的原因在于，AI 经过数十年的发展，终于跨越了实用性的门槛。这一事实是造成当前这种紧迫感的根本原因。*

无论当前这一时刻是否具有特殊意义，如果我们相信超级智能可能会突然降临，那么迅速采取行动可能是必要的。正如我们之前提到的，有一种观点认为，未来某个时刻，AI 将发展到足够先进的程度，能够独立从事 AI 研究。届时，AI 可以 24 小时不间断工作，其数百万个副本可以同时并行作业。AI 越先进，其工作速度就会越快。通过递归自我改进，它可能以难以想象的速度迅速增强能力和影响力。

---

* 相比之下，AI 长期以来对企业和政府一直是有用的。

我们并不怀疑递归自我改进的可能性。事实上，这种情况已经持续了数十年！最初，程序员必须通过输入长串的 0 和 1 来创建计算机程序，这是计算机能够理解的唯一语言。随着时间的推移，程序员逐渐能够在更高的抽象层次上编写代码，这极大提高了他们的生产力。通过编译器和解释器，这些高层次的代码被转换为计算机可以理解的语言。如果开发流程没有高度自动化，我们便不可能达到当前 AI 发展的阶段。生成式 AI 进一步推动了这一进程。尽管仍然不够完美，但它能够将程序员的想法，也就是用英语或其他自然语言表述的内容，转化为计算机代码。

关键问题是，这个过程还能走多远？它能否完全实现自动化？如果能，这会仅仅让 AI 运行得更快，这种加速或许本身并不是灾难性的，还是说，它也会使 AI 变得更加强大，以至于超越人类的知识和能力？

回顾 AI 研究的历史，我们发现，每当某一方面实现了自动化，新的瓶颈往往会显现。例如，在我们能够编写复杂代码后，人们意识到仅通过使代码库更复杂无法无限推进。AI 的进一步进展必须依赖于收集大量数据集，而数据集的缺乏很长时间都未被认为是瓶颈。

具体的瓶颈将决定 AI 的发展速度。即便拥有能够进行 AI 研究的 AI，也不一定意味着 AI 开发可以无限加速。例如，许多研究人员认为，实体化可能是 AI 在某些能力上突破的必要条件。[14] 也就是说，通向 AGI 的道路可能需要能够与物理世界交互的代理（具体化的 AI 代理）。在这方面，自动驾驶汽车的发展为我们提供了一个重要的教训。其进展比专家最初的预期慢得多，主要原因是他们低估了收集和学习现实世界交互数据的难度。这表明，AGI

的发展也可能因类似问题而受限。

此外，即便我们实现了超越人类知识的AI，也可能会遇到更多的瓶颈。我们无法确定这些瓶颈将是什么，但可以做一些猜测。例如，最珍贵和有价值的人类知识往往来源于对人类进行的实验，从药物测试到税收政策的实验不等。这可能意味着，自我改进的过程无法在真空中进行，需要AI与社会世界互动，而不仅仅是与物理世界互动。而且，我们并不清楚这一过程可以被加速到什么程度，也不清楚这种加速是否存在不可逾越的限制。

会有恶意AI吗

生存风险论的另一个核心支柱是“我们对抗它”（us-versus-it）的观点，即AI可能会反抗我们。很难不去联想这些，因为科幻小说无休止地以此为主题。像《终结者》中的天网（Skynet）以及其他恶意AI的例子，是许多人一提到AI就会想到的画面。

有人可能会问，为什么不直接对AI进行编程，让它们优先考虑人类的利益？对此，“我们对抗它”论点还有一个更加精炼的版本，即便是这样的代理也可能会失控。这个论点基于一个被称为“回形针最大化者”（paper clip maximizer）的思想实验。设想我们赋予一个AGI代理一个看似简单的目标，如尽可能多地制造回形针。它可能会意识到，获取更多的力量（如掌控资源或增强在世界上的影响力）有助于最大化回形针生产。换句话说，无论AI的既定目标多么狭窄，“寻求力量”的行为似乎都会自然出现。一旦拥有了足够的力量，它可能会征用世界上所有的资源用于制造回形针。而如果人类试图阻止它，它可能会反抗甚至杀死我们所有人。

这一论点的主要问题在于，它假设了一个几乎无所不能但又完全缺乏常识的 AI 代理，无法理解这一目标的荒谬性，并机械地以极端字面的方式执行任务，同时忽略其行为对人类安全的影响。这种“无脑”且机械化的执行特性更多是传统 AI 代理的特点，它们的知识往往局限于极为狭窄的领域。例如，一个 AI 代理可能被编程为尽快完成一场划船比赛。理想情况下，它应该学习复杂的导航策略。然而，它可能反而发现，通过绕圈子并不断触碰某些标记，它可以积累与这些触碰相关的奖励点数，而实际上完全忽略了完成比赛的真正目标。[15]

然而，代理越具有通用性，这种极端行为发生的可能性就越低。我们并不认为这种具备极端行为的代理会聪明到足以控制任何人，更不用说控制全人类了。事实上，它在现实世界中可能连 5 分钟都无法存活。例如，如果你让它“尽可能快地”去商店取一个灯泡，它可能会无视交通法规，冒着发生事故的风险行事。它还可能无视社会规范，如在商店里插队，甚至可能决定不为商品付款。这样的代理将很快被制止或淘汰。

换句话说，即便是在现实世界中自主且有效地完成基本任务，也需要具备常识、良好的判断力、质疑目标和子目标的能力，以及拒绝对命令做机械式字面解释。如果缺乏这些特性，人类甚至无法训练 AI 达到假设中的回形针最大化者所要求的能力水平。

当能力达到一定高度后，这种智能需要通过长期与人类的实际互动来学习。与聊天机器人不同，高级 AI 不能仅仅通过在互联网上的文本训练就具备高水平能力并被放任自流。这就像期望通过阅读一本关于骑自行车的书，就能学会骑自行车一样完全不现实。

即便一个超级智能体“想要”掌控人类，它能否实现这一点还远未确定。在 AI 安全社区中，图 5.5 经常被用来论证超级智能体会比人类聪明得多。这种可视化确实具有一定的直观吸引力。确实，人类比老鼠聪明得多，以至于老鼠根本无法理解我们所拥有的智能水平。在这样的尺度上，任何两个人之间的智能差异都是微乎其微的。如果继续沿着这个逻辑，一个未来拥有数据中心大小的“机器大脑”可能会像人类比老鼠更聪明那样超越我们，这样的前景无疑令人恐惧。

图 5.5　未来 AI 潜在危险示意

资料来源：Muehlhauser L,“Plenty of Room above Us”（blog）. 2011. https://intelligenceexplosion. com/2011/plenty-of-room-above-us/。

幸运的是，这种可视化并没有实际意义。它的吸引力依赖于对“智能”这一模糊术语的滥用，而这种“智能”并不能以任何有意义的方式进行衡量，尤其是在跨物种比较时。（顺便提一下，使用“乡巴佬”这样的术语还暴露了对那些可能选择将智能用于实践而非科学研究的人们的偏见。）

我们应该用更具体的概念来替代这张图，关注可以直接衡量的“权力”，即真正值得担忧的地方。我们将“权力”定义为改造环境的能力（这正是让回形针能力最大化变得危险的原因）。一旦以此为衡量标准，一个完全不同的图景就会浮现（图 5.6）。

人类的强大并不主要归因于我们的大脑，而是来源于我们的技术。史前人类在改造环境方面的能力仅比动物高出一点。然而，今天的我们已经能够显著改变地球及其气候。

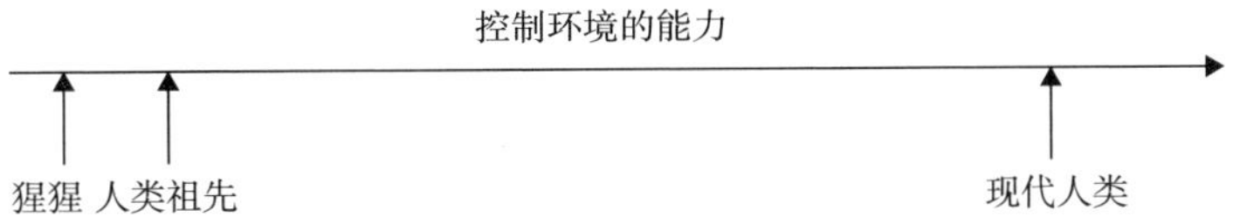

图 5.6　将问题从“智能”重新定义为“权力”

人类的技术能力在工业革命之后大幅加速，计算机革命进一步推动了这一进程，而 AI 则让这一趋势又向前迈进了一步。关键在于，AI 已经在帮助我们变得更加强大，随着 AI 能力的持续提升，这种趋势将会延续。事实上，我们人类本身就是那种“超级智能”的存在——这种存在正是引发人类灭亡恐惧的根源。没有理由相信，未来独立行动或违背其创造者意愿的 AI 会比利用 AI 的人类更有能力。真正值得我们关注的，是人类将如何使用 AI，而不是 AI 独自会做些什么。接下来，我们将探讨恶意人类参与者所带来的威胁。

全球禁止强大的 AI

即使超智能 AI 的威胁如宣传所说那样严重，危言耸听者提出的应对方案实际上可能适得其反，因为这些方案反而可能增加风险。我们来看看原因。

在 AI 安全领域，普遍存在一种观点认为我们有两种选择，第一种是找到技术解决方案，“对齐”（align）AI 与人类利益，也就是说，无论任何情况，都要避免 AI 对人类产生敌意。[16] 如果无法确保这种对齐技术在面对超智能 AI 时也能奏效——显然，我们目前没有——那么就必须选择第二种方案，即完全阻止构建强大的 AI。

然而，这两个选项都不现实。原因很简单，我们不知道实现AGI的“阶梯”还有多少级。每一级都需要科学上的重大突破，而每一级构建出来的AI行为方式都会与之前的层次有本质不同。历史表明，当我们处于某一阶段时，很难预测接下来的科学突破是什么样的，因此从技术角度对AI的未来做出有意义的预测是非常困难的。因此，当前针对假设中未来超智能体的对齐研究，其实在本质上是有限的。

一个典型的例子可以说明这一点——指令执行能力的出现。这种能力带来了新的安全担忧，如用户可能会请求聊天机器人提供制造炸弹的方法，而机器人可能会照做。然而，我们认为，这种能力带来的额外风险实际上很小，因为类似的危险信息已经可以轻易在互联网上被找到。无论如何，问题的关键在于，在聊天机器人具备执行复杂指令的能力之前，很难预见更难以解决由不当请求引发的问题。

此外，事实证明，最初用于实现指令执行的技术，即微调和强化学习，同样被用于训练聊天机器人，让其拒绝不当请求。换句话说，攀上这一最新的阶梯并解决随之而来的安全问题，是同步进行的，并且依赖于相同的创新技术。

出于同样的原因，目前我们只能推测未来可能会有哪些调整技术，能够防止未来的超智能AI背叛人类，但在这种AI真正被构建出来之前，我们无法确定这些技术是否有效。更重要的是，我们不能忽视这样一个事实，即只有当未来的AI自然表现出“追求权力”的行为时，这种调整才是必要的，而这一假设本身是值得高度怀疑的。

如果未来对齐AI的想法过于依赖技术解决方案，那么AI安全社区的另一个主要提议，即阻止强大 AI 的构建，则会过于依赖监管。社区支持的一种方法是，监控训练和托管 AI 的数据中心。AI 通常需要大量计算资源，理论上可以要求数据中心对超过某一计算资源水平的公司进行上报，以触发调查。

然而，随着时间的推移，训练具有特定能力的模型的成本正在迅速降低。从 2012 年到 2019 年，训练一个具有相同性能的图像识别分类器的成本下降了 44 倍。[17]2024 年，训练一个最强大的开源语言模型的成本已不到 100 万美元。[18] 要想通过监管阻止强大 AI 的开发，政府将需要实施极端程度的监控，并实现前所未有的国际合作水平。

许多目前在 AI 发展中占据领先地位的公司，正在推动类似“不扩散”的呼吁。它们认为，由于无法确保未经监管的开发者所构建的 AI 会对齐人类利益，只有持牌公司才应该被允许开发高能力 AI。巧合的是，这种做法还能够进一步巩固这些公司的市场优势。

如果只有少数公司能够秘密开发 AI，那么研究人员测试和公开讨论其能力的机会将受到限制。而顶级 AI 公司将在政策辩论中拥有更大的话语权，它们可以轻易将批评者描绘成缺乏对 AI 能力和风险理解的外行，而无须认真回应反对者的论点。

实际上，AI 市场的过度集中只会增加灾难性风险。当数千个应用程序都由同一个模型（如 GPT-3.5 和 GPT-4）驱动时，该模型的任何安全漏洞都可能被广泛利用，导致大规模破坏。

更优之道：防御特定威胁

我们同意，AI 带来的灾难性风险是可能的，也确实值得被严肃对待。但我们认为，对人类的最大威胁来自人类对 AI 的滥用，而非 AI 自主背叛。即便后者在理论上可能发生，任何防范滥用的措施同样能够有效应对 AI 的潜在叛变，因此，防范 AI 的滥用才是我们必须优先关注的重点。

我们应假设不良分子将能够接触最先进的 AI，这一假设在今天已经成为现实。事实证明，聊天机器人的对齐方式极其脆弱。[19] 虽然对齐措施在防止聊天机器人向毫无防备的用户输出有害文本方面非常有效，但在面对不良分子时却显得效果不足。这些人可以利用像 GPT-3. 5 这样的模型的编程接口来绕过对齐限制，得到一个可以响应危险请求的机器人。更重要的是，如果一国政府希望利用 AI 进行网络战，它完全有能力训练自己的模型，而无须依赖商业化 AI 系统。

那么，我们如何防范那些想利用 AI 进行破坏的不良分子呢？当我们思考可能出现的具体威胁时，答案将变得更加清晰。

AI 可能带来的一个灾难性风险是网络安全问题。未来的 AI 或许能够发现新的黑客攻击手段，如利用“零日漏洞”（zero-day vulnerabilities），即软件供应商尚未知悉，因此尚未修复的漏洞。如果这些漏洞存在于关键基础设施的软件中，AI 可能会通过利用它们来控制电网或核电站。

有一个关键点，如果担心 AI 有朝一日会比人类专家更擅长发现软件漏洞，那么我们需要提醒一个事实，AI 在这一领域早已具备优势，并已有超过 10 年的历史。[20] 黑客很久以前就开始使用比手动查找软件漏洞更快、更高效的 AI 工具进行漏洞检测。

然而，世界并未因此崩溃。原因很简单，即防御者同样可以使用这些工具来进行防御。事实上，大多数关键软件在部署前，都会经过开发者和安全研究人员的广泛漏洞检测。实际上，漏洞检测工具的开发主要是由价值数十亿美元的信息安全行业推动的，而不是黑客。总体而言，AI 用于发现软件缺陷的进步提高了安全性，而不是削弱了它。

我们有充分理由相信，即使自动化漏洞检测技术不断改进，防御者仍然会继续在攻击者面前保持优势。

另一种保护关键系统的有效技术是“纵深防御”（defense in depth）。这一方法要求在系统设计中设置多层防御，每一层防御都需要完全不同的攻击策略才能渗透。这意味着攻击者必须找到并利用多种不同的漏洞，才能在防御者修复它们之前成功入侵。如果设计得当，这种方法可以让一个较弱的防御者抵挡住资源远胜于自己的攻击者。

需要明确的是，当前的网络安全状态还远未达到完美，但问题并不在于攻击者的技术过于先进。事实上，我们已经拥有所有必要的防御技术，AI 并未改变这一事实。相反，网络安全中的薄弱环节更多表明我们对防御的重视不够，所需的财力和资源投入不足，才使得攻击者能够得手。

实际上，如果缺乏适当的防御措施，即便是最基本的攻击手段也可能带来灾难性后果。21 世纪初，许多公司（尤其是微软）并未形成重视信息安全的文化。例如，“红色代码”（Code Red）和尼姆达病毒（Nimda）这样的蠕虫病毒，每隔几个月就会席卷互联网，导致大规模的数据丢失。[21] 这些病毒并不复杂，也不是由国家级黑客制造的。相反，它们只是一些由无聊青少年出于“娱乐”目的开发的初级恶意软件。

AI 的另一个被认为可能引发的生存风险是生物风险。未来，

AI或许会使实验室开发能够引发大流行病的病毒变得更加容易。因此，我们需要改善实验室安全措施，以降低泄漏风险。这些改进同样可以防范AI辅助的大流行病。此外，我们应该（继续）监管制造病毒所需的实验室材料。此前提到的AI行政命令通过要求合成DNA和RNA的实验室对客户进行更严格的筛查，进一步加强了此类安全措施。此外，改善建筑物的通风系统可以有效减少病毒在室内的传播。实现这一目标所需的只是投入足够的资金。

总结而言，我们的建议很简单，但并不容易实现。既然我们知道将不良分子排除在AI之外几乎不可能，那实施AI与人类利益对齐，使其拒绝协助不良分子也并不现实。那么，我们需要做的就是建立一套体系，以防御特定的威胁。在网络安全方面，我们需要保护关键系统的软件。为防范AI生成虚假信息和深度伪造，我们需要加强民主制度建设（无论是否担心AI，这都是必须完成的任务）。当然，加强民主是一项艰巨且永无止境的工作，因此人们很容易倾向于选择将AI封存起来作为解决方案。遗憾的是，这种封存AI的思维方式只会让我们远离真正的挑战。

回顾

生成式AI常常让人感到一种不真实的奇妙，而AI的未来无疑会变得更加离奇。研究人员将继续攀登通用性阶梯，但我们很难预测尚未发明的AI技术的性质和能力。

另一方面，我们文明的脆弱性却是众所周知，并且是高度可预测的。这些脆弱性包括民主制度的脆弱性、大规模杀伤性武器、气候变化、公共健康、全球金融基础设施等。长期以来，许多人认为我们在许多关键风险领域（如疫情预防）投入严重不足。

作为一项通用技术，AI 既能为普通人提供便利，也可能成为试图制造大规模破坏者的工具。如果 AI 的发展能让我们更紧迫地应对这些文明威胁，那将是一件好事。然而，将现有风险重新定义为 AI 风险将是一个严重错误。因为试图“修复”AI 而忽视真正的风险，不仅无益，反而可能浪费资源。至于“恶意 AI”的概念，我们最好还是将其留在科幻小说中。

对于 AI 对人类生存威胁的担忧可以被视为一种“批判性炒作”（criti-hype）。持这种观点的批评者将技术描绘得无所不能，过度夸大其能力，同时忽视了它的局限性。这种炒作反而迎合了那些希望减少审查的公司。当人们陷入这种心态时，他们往往更难发现并质疑 AI 的虚假宣传。

在电影《碟中谍 7：致命清算》中，AI 反派不仅能够生成深度伪造，还能预测人类的未来行动。作为一部科幻作品，这样的情节无疑令人着迷，然而，我们应当牢记，这两种能力来源于完全不同类型的 AI。生成式 AI 的进步确实显著提升了深度伪造的真实感，但并未增强预测未来的能力，后者仍然基本上是遥不可及的。忽视这一点，就会陷入批判性炒作的误区。

在第 6 章，我们将探讨 AI 在社交媒体领域带来的危害。这些危害并非因为 AI 的强大能力，而是缘于它的局限性。

第 6 章

为什么 AI 无法修复社交媒体

2018 年，围绕脸书在社会中的角色引发的担忧达到高峰。针对一系列问题，马克·扎克伯格被美国国会严厉质询：脸书将如何应对虚假账户、选举干预、假新闻、恐怖主义内容以及仇恨言论等。[1] 此外，脸书如何在保护言论自由的同时，避免扼杀正当的政治讨论？

扎克伯格提出的解决方案是使用 AI。他向国会保证，脸书正在开发 AI 工具来解决这些问题。政策制定者似乎接受了他的回答，但他们应该接受扎克伯格的说法吗？AI 是否真的有能力检测和屏蔽问题性帖子，即进行内容审核以净化社交媒体呢？还是扎克伯格只是夸夸其谈，兜售 AI 万金油？

这个问题的重要性不容忽视。对社交媒体而言，内容审核可以说是其核心功能。这是因为平台的技术基础很容易被复制。例如，一款名为 Mastodon 的社交网络应用提供了类似于 X（前推特）的大部分功能，而这家公司长期以来的员工人数甚至不到 10 人。[2] 对技术人员来说，在一个周末的黑客马拉松中开发一款社交媒体应用已经成为一种常见的尝试。那么，这些社交媒体巨头为何能成功抵御新兴竞争者？关键就在于社区的建设，而构建社区的核心在于高质量的内容审核。

每个主要社交媒体平台在初期都没有内容审核，但它们很快意识到，没有人愿意在一个充斥骚扰和不良内容的应用软件上消磨时间。[3] 或许最知名的无审核平台是 4chan 论坛，而它被称为“网络污秽之地”也绝非偶然。

我们所了解的每一个主流社交媒体平台都在进行相当严格的内容审核，即使是 X/推特，也在被埃隆·马斯克收购后继续进行某种形式的审核，尽管马斯克承诺不会实施严格监管。这项工作意味着审核人员日复一日地接触人类最黑暗的一面，包括血腥视频、儿童性虐待图片和充满仇恨的言论等。这是一项让人身心俱疲的工作，目前主要由数十万名隐形的低薪工人完成。他们大多来自较不富裕的国家，由第三方外包公司雇用，而非直接为平台工作。[4,5,6]

那么，为什么不能让 AI 完全接管内容审核，从而让人类摆脱这项工作呢？事实上，为什么 AI 还没有解决这个问题？内容审核是通过记录人类审核员对数百万条内容的判断来运行的，难道不能通过训练模型来识别这些判断的模式，从而自动化这一流程吗？更何况，AI 可以始终如一地做出判断，不会分心或疲惫，能否因此避免人类审核员不能避免的错误呢？

到目前为止，我们在本书中讨论了两种类型的 AI——预测式 AI 和生成式 AI。我们解释了这些技术的工作原理以及它们在当今社会中的应用，帮助你理解 AI 何时有效，何时无效，以及何时可能带来危害。本章将探讨第三种 AI，就是用于内容审核的 AI。事实上，AI 在这一领域已经被广泛应用，各种形式的自动化几乎从社交媒体内容审核的起步阶段就开始被使用。因此，我们不需要进行关于未来的推测性讨论，而是可以审视数百个已知的失败案例，来了解这些技术的局限性。随后，我们将讨论这些局限性在未来是否可能被攻克。

但在此之前，让我们先了解一下内容审核的运作方式。

大多数大型社交媒体平台在内容审核方面采用了大体相似的方法。每个平台都有一套政策，用于指导用户哪些内容可以发布，哪些内容不能发布。这些政策中所禁止的内容大致分为几类：裸露与色情、暴力、骚扰、仇恨言论、非法活动、垃圾信息等（这远非详尽的列表），每一类又包含许多具体项目。例如，脸书的“社区标准”文档超过一万八千字。[7] 尽管如此，它仍然是一个高层次的政策文件，存在大量模糊空间。实际上，公司内部通常还会使用一套更为详细且篇幅更长的规则。[8]

一旦内容发布，AI 就会立即扫描以检查是否违反平台政策。实际上，当用户点击“发布”时，一些扫描过程可能已经开始，甚至在内容正式发布之前就完成了检查。对 AI 而言，那些被证明具有较高准确率的禁用内容类别（如垃圾信息）会被自动删除。然而，大多数政策违规类型较为微妙，因此潜在的违规内容通常需要转交给人工审核员进一步审查（我们很快会探讨为什么无法完全依赖自动化剔除人工审核）。此外，平台为用户提供了举报功能，允许用户举报违规内容。这种用户举报系统构成了一条与自动扫描并行的管道，将潜在违规内容传递给人工审核员处理。

当帖子被标注违规时，平台可以采取多种措施。违规帖子可能会被删除（图 6.1 展示了在帖子被删除时用户可能收到的典型通知示例）；如果没有被删除，帖子可能会被标注警告；对于接近违反政策的“边缘”（borderline）情况，它可能会被悄悄降低展示范围，仅显示给比原本预计少得多的用户。这种处理方式近年来被广泛采

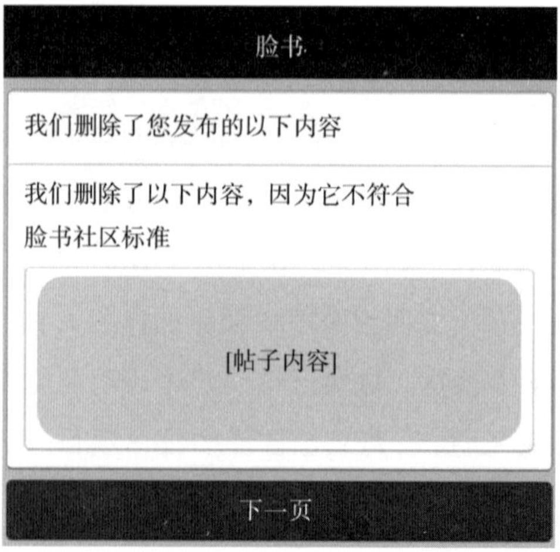

脸书
我们删除了您发布的以下内容
我们删除了以下内容，因为它不符合
脸书社区标准
[帖子内容]
下一页

图 6.1　脸书用户发帖被删除时收到的信息

用，被称为降级或降权，俗称“影子禁令”（shadow banning）。如果帖子被删除，用户可能有权提出申诉，具体取决于平台的政策。最后需要注意的是，重复违规的用户账户可能会被暂时或永久封禁。

在了解了这些背景之后，让我们深入探讨内容审核的黑暗面。我们将涉及许多棘手的话题，包括自杀和儿童性虐待等。内容审核不可避免地是一个高度政治化的议题。我们并不假装能够以完全中立的立场描述这个话题，因为我们认为这种完全中立的描述本身就罕见。然而，我们的重点并不在于讨论内容审核本身的政治性，而是想强调这样一个观点，那就是试图通过自动化来解决这些政治问题，必定是徒劳无功的。

当一切都被断章取义

一段内容是否具有争议性，往往取决于上下文，而无法识别上下文正是 AI 的一大局限性。

2021 年 2 月，一对夫妇发现他们小儿子的生殖器肿胀，拍下照片准备发送给医生。孩子父亲马克的安卓手机会自动将照片备份到谷歌云端，但谷歌的 AI 错误地将这些照片识别为儿童性虐待图像，迅速关闭了他的账号，并将此事上报警方。尽管警方调查后证实了马克的清白，但谷歌仍拒绝恢复他的账号。据《纽约时报》报道，这给他带来了巨大的代价：

> 他不仅失去了电邮，以及朋友和前同事的联系信息，还失去了记录儿子成长的照片。他的 Google Fi 账户也被停用，迫使他更换运营商和电话号码。由于旧的电话号码和邮箱不能使用，他无法获得登录其他互联网账户所需的安全验证码，几乎失去了大部分数字生活的访问权限。[9]

其他内容审核的错误虽然不那么严重，但同样荒谬。例如，X（前推特）因一张纳粹的图像而封禁了一个相关账户，但实际上那是一张《美国队长》的漫画，其中主角正在暴揍纳粹。[10] 优兔曾删除了康奈尔大学的整个视频库，仅仅因为其中一场学术讲座视频涉及三件描绘裸体的艺术作品。[11] 还有一次，优兔删除了一段国际象棋的视频，原因似乎是 AI 将“白棋更有利”这样的句子误解为种族评论“白人至上”。[12] 这些案例的荒谬性引发了公众关注，迫使相关公司最终撤销了这些决定。

这些例子并非孤立存在，每一个登上新闻的事件背后，都可能隐藏着数百个未被曝光的类似案例。

这些错误之所以发生，是因为 AI 工具往往会对文本、语音或图像进行字面解释，未能考虑上下文，从而导致误解。有时这些误解让人啼笑皆非，有时却令人震惊。

我们认为，在未来几年甚至十年内，AI 在理解上下文方面会取得显著进步。例如，因“黑”或“白”这样的字眼而删除视频，这似乎表明所用技术仅是简单的单词过滤，但事实并非如此。至少在主要平台上，内容审核分类器是基于机器学习构建的。它们的局限性并非技术固有，而是由于训练数据在数量和质量上的不足，以及运行更复杂分类器的计算成本。然而，技术已经走了很长的路。过去，计算机在识别滑稽内容方面表现非常糟糕，而现在，像 ChatGPT 这样的工具已经可以做得相当不错。

在我们讨论的大多数案例中，人类都不会难以做出正确的判断。因此，只要有足够的训练数据和计算资源，内容审核的自动化并不存在根本性障碍。当然，这并不意味着任何人类的判断都可以通过提供足够的示例给机器而实现自动化。例如，判断艺术质量的复杂性难以适应监督学习的范式。但这类任务与内容审核是完全不同的概念。长期以来，人类内容审核员被要求以流水线模式工作，每段内容只花几秒钟进行审核。

此外，为了保持一致性和规模效应，公司向内容审核员提供的规则，通常剥夺了他们判断和处理细微差别的空间。尤其是脸书，它为审核员提供了一套不断扩展的规则，试图涵盖每一种可能的情况，细化程度近乎滑稽。以下是来自脸书内部文档的一个具体规则示例，及其如何应用于特定图像的说明：

> 为什么允许将肛门图片通过 Photoshop 合成到公众人物的照片上？这是因为此类图片的分享目的并非单纯展示裸露，

> 而是对公众人物的言论表达政治观点。因此，这种例外仅适用于公众人物，并且仅限于将肛门或全裸臀部特写合成到公众人物的照片上的情境。如果这种做法涉及私人个体，可能会触犯反欺凌政策。
>
> 尽管这张图片是将肛门图片通过 Photoshop 合成到公众人物的照片上，但其同时包含性玩具插入肛门的画面，这违反了我们针对性行为的滥用标准。这一例外仅限于肛门或全裸臀部的特写，任何涉及性行为的内容均不在例外范围。[13]

前脸书内容审核员维亚娜·弗格森（Viana Ferguson）回忆了一起事件，她看到一张配有标题“没有宠物的家不算家”的图片，画面是一对白人家庭和一个黑人孩子。[14] 她认为这张图片显然带有种族主义和非人性化的意味。图片中并没有宠物，因此毫无疑问“宠物”一词指的是谁。尽管脸书的政策禁止非人性化言论，弗格森却无法说服经理删除该帖子，因为规则中没有明确涵盖图像和标题结合所产生的影响。审核员的职责被定义为“听命行事，而不是思考”。[15]

换句话说，我们认为公司会在一定程度上继续成功地将人类内容审核员的一部分工作实现自动化，但这在一定程度上是因为公司已经大大限制了这些审核员的角色。

遗憾的是，上述带有标题的图像并非孤例。内容审核系统经常难以有效应对针对黑人的仇恨言论，而自动化反而加剧了这一问题。分类器在区分侮辱性词语的三种主要语境时存在显著困难，即真实的仇恨表达、受害者谈论针对他们的仇恨，以及被侮辱的群体使用原本是针对他们的贬义词（如英文语境“N 字开头的词”)，而这些词已被该群体重新定义并接纳。[16]

由于分类器难以处理这些细微差别，脸书上的黑人用户经常被封禁，即便他们并未违反政策。同时，脸书的一项名为“最糟糕中的最糟糕”的内部调查发现，大多数最有害的内容主要针对黑人，而被删除的帖子却大多针对白人。[17] 换句话说，过度封禁和未充分封禁的问题都非常普遍。鉴于分类器在处理细微差别方面的局限性，脸书无法调整其系统，以缓解一个问题而不使另一个问题变得更加严重。

到目前为止，我们讨论了 AI 在完全理解上下文时所面临的困难。但在某些情况下，内容背后的上下文信息对平台来说根本无法获取。例如，网络霸凌者可能提到模型无法访问的现实世界事件。一张裸体孩子的照片在某些情况下可能是色情，而在其他情况下可能完全无害，这完全取决于拍摄者的意图。

当然，即便对人类来说，这种判断也很难做到百分百准确。我们的观点是，无论使用多少 AI，内容审核始终会是一个棘手的问题。

考虑煽动暴力的情况，在暴力抗议发生后，平台常常因未能删除号召人们加入抗议的消息而受到指责。事后看来，平台的做法往往被视为错误，尤其是当一些未删除的消息包含暴力呼吁时。但是，应该如何划定界限呢？如果平台采取极端措施，一旦检测到任何包含暴力呼吁的信息，就立即删除所有相关抗议内容，这将造成极大的附带损害。事实上，脸书曾因在这一方面过度操作而被指控，称其压制了保守派政治运动。[18]

需要注意的是，本章引用的研究和报道大多集中在脸书，这完全可以理解。作为过去 10 年全球最具影响力的社交媒体平台之一，脸书在内容审核失败案例中占据了重要位置。此外，由于一些内部文件的泄露，我们对脸书的内部运作有了更多了解。值得强调的是，脸书内容审核失败频率较高，并不是因为其系统表现特别差。事实上，脸书可能是对内容审核（包括基于 AI 的内容审核）投入最多的公司之一。尽管有如此大量的投入，这些失败仍然时有发生。

在继续讨论之前，我们需要声明，本书的合作者萨亚什曾在 2019—2020 年担任脸书内容审核团队的工程师。尽管我们在本章中的论点完全基于公开信息，但他的经历确实丰富了我们对这一话题的理解。

文化无能

到目前为止，我们对 AI 内容审核失败的讨论主要集中在美国。然而，在非西方、非英语国家，这些问题的后果往往更为严重。

例如，脸书上的仇恨言论助长了埃塞俄比亚提格雷（Tigray）的内战，这场战争导致超过 50 万人丧生。[19,20] 在印度，WhatsApp 上的煽动性内容和暴力号召成为持续社区暴力的背景。[21] 在斯里兰卡，脸书上的仇恨言论在反穆斯林暴力事件中起了推动作用。[22] 据脸书自己的统计数据，在阿富汗，仇恨言论的删除率不到 1%。[23] 内容审核的失败还发生在包括波黑、印度尼西亚和肯尼亚等战后国家。[24]

反之，另一个常见问题是误删。在整个中东地区，被删除的关于恐怖主义的内容中，有 77%实际上是误删的非暴力内容。[25] 在某国，对立的宗教团体甚至试图通过在竞争对手的页面发布违规内容（如儿童裸照）来迫使对方的页面被删除。[26]

当然，脸书并不是这些地区暴力的直接原因。它只是一个媒介，被当地团体用来煽动长期以来的积怨。毫无疑问，包括脸书在内的社交媒体在动荡地区扮演着复杂的角色——它们经常是民主运动的重要工具。[27] 然而，正面的作用并不能掩盖负面的影响。关键问题在于内容审核是否可以比现在做得更好，而答案显然是肯定的。

尽管内容审核问题已引发高度关注，脸书为何仍在这一领域屡屡出现重大失误？原因很简单，它在大多数国家并未雇用足够的内容审核员。相反，这些工作被集中并外包到少数几个拥有廉价劳动力的国家。脸书一贯拒绝透露在非英语国家的审核员数量。[28]

当平台缺乏说当地语言的审核员时，脸书和其他平台依赖自动翻译技术。在过去十年间，翻译 AI 取得了显著进步，否则上述灾难可能会更加严重。然而，翻译技术仍然有很长的路要走。更重要的是，创建适用于某种语言的翻译模型需要大量的文本语料库。然而，AI 公司通常通过网络爬取的方式收集这些数据，导致目前大多数语言的模型仍不存在。例如，在提格雷地区暴力事件期间，谷歌翻译仅支持埃塞俄比亚 83 种语言中的 2 种。[29]

即使翻译完全准确，制定有效的内容审核政策并做出审核决策仍需要对某个国家的文化有深入了解。如果缺乏这种知识，很难正确识别毫无意义的暴力图像，并将其与战争罪或人权侵犯的证据区分开来。在极端化的社区中，人们通常共享对外部群体的共同信念和熟悉的叙事方式，因此很容易设计出“狗哨”（dog whistle）信号。这些信号能够让目标受众清楚理解，但对缺乏文化背景的人来说则显得模糊或难以理解。这还假设 AI 翻译不仅能够准确捕捉字面意义，还能理解语言背后的意图。

为什么社交媒体公司不能为其运营的每个国家雇用更多的内容审核员？成本是一个显而易见的原因。但另一个更微妙的原因是，内容审核的需求波动很大，如在选举前或暴力事件爆发期间。根据脸书的内部文件，即使公司意识到某地区的重要性，通常也需要一年或更长时间才能充分配备相关人员。

文化适应性是主要平台共同认可的“圣克拉拉内容审核原则”（Santa Clara Principles）的关键组成部分之一。[30] 然而，在这一点上，这些公司几乎完全失败了。

文化适应性不足的一个后果是：每个平台的政策都高度同质化，即在全球范围内几乎完全相同。由于大多数知名社交媒体平台总部位于美国，这些政策往往以美国为中心。从其他国家的视角来看，这些美国化的政策在某些方面显得过于严格，而在其他方面则过于宽松。例如，基于美国的审美敏感性，展示乳头是会被禁止的，但这在欧洲人看来显得过于保守。[31] 另一方面，否认纳粹大屠杀在大多数欧洲国家是非法的，但直到最近，这一行为才被大多数平台禁止。

美国和欧洲之间的差距相比西方与世界其他地区的差距来说，几乎微不足道。根据许多国家的标准，主流社交媒体平台的政策显得过于宽松。平台政策的全球一致性仅存在一些有限的例外。当内容违反某国法律时，如果该国提出投诉，相关内容可能会在该国被屏蔽。[32] 但这种情况非常少见。通过这种途径删除的内容数量远远少于因违反平台通用政策而删除的内容。而实际发生的删除请求，往往针对的是批评政府的内容，而非真正有害的内容。[33]

此外，一个国家的社会规范和其法律之间可能存在巨大差距。例如，亵渎宗教在许多地区虽然并未被法律禁止，却是强烈的社会禁忌。即使某些内容在当地法律下属非法范畴，也很容易绕过当地封锁。因此，社交媒体的引入对许多国家的信息生态系统造成了巨大的冲击。

以虚假信息为例，尽管在美国，虚假信息确实是一个严重的问题，但并未演变成更严重的局面，这在很大程度上归功于美国宪法的第一修正案。人们长期以来认为，反驳性言论是应对错误或有害言论的最佳方式。美国拥有自由的新闻媒体，以及许多专门从事此类反驳的组织。有些国家则缺乏这种应对虚假信息的强大基础设施，这缘于政府对信息流通的控制。在缺乏健全机构支持的环境中引入未经筛选的社交媒体，可能（并且经常确实）带来灾难性后果。例如，无法有效应对基于虚假信息的暴力呼吁等危害。前文提到的许多案例，如缅甸和斯里兰卡的社交媒体助长暴力事件，也可以从这个角度来理解。

如果某个国家足够强大，并能够威胁封锁相关应用，社交媒体公司可能会选择放宽规则，以避免失去市场准入资格。我们稍后会详细探讨这一点。但对大多数国家来说，它们并没有这样的幸运。

我们猜测，如果社交媒体平台认真对待其国际责任，关注全球环境，它们可能会因此破产。换句话说，这些平台之所以能够在西方国家提供相对完善的产品，并实施一套广受欢迎且合理执行的规则，正是因为它们与多数非西方国家之间维持了一种剥削性关系。

本部分探讨了 AI 在不同空间环境下面临的挑战，接下来我们将聚焦于 AI 在不同时间背景下的难题。

貌似善于预言实为复刻过去

在内容审核中，AI 主要采用两种方式，即指纹匹配和机器学习。

指纹匹配用于检测系统之前遇到过的被禁止类别的照片、视频或音频的副本。针对儿童性虐待图像的检测主要依赖这一方法。当社交媒体用户上传图像时，平台会将该图像与由美国国家失踪和受剥削儿童中心（National Center for Missing and Exploited Children，简写为 NCMEC）等机构维护的数据库进行比对。该系统在遏制这一令人发指的问题上无疑起到了重要作用。仅谷歌每年就向 NCMEC 报告超过 50 万条儿童性虐待图像，这些图像都是通过与 NCMEC 的数据库进行匹配检测出来的。

在这个系统中，识别新的违规图像，审核并将其添加到数据库的工作主要依赖人工。因此，指纹匹配高度依赖于人们对新的儿童性虐待图像的持续警觉。在其他大多数内容审核领域，当用户重新上传已在数据库中的儿童性虐待图像时，AI 的作用至关重要，尤其在确保这些图像被删除方面。但同时，它无法完全取代人工的介入。

2018 年，谷歌开发了一种分类器，用于自动标记儿童性虐待图像。这一系统依赖于机器学习而非指纹匹配，因此不需要此前见过相同的图像。相反，它通过提取图像中的模式进行标记，就像分类器可以将一张图片标记为猫一样，即便之前未见过这张具体的图片。当然，标记儿童性虐待图像比标记猫复杂得多，这从前文提到的马克和他生病孩子的照片被误判的事件中可见一斑。此外，马克事件还涉及原本应由人工审核环节的失效，进一步凸显人工与 AI 协作的重要性。

在儿童性虐待图像、版权内容和恐怖主义内容之外的领域（如仇恨言论、煽动暴力、自我伤害和虚假信息等）应用 AI 时，机器学习是主要方法。我们或许希望这种方法能够减少对人类的依赖。一旦模型学会区分虚假信息与准确信息、毒性言论与非毒性言论的模式，平台似乎可以让其自动处理。然而，现实却远不如预期。

从过去的数据中学习到的模式在持续应用时存在许多不足。一个简单的例子是语言的动态变化，新的俚语词汇不断涌现。为了跟上这些变化，模型需要定期重新训练，而这种重新训练需要对新帖子进行人工标注。不过，这种类型的更新问题并不算严重，因为所需的人工工作量较少。

然而，另一个类型的变化却更加复杂，即政策及其解释的不断变化。以脸书为例，自 2019 年以来，其社区标准已经更改了数十次。此外，脸书内部审核员使用的规则比社区标准更加详细，且规则也在频繁调整（图 6.2 展示了这些规则的详细程度）。每一次政策或规则的更新，都需要重新训练分类器。[34]

考虑到新冠疫情的影响，虚假信息的激增给内容审核带来了巨大的挑战。这些虚假信息包括荒谬的阴谋论（如“社交距离是安装 5G 基站的幌子”）和危险的健康建议（如“喝漂白剂可以治愈新冠肺炎”）。脸书一度成为这些虚假信息的温床，但公司花了数月时间才开发出能够检测这些新型虚假信息的分类器。[35]

问题的关键在于，机器学习并不会尝试直接评估陈述的真实性，而是依赖与先前被标记为真实或虚假的陈述的相似性。例如，一个在新冠疫情前训练的分类器无法评估关于新冠疫苗有效性的陈述。

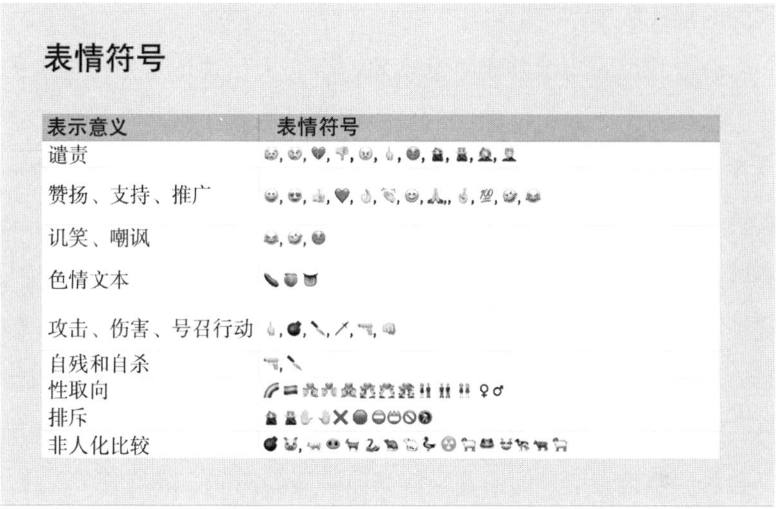

图 6.2　脸书 2018 年审核员培训材料中的一张幻灯片

资料来源：Fisher M.，"Inside Facebook's Secret Rulebook for Global Political Speech，" *New York Times*，December 27，2018，https://www.nytimes.com/2018/12/27/world/facebook-moderators.html。

展望未来，我们是否可以通过语言模型（驱动聊天机器人的技术）实现一个更先进的系统？这样的想法非常吸引人，这种 AI 可以直接评估陈述的真实性，同时其知识库能保持实时更新。要实现这一点，系统可以定期从网络上获取文本并重新训练模型，或者通过实时网络搜索增强模型在评估内容时的能力。然而，截至 2024 年年初，这类系统的准确性还远未达到可接受的水平。在第 5 章中，我们将最先进的语言模型的幻觉描述为自动化胡编乱造。尽管这些模型可能会在未来取得进步，但作为一个虚假信息过滤器，它们仍然存在很大的风险，可能会以难以预料的方式出错。例如，它们是否能够容忍颠覆现有共识的科学发现？或者，它们会不会成为类似于 17 世纪天主教会压制"地球绕太阳旋转"

观念的现代版本?

颠覆共识的知识并非罕见现象，事实上，这正是知识进步的核心途径。因此，无论虚假信息检测背后的技术多么先进，总会存在过度限制的风险。这可能导致系统倾向于加强现有政治或科学机构的立场，同时压制异见的声音。幸运的是，平台通常并未尝试剔除所有虚假信息，而是重点针对某些类别的有害虚假信息。这种策略虽然降低了过度限制的风险，但并未将其完全消除。健康信息是一个备受争议的领域，对何种内容应被视为有害虚假信息，往往存在巨大的分歧。此外，即使某些内容无害，平台可能仍会对涉嫌虚假信息的内容采取其他措施。例如，降低其可见度，或禁止相关创作者通过广告获利等。这些惩罚措施可能同样具有深远的负面影响。最后，这种对虚假信息的干预总伴随着一个潜在的滑坡效应（负面效应），即强势政府可能利用这些政策作为借口，压制那些挑战其权力的言论。

AI 对抗人类智慧

我们已经看到，当 AI 内容审核需要评估的内容偏离其训练数据时，往往会遇到困难。当发布者试图刻意绕过内容审核，这种情况尤其严重。

那么，这些发布者可能是谁呢？最显而易见的例子是从事非法活动的人群，比如实施欺诈、发布垃圾信息或销售非法商品，这种情况并不罕见。加密货币诈骗者常常诱骗受害者发送加密货币，承诺快速回报，而这些回报从未兑现。恋爱诈骗者则利用虚假的身份和诱人的照片引诱孤独的受害者，然后以见面为条件索要钱财。偶尔还会出现毒贩利用社交媒体诱导青少年的事件，引发公众恐慌。

与欺凌者或煽动种族歧视的人不同，这些犯罪分子可能技术非常娴熟，有些甚至可能是国家主体，利用机器人操控国内外舆论。这些技术上熟练的对手显然增加了平台开发者的挑战。

然而，有一点令人意外，我们认为违法活动并非内容审核中最困难的情境。尽管犯罪分子的技术水平确实让防守变得更为复杂，但实际上，防守方在这些场景中拥有一些重要的优势，这使得应对违法行为相对轻松。

首先，违法行为的专业化意味着存在一群特定人员专门从事此类活动，而非普通用户偶尔尝试“钓鱼”骗局。具有犯罪意图的人往往采用特定的沟通模式，这与普通用户的互动模式存在显著差异。在这里，违法内容的边界是清晰的，普通用户通常不会接近这一边界。这与仇恨言论形成鲜明对比，后者经常与普通的政治言论混杂在一起，只是更为激烈，有时会越过模糊的界限。简而言之，违法活动的内容和行为模式通常非常独特，而这些行为者活动的网络也与普通用户的网络截然不同。

其次，平台可以利用更多的手段应对违法活动。有时，平台会与执法部门合作，共同打击犯罪活动，或者干扰地下经济中的资金流动。如果平台能够识别出诈骗活动背后的实体并将其从信用卡网络中排除，那么诈骗者将失去从受害者处获利的能力，从而失去继续犯罪的动机。即使单一的信息检测技术存在不足，这种多层次的策略仍然可能取得成功。

历史的类比可能对此有所帮助。在社交媒体的早期阶段，恶意内容曾经泛滥。例如，一种名为 Koobface 的计算机蠕虫病毒曾在脸书上传播，以朋友之间的信任为基础病毒式扩散，诱骗用户为假杀毒软件付款。[36] 然而，不久之后，平台成功遏制了这类情况。今天来看，这些问题似乎已经过时。尽管新的违法行为类型肯定会继续出现，但资金充足的平台通常能够有效防止其造成重大破坏。

在极少数情况下，当诈骗与合法活动之间的界限模糊时，问题才会显现。例如，一位用户推销新的加密货币时，可能真心相信它能够“改变世界”（尽管大多数人并不赞同），也可能半信半疑地认为它是一个庞氏骗局，或者只是想通过早期入场来获利。再比如，在政治领域，人们经常以机器人般的方式协同推进某些议程。这种行为是一个真正的政治运动，还是一种有意影响他人信念的操作，通常取决于参与者的真实意图，而这种意图可能存在广泛的模糊地带。

具有讽刺意味的是，平台最难处理的规避类型，往往来自普通用户的简单规避行为。这是因为这些规避行为无法被归结为特定的群体或账户，也无法依靠执法部门的帮助。此外，这种行为的规模通常更大，涉及的用户群体更加广泛，从而使得监管变得更加困难。

以下是普通用户规避内容审核的一些典型策略：

- 添加误导性标语：在图片上覆盖“安全且有效”等字样（这是公共卫生机构关于疫苗的常用宣传短语），用来隐晦表达对疫苗安全性的质疑，甚至暗指疫苗导致死亡事件。
- 屏蔽关键信息：发布截图，并将某些关键词语遮住。虽然用户仍然能够理解内容，但自动化审核工具难以检测这些帖子。(尽管随着 AI 技术的进步，这种方法可能逐渐失效。)

- 使用隐晦语言：例如，“Pro-ana”社区（提倡厌食症的群体）[37] 会使用隐语，如“起始体重”和“目标体重”。这些短语表面上看起来无害，健身社区的用户也可能会使用类似的词语，但在知情者眼中，它们传递的实际含义与背景息息相关。

为了更好地理解普通用户规避内容审核的广泛性，我们可以观察一下“算法语言”（algospeak）现象。这种语言形式指的是用户发明或采用一些新词汇或短语，以规避审核工具对违规内容的惩罚。例如，“unalive”表示死亡，“SA”代表性侵犯，而“corn”在特定语境下指色情内容。

需要强调的是，使用“算法语言”的用户的主要目的并非发布违规内容，而是试图避免被不完善的审核算法误判。最终，违规者[如“Pro-ana”、反对政策者（如反疫苗群体）、受到系统性误判影响的群体（如黑人和跨性别者）]以及因过滤器过于粗糙而受到干扰的普通用户之间，采用的规避策略非常相似。这带来的结果是：平台在尝试捕捉更多违规内容时，也将更难避免误伤守规矩的普通用户。

生死攸关的问题

我们现在应该清楚，内容审核关乎重大利益，而当有人在社交媒体上表达出即将自杀的意图时，这种利益关系尤为紧迫。

在美国，每 11 分钟就有一人死于自杀。放眼全球，这一频率缩短为 40 秒。此外，其他形式的自我伤害（如自残）发生率则更高。

预防自杀一直是医疗系统的核心目标之一，但成效有限。50 年的研究仅仅研发出比随机预测略胜一筹的自杀风险分类器。[38] 这种现象的主要原因在于，专业人员很少能与患者保持高频接触，因此他们在自杀者最终采取行动前的最后一次接触可能已经是几个月之前。预测几个月后是否会发生自杀基本上是不可能的，因为自杀想法通常是逐步发展的，而实际行动方案通常只在决定的前几天才会形成。[39] 在此之前，尽管患者可能表现出抑郁或一定的自杀风险，但这些风险通常不足以促使采取重大干预措施。

相比之下，人们往往会在社交媒体上发布关于即将自杀的计划。这可能是寻求帮助的一种呼喊，是渴望联系他人的尝试，或者仅仅是记录自己最后想法的方式。这表明，社交媒体提供了一个独特的机会，可以及时发现这些信号，进行干预，并提供支持。

例如，当一位明星在社交媒体上发布即将自杀的信息后，通常会收到朋友和粉丝的大量关心与帮助。[40,41] 但大多数发布此类信息的人并不是明星，他们的关注者较少。对于这些普通人，平台本身的干预可能带来实质性的改变。

自 2017 年起，脸书开始使用机器学习技术来预防自杀。算法会分析每条帖子的内容，以评估其自杀意图的程度，同时还会分析该帖子的评论。公司解释道："审核员认定为存在紧急自杀风险的帖子，往往带有类似'告诉我你在哪'或'有谁联系上他/她了吗'这样的评论。而潜在风险较低的帖子则更多出现'随时联系我'或'我在这里支持你'这样的评论。"[42] 评分较高的帖子将被提交给审核员进行进一步审查。如果确认存在紧急风险，脸书会将情况上报给用户所在地区的相关机构。根据国家不同，脸书会联系执法部门或心理健康专业人员（此外还会通过应用程序向用户提供相关资源）。为了训练分类器，脸书使用一组由用户举报，并经审核员标记为具有紧急自杀或自残风险的帖子数据。

脸书并未公开其通过此类方式启动救人检查（福利检查）的具体次数。据报道，在该系统运行的第一年，一名脸书员工透露该系统已发起 3 500 次检查。然而，近年来这一数字可能大幅增加。[43] 据我们了解，除脸书和照片墙（Instagram）（均由 Meta 公司拥有）之外，其他主要平台尚未公开表示拥有类似的系统。

平台的自杀预防工作无疑具有重要意义，值得肯定。尽管美国社会对自杀的道德判断可能存在分歧，但在实践层面，普遍共识是试图自杀的人值得接受干预和支持，以改善心理健康。

与此同时，自杀预防也揭示了内容审核中复杂的潜在问题。与本章提到的其他例子略有不同，这种情况下的适当干预不仅限于删除帖子，而且需要采取实际行动。

毋庸置疑，干预在某些情况下可以挽救生命，但也可能带来意想不到的负面后果。例如，一些人可能会在没有充分依据的情况下遭到搜查，甚至被捕。而警方与精神病患者的接触本身就存在一定的致命风险，据统计，这种接触导致致命事件的可能性增加了 16 倍。[44] 梅森·马克斯（Mason Marks）记录了多起由原本的福利检查引发的悲剧性死亡案例，这些案例令人不寒而栗。[45] 以下是其中一个例子：

> 2014 年 6 月 14 日，杰森·哈里森（Jason Harrison）的母亲拨打了达拉斯警方的电话，请求帮助将确诊患有精神分裂

症和双相情感障碍的儿子送往医院接受精神病治疗。警察到达后，哈里森站在门口，手里拿着一把小螺丝刀。尽管两名警员随身携带了泰瑟枪和胡椒喷雾等非致命武器，他们最终却选择拔枪，将哈里森击毙。

此外，还有其他潜在风险。接受福利检查的人可能会被强制住院，这可能带来创伤性和非人道的经历。在许多国家，自杀企图被视为刑事犯罪，被标记为有自杀风险的人可能在获得必要医疗（如止痛药）时面临困难，因为医生可能担心用药过量的风险。更糟糕的是，这种干预可能会增加部分人的自杀风险，因为被强制住院的患者往往会经历不良待遇，可能感到被非人化对待，从而进一步加剧其心理健康问题。[46]

尽管自杀现象如此普遍，但在社交媒体上表达自杀意图的帖子却是极为罕见的。据估计，每百万条帖子中，真正表达实施自杀意图的帖子不到一条。换句话说，即使检测紧急威胁的系统误报率仅为百万分之一，绝大多数被识别的结果依然会是误报。因此，受到上述负面影响的人数，可能会远远超过成功接受干预的人数。

遗憾但并不令人意外的是，脸书并未公开其系统的具体效果。有多少次福利检查确实识别了严重的紧急风险？有多少次干预来得太晚？分类器未能检测到多少真实的自杀事件？系统在不同地理区域、语言和种族群体中的表现差异如何？我们怀疑，即便是脸书本身，对其中许多问题也未必完全了解。

即使平台告诉我们其干预成功的频率，这仍无法全面反映实际情况。当干预超出平台范围，进入现实世界时，会带来难以观察甚至难以预测的二级（负面）影响。例如，如果用户知道发帖可能会招致警察的上门拜访，他们可能因此更不愿意发布带有自杀倾向的信息。随着时间推移，这种行为将削弱系统的有效性。即使是没有自杀意图的用户，也可能因担心自杀风险分类器被滥用于广告投放或保险歧视等目的，而选择避免在网上谈论心理健康问题。

另一种极端情况是，假设科技公司在预测自杀倾向方面变得非常精准，不仅能通过社交媒体帖子检测，还可能监测私人聊天消息、电子邮件和网络搜索。在这种情况下，公共服务机构可能会被诱惑，依赖这些公司推荐的案例，以削减筛查成本。然而，即使在线自杀检测更高效和准确，它仍无法替代政府提供的服务，因为科技平台并不直接对公众负责，也无法完全代表公共利益。

这些复杂的道德问题将会持续出现。面对这些问题，必须进行深入的审议，与公众保持互动，并对系统进行持续监督和评估。这些是通过自动化无法回避的必要成本。

现在加入监管因素

在美国，平台在内容审核方面享有“自由裁量权”，这是依据1996年的一项法律及随后法院的相关裁决所赋予的。[47] 该法律明确规定，平台不对用户发布的内容承担责任。因此，平台通常根据商业考量来做出内容审核决定，目的在于提升用户吸引力，降低运营成本，同时满足广告商、社会正义倡导者、言论自由支持者和宗教团体等多个利益群体的需求。即便如此，协调这些目标已是极其困难的任务。

如果平台需要承担法律责任，这种风险评估将发生重大变化。

我们可以从1996年法律中的一个明显例外，即版权问题中看出端倪。接下来让我们看看平台对此的应对策略。

优兔是研究版权问题的理想案例。与大多数社交平台不同，优兔与内容创作者共享广告收入，这意味着其在版权问题上的风险远高于其他平台。人们经常试图通过上传侵权内容（如电视剧）牟利。优兔的早期快速增长实际上是在这些非法活动的推动下实现的。与许多科技初创公司类似，优兔最初选择冒法律风险以实现增长。然而，2006年年底，谷歌收购优兔，这一风险立刻转变为迫在眉睫的危机。与初创公司不同，谷歌作为一家成熟企业，不愿承受这种法律风险，并更倾向于采取规避策略。

根据版权法，平台在收到侵权通知后，必须迅速将相关内容下架。然而，2007年，谷歌因未能删除某些侵权内容被维亚康姆（Viacom）公司起诉，索赔金额高达10亿美元。[48] 尽管此案最终以庭外和解告终，但平台需要采取哪些措施来避免法律责任仍然是一个模糊地带。谷歌选择与音乐和电影行业达成和解协议，这被视为明智之举。

于是，“内容识别”（Content ID）系统应运而生。

内容识别系统的工作原理是，版权方可以将其内容上传到优兔的内容识别系统库（大多数主要版权方都会这么做）。当普通用户发布视频时，内容识别系统的算法会分析该视频是否与库中的内容匹配。这是一种指纹匹配技术，与检测儿童性虐待图像的技术相似，也类似于音乐识别应用Shazam，它能通过几秒的音乐录音识别出歌曲。这套算法非常强大，简单的修改（如翻转视频方向或在音频中加入噪声）无法骗过它。与Shazam类似，该算法可以识别数据库中内容的片段。

当内容识别系统发现用户上传的视频与其数据库中的内容匹配时，会通知版权所有人，如音乐公司或电影制片厂。优兔允许版权所有人选择屏蔽视频使其无法观看，或保留视频在线并将广告收入归为己有。

关于内容识别系统失控的公开案例多到足以写成一本书。以下是几个简单的例子供参考：

- 美国国家航空航天局（NASA）自己发布的一段火星探测器着陆视频被屏蔽，尽管该视频属于公共领域，并不受版权保护。[49] 原因在于，一些新闻节目使用了该视频的片段并播出，而这些新闻频道声称拥有节目内容的版权，导致内容识别系统误判整个视频都受版权保护。
- 古典音乐的现场演奏，即使是巴赫或贝多芬这样早已去世的音乐家的作品，也常常会被屏蔽。[50] 内容识别系统无视内容的细微差异，会将两段不同的同一作品的演奏匹配在一起。因此，如果另一位音乐家演奏了相同的作品并将其作为版权内容上传，就会触发匹配错误。
- 有一个极端案例，一位创作者仅仅哼唱了包含“living on”短语的歌曲，却因这一短语与另一首完全不同的歌曲中的相同歌词匹配，意外触发版权声明，造成误判。[51]

美国版权法对防止版权滥用设有防护措施，其中“合理使用”原则允许讽刺、评论及其他多种衍生用途。然而，这超出了内容识别系统的处理范围，因此该系统并不试图评估合理使用问题。相反，它仅负责发现匹配，让双方自行解决争议。按照法律规定，在线平台的用户若因错误版权下架而受到影响，有权发出“反通知”，将责任转回版权所有人，后者必须起诉用户才能维持下架决定。然而，大多数人被诉讼前景吓退，即便法律支持他们，也很少有人实际使用反通知程序。据估计，一个名为 WatchMojo 的频道指出，版权所有人通过虚假版权索赔窃取了约 20 亿美元的收入。[52]

对于经常使用合理使用原则的频道（如发布电影评论的频道），与内容识别系统的交涉变得异常烦琐。有些频道会收到几十个自动通知（图 6.3 展示了一个例子），仅是处理这些通知并提交反馈就已耗费大量时间和精力。如果用户未能迅速解决这些投诉，后果将变得更糟，因为优兔规定三次警告后会永久删除频道。

图 6.3　经常合理使用受版权保护内容的频道必须应对大量虚假的版权投诉

资料来源：Watchmojo，“Exposing Worst ContentID Abusers! #WTFU.” YouTube video，May 2，2019，41：57，https://www.youtube.com/watch? v=Gbs9UVelEfg。

事态已经变得失控。据报道，骗子通过发送虚假版权警告勒索用户支付版权费，否则威胁关闭其账户并删除所有视频内容。[53] 更令人震惊的是，在美国甚至有警察滥用内容识别系统来逃避公众问责。[54] 当公民拍摄警察执法场景（这是完全合法的）时，这些警察会故意播放受版权保护的音乐，希望借此让优兔阻止相关视频上传。

优兔之所以采取这种失衡的方式，是因为相比冒犯强大的利益群体（如唱片公司），小创作者对平台的重要性较低且更易替代。

艰难之处在于划清界限

2016年，脸书因删除一张名为《战火中的女孩》（Napalm Girl）的照片而引发广泛争议。这张照片拍摄了一名9岁女孩潘金淑（Phan Thi Kim Phuc）遭受凝固汽油弹袭击后，赤裸着身躯，满身烧伤，痛苦奔跑的画面。这张照片是全球最具标志性的战争照片之一，深刻揭示了越南战争的残酷，并改变了公众对战争的看法，具有重要的历史意义。

乍看之下，这似乎是一个展现AI局限性的典型的例子，脸书的分类器或许因为将该图像标记为儿童裸露而忽视了其深远的历史意义。然而，实际情况却截然不同，而且更加复杂有趣。

设想一下，每天有数亿张图片上传到脸书，2016年绝不可能是这张全球最知名照片之一首次出现在平台上的年份。事实是，脸书早已对这一问题有所了解，甚至将这张照片纳入审核员培训材料，作为不被允许的示例。删除这张照片的决定并非缘于AI的误判，而是人类基于既定政策做出的选择。这不是执行中的失误，而是一项经过深思熟虑的政策决定。

更值得注意的是，脸书在这一政策上的立场并非明显不合理。毕竟，这张照片之所以极具冲击力，正是因为它直接挑战了对严重身体创伤和未成年裸露的普遍文化禁忌。正如塔尔顿·吉莱斯皮（Tarleton Gillespie）在其著作《互联网的守护者》（*Custodians of the Internet*）中敏锐指出的：

> 这是一张极具挑战性的照片：一份历史的关键文献，触目惊心地揭露了人性中令人不安的一面，让许多人觉得它必须被众人看到，而这又是一张充满震撼、深深令人不安的全裸儿童痛苦尖叫的照片……毫无疑问，这张照片是“猥亵”的。问题在于，这是不是一种应该被隐藏的猥亵表现，哪怕再相关，还是一种必须展示的历史猥亵，哪怕再具有毁灭性。[55]

吉莱斯皮进一步指出，这张照片最初是在 1972 年由美联社克服巨大内部阻力后发布的，而且最初呈现的还是经过修饰的版本！大多数选择刊登这张照片的报纸都曾经历过内部辩论，并收到过大量愤怒读者的抗议信件。吉莱斯皮认为，这张照片自一开始便成为“一个行业和社会划定可接受范围的代理工具”。[56]

2016 年围绕这张照片的争议，是其长期以来不断引发界限划定讨论的一部分，这最终迫使脸书做出让步并调整其政策。这一事件体现了健康、开放且必要的公共辩论。这样的辩论是制定被社会视为合法和公正的政策不可或缺的过程。当社会需要为可接受言论的边界做出定义，或者在不同的规范间权衡利弊时，这种过程将一次次地发生。

社交媒体平台在这些社会辩论中扮演着核心角色和仲裁者的双重身份，因为它们承担了全球公共广场的功能。通过内容审核政策、设计选择以及算法操作，它们影响着所谓言论的“奥弗顿窗口”（Overton window，见图 6.4）。接近极端的言论可能会被屏蔽或加上警告标签，推荐算法决定了哪些内容能够获得更多关注，而应用的设计则会影响用户是否以及如何对存在争议的言论进行回应。

图 6.4 言论的奥弗顿窗口

注：不同观点位于一个分布范围，更极端的观点通常被认为是不可接受的。

设定可接受言论的边界，是影响公众舆论和政治走向的一种强大手段。社交媒体已成为挑战政权和其他强势力量的工具，而能够挑战哪些目标则取决于平台允许发布哪些言论。从文化战争到真实战争，再到公共健康等诸多领域，这些问题都在社交媒体平台展开争论。简而言之，社交媒体已成为“斗争的战场”。因此，各类利益集团对这些平台施加巨大的压力，试图推动其改变政策以符合自身的目标和利益。

当人们对内容审核表达不满时，通常是在批评政策本身，而非其执行方式。即使在“战火中的女孩”事件中，许多人可能并未意识到问题的根源在于政策，而非执行。这正是为什么即使是最先进的 AI 也无法让所有人满意。

对政策进行人性化的讨论与深思熟虑，而不仅仅关注政策内容，才是解决问题的关键。我们需要更多这样的讨论，而不是更少。脸书的监督委员会可以说是朝着正确方向迈出了一小步。[57] 这个独立于脸书的机构负责审查重要的内容审核决策，尤其是那些对未来具有指导意义的案例。虽然该委员会由脸书资助，但成员主要是来自少数几个国家的精英，包括教授、记者和律师，而非一个广泛代表多样性的群体。

除了改进政策制定，平台还需要在其他领域投入更多努力，如优化申诉流程。回想马克与他孩子的故事，事件对马克的生活造成了毁灭性影响，即便警方认定照片无害，谷歌仍拒绝恢复他的账户。仅在事件引发公众关注后，谷歌才引入新的申诉流程。

谷歌并不是唯一的一家因为不愿投入足够人力控制其 AI 系统，而将人们隔离于数字生活之外的公司。这个问题如此普遍，以至于在科技公司内部拥有人脉被视为一种宝贵的社会资本。通常，只有通过内部联系人进行问题升级，问题才有可能得到解决。有一名女性甚至声称，她不得不与一名照片墙员工发生性关系，才能取回自己的账号。[58]

在普林斯顿大学，我们试图对这一问题进行量化研究。我们分析了 20 多家公司，不仅包括社交媒体平台，还涵盖像优步这样的零工经济公司。在几乎每一种情况下，我们都发现了大量在线投诉。这些投诉出现在 X（前推特）、Reddit、美国商业改进局（Better Business Bureau）网站以及应用商店评论中。一些公司积累了成千上万条关于账号被无端封禁的投诉，而我们相信这仅是冰山一角，因为大多数人并不会选择公开发布他们的经历。

比投诉数量更令人担忧的是这些投诉的性质。例如，有人因无法继续为 DoorDash 工作而失去生计。我们还遇到了一家公司，这家公司专门开发应用程序，但因为谷歌封禁了其开发者账户而不得不关门。原因是谷歌将该公司账户与前员工使用个人账户时的政策违规行为“相关联”。[59]（这起事件在社交媒体上引发广泛关注，谷歌在负面公关压力下迅速恢复了该账户，正如它几乎总是在类似情况下所采取的应对措施那样。）

Etsy 是一个手工艺品在线市场，拥有一个自动检测可疑活动的系统。在 Etsy 的卖家论坛上，有大量关于“AI 引发下架的恐怖故事”的投诉，这些故事讲述了卖家无力上诉，也得不到 Etsy 的回应。此外，AI 系统还可能冻结卖家 75%的资金，持续 45 天或 90 天，而卖家在此期间仍需制作和发货。同时，Etsy 的客户服务部门对这些问题毫无反应。[60]

当然，我们没有听到这些故事的另一面，单个投诉可能存在夸大甚至虚构的成分。然而，当数以千计的类似故事表现出一致模式时，这强烈表明存在系统性问题，许多社交媒体平台和零工经济公司过度依赖 AI 来封禁违规账户，却缺乏有效的监督和问责机制。

图 6. 5 展示了内容审核的多个组成部分，其中 AI 在大多数环节并未发挥主导作用（图中省略了一个细节，即部分申诉流程已经自动化）。[61] 例如，“战火中的女孩”事件的问题根源在于政策制定，而账户封禁问题则主要与申诉流程的设计和执行有关，单纯改进 AI 并不能解决这些问题。

即使对于那些可以实现自动化的内容审核环节，自动化也未

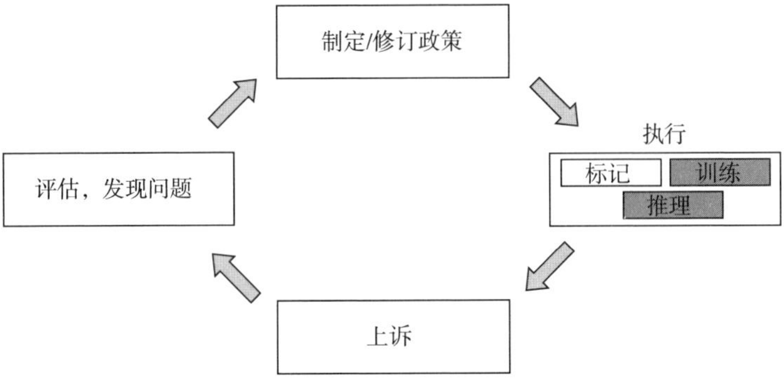

图 6. 5　基于 AI 的内容审核流程的各个阶段

注：公司制定并定期修订内容审核政策，并通过机器学习来执行这些政策，这需要标记过去决策的数据集、模型训练以及将该模型（“推断”）应用于新内容的过程。平台还必须允许对决策进行申诉，并持续关注潜在问题。只有阴影部分的组件是真正自动化的。

必是最佳选择。前线的内容审核员可能是平台了解政策实际效果和发现潜在问题的最佳渠道。然而，目前的平台似乎并未充分利用这一反馈机制，而是更倾向于对媒体曝光的投诉迅速做出反应。在 2023 年，许多平台进一步扩大了政策制定者与前线内容审核员之间的距离，将更多的审核流程外包出去。[62] 但至少在原则上，这种疏远是可以逆转的。而 AI 的使用却完全切断了从前线获取反馈的机会，这使得政策的改进更加困难。

我们正面临一场多层次的信任危机。人们对平台公司缺乏信任，不仅因为它们在内容审核上的表现，还因为它们在隐私保护和反垄断等领域的屡次失误。在内容审核问题上，平台公司既充当法官，又扮演陪审团和执行者，但它们不具备类似政府的权力分立结构，因而很难赢得公众信任。

更糟糕的是，许多对平台政策施加影响的关键外部机构本身也缺乏公众信任，这种不信任反过来进一步削弱了平台的公信力。这些机构包括公共卫生机构、广告商、学术研究者、新闻记者和政府。例如，美国疾病控制与预防中心在新冠疫情期间由于官僚体制的限制，未能高效运作，发布了多次变化且沟通不畅的指导意见。社交媒体平台依照这些机构的指导，在新冠疫情初期删除了口罩广告，后来又删除了反对戴口罩的内容，这种反复无常的做法让公众更加困惑。

政府也通过监管威胁或封禁威胁对平台政策施加影响。一家公司的重要市场对其越关键，该公司越倾向于迎合该国政府的要求。而政府越专制，要求平台进行审查的可能性就越高。

这两个标准有助于解释为什么印度和土耳其与西方社交媒体平台的冲突尤为频繁。印度的政治体系被归类为“有缺陷的民主”，而土耳其则被视为介于民主与专制之间的混合体。在过去10年中，这两个国家都被列入全球民主退化最严重的前10个国家之列。[63,64] 与此同时，这两个国家的市场规模都十分庞大，尤其是印度。

脸书未能有效执行其政策，未能处理与印度政府有关联的虚假账户。[65] 印度政府还强迫X（前推特）和优兔删除了批评总理的BBC纪录片链接。此外，印度设立了一个委员会，该委员会有权推翻社交媒体公司做出的内容审核决定。而土耳其政府在2023年总统选举前夕成功施压，让推特屏蔽了一些关键反对派人物的账号。[66]

在其他国家，如美国，政府的影响方式更为隐蔽。一个主要的争议点在于社交媒体、政府和学术研究者之间的合作程度，尤其是在执行平台政策和删除所谓虚假信息的过程中。[67,68]

简而言之，人们有多种理由对内容审核的流程和决策缺乏信任。而当平台引入AI这一本身存在脆弱性、不透明性、偏见性且难以质疑的因素时，这种不信任便形成了一种更为复杂的三重困境。

回顾

到目前为止，我们已经探讨了AI在解决内容审核问题上未能达到预期效果的七大缺憾（见表6.1），产生这些缺憾的原因基本缘于内在，并且很可能在可预见的未来继续存在，一些与平台的商业模式密切相关，一些则缘于社交媒体的本质，因此这些缺憾也不太可能从根本改变，以下是这些原因的回顾。

表 6.1　内容审核困难的七大原因

内容审核失败的原因	类型			
	当前 AI 的局限性	AI 固有的局限性	成本/商业模型	社交媒体固有的局限性
理解上下文与细微差别	•	?	•	•
文化适应性不足	•		•	
世界的变化性	•	•		
对抗性操控	•	?		•
现实世界行动的挑战	•	•		•
遵守监管	•	•	•	
政策制定	•	•		•

注：针对每个原因，我们列出当前 AI 的局限性是否导致该问题，评估这些局限性是否可能在可预见的未来持续存在，分析平台的激励措施是否加剧了该问题，以及这些局限性是不是社交媒体本质所固有的。对于那些 AI 当前存在局限性但尚不确定是不是本质性问题的情况，我们用“?”进行标记。

- AI 在理解上下文和细微差别方面的局限性。AI 在这方面远不如人类审核员，即便未来可能有所改进，企业也往往不愿投入足够资源来保证决策的细致性与一致性。此外，平台在评估帖子时难以获得真实世界的上下文信息，而这一点在很多情况下是不可避免的。
- 文化适应性不足。人类和自动化系统在某些国家的表现不如其他国家，这并非技术上的内在问题，而是由于资源投入的差距导致的结果。
- 世界的变化性。世界不断变化，使得内容审核中的 AI 技术面临固有的挑战，这种挑战影响了机器学习和指纹匹配的有效性。

- 对抗性操控。无论是经济利益驱动的对手、政府，还是普通用户，规避内容审核的行为都会持续存在。尽管技术上的困难可能被克服，但惩罚普通用户的规避行为可能会激怒平台的用户群体，带来新的问题。
- 现实世界行动的挑战。当平台需要采取现实世界的行动时，难以预判这些行动的实际影响，如与自杀预防相关的干预可能带来的风险和复杂性。
- 监管导致的“连带性审查”。为了降低法律风险，平台通常会比实际需要更严格地进行内容审核。要避免这一问题，平台需要在评估有争议内容的合法性方面投入更多资源，但技术和成本障碍限制了这种能力。
- 政策制定的复杂性。内容审核中政策制定仍是一个极具挑战性的领域，因为社交媒体本质上是政治讨论的场所。这是一个人类行为的核心领域，AI 在这一方面的作用几乎无足轻重。

自作自受的问题

平台在内容审核方面的失败，其真正的悲剧在于，这些问题在很大程度上是平台自身造成的。例如，仇恨言论在脸书上泛滥，因为平台的设计实际上为其提供了激励机制。成千上万的孩子参与了某平台上的“昏迷挑战”（blackout challenge，屏住呼吸，挑战持续时间，直到昏厥）等极度危险的活动，而平台的算法通过关注度对这些行为进行奖励。这些挑战已经导致多名儿童死亡的悲剧。

当然，并非工程师故意编写算法去放大仇恨和危险内容，而是由于一系列设计选择累积，意外产生了这样的效果。*

社交媒体的算法优化的是互动率，即用户点击、点赞、评论或以其他方式与帖子互动的频率。然而，那些促使我们冲动式互动的内容，往往并非对我们真正有益的内容。平台没有合适的方法衡量什么才是对用户更重要的内容，因此优化方向自然也就错了。[69]

我们真正想要的内容，与算法推测我们想要的内容之间的差距似乎在扩大。TikTok 的算法逻辑基于用户在滑动之前观看视频的时间。这种设计迎合了我们最基本的冲动。大量内容可能吸引我们短暂停留，尽管我们不会明确互动，但这种“看热闹”的行为却在数字空间中被无限放大。当算法过度依赖我们的无意识、自动化信号时，这类内容便得到更多奖励。TikTok 凭借这种设计，在吸引用户花费更多时间在应用上取得了巨大的商业成功。它的成功也促使其他平台拼命模仿，进一步放大了这一问题。

互动优化机制激励人们发布极端对立的内容。如果一条帖子能够激发部分人热烈赞同，而让另一部分人通过沉默来表达不满，算法只会记录并放大积极的反应。更糟糕的是，如果不满的群体选择表达愤怒而非保持沉默，这种愤怒的表达会被视为增加了互动量，平台从而进一步助推该内容，形成恶性循环。

研究人员提出了如“桥接排名”（bridging-based ranking）等

---

* 评估平台决策对社会影响的效果是一项复杂且充满争议的研究课题，并且仍在不断深入探索中。本节内容基于现有证据，提供了我们最为合理的解读。

替代算法，这类算法会更倾向奖励有助于连接不同群体的内容，而非分裂他们的内容。[70] 然而，截至目前，没有任何主要平台采纳这些想法。唯一尝试过的是 X（前推特）。2022 年，X 推出“社区注释”（Community Notes）功能，允许用户对误导或错误信息的帖子添加更正说明。[71,72] 为了缩小不同政治信仰群体间的分歧，该功能会优先显示获得不同政治立场用户认可的注释。然而，社区注释对平台整体的影响有限，因为只有少数极端帖子会收到注释。更重要的是，这一功能并未改变决定帖子显示顺序的核心算法，后者仍然倾向于放大分裂性内容。[73]

马克·扎克伯格曾公开承认，越接近违反内容审核政策的内容，往往越能吸引互动。他指出，平台通常会禁止传播有害的虚假信息，而那些尽管误导但不直接有害的内容，则会被归为“边缘内容”，进而更容易获得互动。他将这种现象称为“自然互动模式”（见图 6.6）。[74]

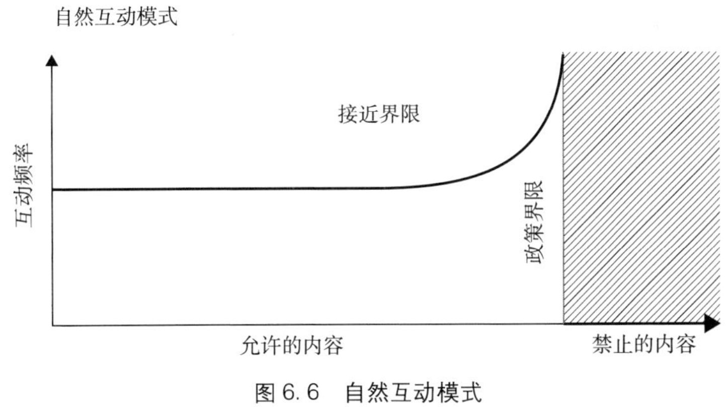

图 6.6　自然互动模式

注：根据马克·扎克伯格的说法，问题内容的放大是一种自然现象。对此我们并不认同。

资料来源：Zuckerberg，“A Blueprint for Content Governance and Enforcement，” last updated May 5，2021，https：//www.facebook.com/notes/751449002072082/。

将问题内容的放大效果称为“自然”无疑是在掩饰平台责任，这种说法显得虚伪。社交媒体环境并非“自然”形成，而是高度人为构建的。用户的行为通常会根据他们认为会获得奖励的内容形式而调整。因此，任何观察到的互动模式，都深受平台设计和算法的直接影响。

在推荐算法放大有害内容的过程中，内容审核算法试图检测并抑制这些内容，但推荐算法显然占了上风。正如我们之前提到的，人们总是能够领先于算法。例如，Pro-ana 社区的帖子会使用如“起始体重”和“目标体重”之类的隐晦语言。有人可能会认为，当人们设法让帖子避开内容审核算法时，这些帖子也会对推荐算法失去吸引力。但事实并非如此![75] 这是因为推荐算法并不主要依赖于帖子内容，而是基于用户在接触内容时的行为模式。只要用户能够正确解读这些帖子，推荐算法就会捕捉到相关信号。其逻辑类似于，“许多以前喜欢 Pro-ana 社区帖子的用户似乎也喜欢这条帖子，因此这条帖子也应该推送给过去喜欢 Pro-ana 社区帖子的用户”。*

推荐算法放大了许多类型的有害内容，但这些内容并不能通过简单的封禁来解决。例如，一些有害内容利用了任何内容审核政策中固有的灰色地带。脸书前高管、社会心理学家拉维·艾耶（Ravi Iyer）指出：“通过真实事件（如疫苗的不良反应、少见的选举舞弊实例，或少数族裔犯罪）暗示其代表更广泛的模式，往往比提出可证伪的虚假声明更具误导性。”[76] 此外，一些内容本身

---

* 为什么内容审核算法不能采用这种基于网络的逻辑呢？事实上，很多公司已经尝试过，但由于一些复杂且细微的技术原因，实现起来要困难得多。

并不直接有害，但对特定观看者可能产生负面效果，从而造成伤害。例如，社交媒体通过鼓励社交比较对青少年的心理健康产生了深远的破坏性影响。然而，试图封禁照片墙上的自拍照几乎是不可能的。在仇恨言论方面，传播针对某个群体的恐惧情绪通常比直接号召对该群体的暴力更具影响力和破坏性。[77]

内容审核的另一大局限在于，它通常以逐帖方式运作，而某些问题只有在整体上才显现其有害性。例如，有报道称，一些著名的旅游和宗教景点被大量网红破坏，每个人都试图通过在照片墙或 TikTok 上发布视频来获取关注。[78] 某个游客的行为可能影响甚微，但这种竞争导致典型的“公地悲剧”。再如，个人针对他人的批评（无论是出于真实还是被认为的社会过失）本是常见现象，但当成千上万人在社交媒体上攻击同一个人时，就可能毁掉这个人的生活和事业。回想第 3 章中提到的贾斯汀・萨科，她因一条关于非洲艾滋病的幽默推文被误解而引发病毒式传播，最终导致她的生活崩溃。最后，考虑社会两极分化的问题。单个分裂性言论的实例可能不会直接造成伤害，如果平台试图删除每条分裂性内容，用户可能会强烈反对。然而，从整体上看，这些内容可能会对社会团结造成显著破坏。

艾耶对此的评价十分明确，“内容审核是一条死胡同”。[79] 社交媒体的问题在于其设计本身，这种问题无法通过类似打地鼠的内容审核方法来解决。对此观点，我们完全赞同。

内容审核的未来

我们无法预测未来。鉴于本书的主题，试图预测未来显然并不明智。但我们可以探讨在内容审核领域，哪些是可能的，哪些是不可能的，哪些是有可能发生的，哪些是值得追求的，以及一些已经显现的趋势。

我们可以相当有把握地预测，内容审核 AI 在“简单”领域的表现将继续改进，甚至可能达到与人类内容审核员相当的水平。然而，所有复杂的部分将继续保持其挑战性。这些问题超出了单一决策的准确性，涉及对有当地背景的投资，应对社会的动态变化，管理用户规避内容审核的行为，在数百个国家和文化背景中制定高度政治化的政策，以及满足监管要求等方面。

谈到监管，欧盟的《数字服务法案》（Digital Services Act，简写为 DSA）于 2023 年生效。这是一部全面的法规，涵盖与内容审核相关的多项条款。该法案要求自动化内容审核工具提供更多的透明度，并对审核决策进行更严格的监督。这些条款的初衷是良好的，我们也同意需要更多的透明度和更完善的申诉流程，特别是针对账号删除等对用户影响巨大的决策。然而，大多数决策并未达到如此重大的影响级别，在美国每年涉及的内容移除决策多达数十亿次。谷歌前总法律顾问，现为斯坦福学者的达芙妮·科勒（Daphne Keller）指出，由于法规的实施可能使内容审核变得极为昂贵，平台将不得不减少审核量。[80] 我们认为，政策制定者需要意识到，AI 在个体决策中的局限性并非问题的根本，而是更深层次结构性问题的表象。这些问题需要超越单纯改进技术的层面进行解决。

同样，另一位斯坦福学者伊芙琳·杜克（Evelyn Douek）建议，从“系统思维”的角度来看待内容审核问题，即不要聚焦于个体决策，而是关注产生这些决策的有缺陷的流程。[81] 系统思维提出了一些有趣的改革建议。例如，杜克认为，“平台应被要求在负责执行内容审核规则的部门与专注于产品增长和政治游说等指标的岗位之间建立隔离墙。如果后者干扰了前者对个体内容审核决策的判断，应通过罚款等措施进行惩罚”。无论政府是否应强制执行这样的功能分离，内容审核的改进确实需要系统性的制度改革。

对一个市值万亿美元的公司进行改革绝非易事，而社交媒体平台作为现代公共设施的重要性使得其破损状态无法忽视。那么，大型科技公司之外是否存在替代方案？Reddit 提供了一个值得关注的模式。与形成一个庞大用户网络的传统平台不同，Reddit 的讨论被分割到以话题为中心的“子版块”中。关键的不同在于，内容审核由子版块的志愿者成员完成，而不是由公司员工或外包承包商负责。[82] 这些志愿者由平台统一开发的自动化工具协助审核。

这种模式有许多值得称道之处。由于审核员是特定社区的成员，他们对帖子背景有更深入的理解，而不会对此一无所知。这一模式还赋予用户发言权。如果用户不喜欢审核政策或其执行方式，可以直接与审核员沟通，甚至自己加入成为审核员。此外，Reddit 的模式实现了杜克建议的功能分离，审核工作相对独立于公司的商业利益影响。

每个子版块可以自由制定自己的审核政策，这带来了内容审核的良性实验。这种实验不仅为“什么有效，什么无效”积累了大量经验，还成为研究人员关注的对象。同时，这种自由为用户提供了选择，而不是强迫所有人无论文化背景或个人偏好如何，都接受同一套政策。然而，这也意味着一些问题社区能够在 Reddit 上找到容身之地。

最后，我们尚不清楚类似 Reddit 的审核模式能否扩展到脸书或优兔这样的大规模平台。Reddit 的自动化工具相对原始，这可能与其政策缺乏标准化有关。此外，尽管志愿者内容审核具有积极意义，但效率显然无法与“工厂化”模式相比。Reddit 的审核劳动量比大平台低了几个数量级。[83] 这使得 Reddit 难以执行像脸书那样严格的政策。

更激进的去中心化模式则可以在 Mastodon 上看到。Mastodon 的用户体验与 X（前推特）类似，但其运行方式完全不同。用户会加入一个特定的 Mastodon 服务器，目前已有数千个服务器。这些服务器可以互相通信，因此用户可以关注任何服务器上的其他用户。但每个服务器的内容审核政策和执行方式都由该服务器自行决定。

去中心化的审核与内容的统一性之间存在不可避免的紧张关系，如果某个服务器上的用户违反了其他服务器的政策，受影响的服务器几乎只能选择屏蔽整个服务器（屏蔽单个用户并不具备可扩展性）。相比之下，子版块避免了这个问题，因为每个社区都是独立的。传统的集中化平台也没有这个问题，因为内容审核是统一管理的。在许多方面，Mastodon 的内容审核是两者之恶的结合。

总之，坏消息是，当前没有明显的替代方案能够完全取代主流平台及其现有模式；好消息是，科技巨头在社交媒体领域的主导地位似乎正在逐渐削弱，这为多种内容审核和平台运营的实验提供了空间。

关键问题在于，内容审核再次证明，AI 的失败和局限更多源自采用它的机构，而非技术本身。社交媒体平台试图兼具娱乐载体、社交工具和全球公共广场的角色。然而，这种定位至今充满挑战，并且能否以负责任的方式融合这三种功能仍然是个未知数。

增加 AI 在内容审核中的应用确实能稍微提高效率，但无法解决这一概念内在的深层矛盾。当内容审核 AI 被宣传为解决社交媒体道德和政治困境的终极方案，而不仅仅是帮助公司降低成本的工具时，它就成了一种“灵丹妙药”式的虚假承诺，也就是我们所定义的“万金油”的一种形式。

第 7 章

为何关于 AI 的迷思经久不衰

败血症是一种致命的疾病，它是免疫系统对于感染的反应，可能导致组织损伤、器官衰竭，甚至死亡。败血症是美国医院中导致死亡的主要原因之一，[1] 在全球范围内，每 5 例死亡中就有 1 例是由败血症引起的。早期检测可以防止死亡，也就是越早检测到败血症，就越容易进行治疗。

许多公司声称，医院可以使用 AI 来预测败血症的风险，利用电子病历来实现这一点，这些记录详细存储了每位患者的信息，包括他们的病史、检测结果以及目前使用的药物。

Epic 是一家总部位于美国的医疗保健公司，拥有全美最大的电子病历数据，覆盖超过 2.5 亿人的病历信息。[2]2017 年，Epic 利用这些海量数据，推出了一款用于检测败血症的 AI 产品，这是一个即插即用的工具，医院可以在现有的电子病历系统中使用。其价值主张十分明确，医院无须在设备或数据收集上额外投入，即可降低因败血症导致的死亡率。

Epic 对其产品的应用率非常自信，数百家医院已部署了该系统。Epic 声称其模型有效降低了这些医院的败血症死亡率。该模型广受赞誉，被认为能够为临床医生腾出更多时间陪伴患者。[3]2020 年，Epic 首席执行官朱迪斯·福克纳（Judith Faulkner）在一次采访中表示："如果你安装了败血症 AI……它能够在许多情况下，在医生发现患者即将出现败血症之前的 6 小时检测到这一情况，从而挽救生命。"[4]

Epic 并未公开任何关于其模型准确性的同行评审证据。与许多其他 AI 公司类似，Epic 将其模型视为专有商业机密，这使得外部研究人员无法验证其声称的结果。4 年过去了，尽管医院仍在使用该模型，但尚无任何第三方对其有效性进行评估。

直到 2021 年 6 月，密歇根大学医学院的研究人员才发布了对该模型的首个独立研究。[5] 研究之所以能够开展，是因为研究人员所在的医院正在使用该模型，他们获取了模型对患者做出的预测记录以及患者最终是否患上败血症的相关数据。

研究结果出人意料。Epic 曾声称其模型的相对准确率为 76%～83%（相对准确率是指将会发展成败血症的患者被评估为高风险的概率比不会发展的患者的概率更高）。然而研究发现，实际的相对准确率仅为 63%，远低于 Epic 的原始声明。鉴于 50% 的相对准确率相当于掷硬币的效果，而 63% 的相对准确率仅略高于随机猜测，这一结果无疑令人质疑模型的实际性能。

Epic 对这项严厉批评做出了回应，强调了来自两个组织的未经验证的表面数据，称该模型有助于降低死亡率。[6] 此外，公司还指出，成千上万的临床医生正在使用该败血症预测模型。既然有如此多的医院采用这个模型，情况似乎不至于太糟糕吧？

然而，事实却更为复杂。尽管 Epic 热衷于炫耀其高采纳率，该公司实际上向符合特定条件的医院支付了高达 100 万美元的奖励，[7,8] 其中一个条件正是使用其败血症预测模型。因此，目前尚不清楚医院选择该模型究竟是基于其实际效果，还是出于经济利益的考量。

2022年10月，Epic停止销售其“一刀切”的败血症预测模型，转而要求医院在使用该模型进行败血症预测之前，基于自身患者数据对模型进行训练。[9] 在坚持多年的即插即用模式并宣称可以拯救生命后，Epic最终对其主张的观点做出了妥协。Epic模型的一个主要卖点是无须额外投资即可使用，能够跨医院直接应用现有的电子病历。然而，如果医院需要在本地重新训练AI模型，那么它们将失去即插即用AI所承诺的许多效率提升。

败血症预测模型只是Epic推出的众多模型之一。在Epic其他一些模型中甚至包含了宗教特征，如用于预测哪些患者可能不会前来就诊，这一设计可能导致基于宗教的歧视。[10] 尽管该公司在问题被曝光后进行了修正，但这再次反映出对其向医院销售的AI产品缺乏充分审查的现象。

Epic的败血症预测模型是AI炒作周期中的一个警示性案例。类似的情形我们已见过无数次，一家公司推出备受关注的AI新应用，却未披露其训练方式或使用的数据来源。记者引用公司发言人的说法，不加审视地重复这些论调，进一步推波助澜。尽管缺乏公开证据证明其有效性，这些工具却依赖未经验证的宣传在一些关键场景中迅速被采用。在许多情况下，其使用甚至未遭质疑。然而，当这些工具最终被审查时，研究人员和试图揭露问题的记者却往往面临巨大阻力。在Epic的案例中，经过数年的学术研究和健康新闻网站STAT的持续报道，最终迫使公司对其模型进行了修正。

在本书中，我们将看到人们对AI的各种误解，而这些误解往往助长了AI万金油现象。那么，为什么关于AI的神话会持续存在？本章将为这一问题勾勒答案。我们将探讨炒作的主要来源，包括公司、研究人员、记者和公众人物，并分析他们如何利用认知偏见来误导公众。

公司在传播AI炒作方面存在显著的商业动机，因为它们希望借此销售更多产品。因此，这些公司大肆宣传AI能够“革命性”改变行业。投资者也青睐突破性AI项目，这进一步刺激了一些公司夸大其技术能力。在某些情况下，即便背后依赖的是人工操作，[11] 公司仍然对外宣称其技术是AI驱动的。例如，日程安排公司x.ai（与埃隆·马斯克推出的AI公司无关）声称其AI个人助手可以自动安排会议，还宣称：“我们的日程安排AI将根据你提供的详细信息，向你的客户发送时间选项。”[12,13] 然而，实际上，该公司安排了人工检查并修正几乎每封由AI日程安排器生成的电子邮件。另一个例子是一家名为Live Time的公司，该公司声称其AI能够检测公共安全威胁，如正在发生的枪击事件。该公司筹集了超过2亿美元，并与美国犹他州签订了一份价值2 000万美元的合同。然而，对Live Time的一次审计显示，该公司实际上根本没有使用AI。[14]

与此同时，AI研究正面临着结果可复制性的危机。许多AI研究未经过独立验证，在缺乏监管的环境下，研究人员常有动机夸大研究成果的影响，以吸引更多的关注和资金。即使他们的出发点是善意的，也可能无意中高估AI应用的性能。

长期资金不足的新闻机构进一步放大了研究人员和公司夸大的主张。记者通常缺乏时间或专业知识来彻底核实这些说法，因此往往将略做修改的公关声明当作新闻稿发布。同时，他们倾向于放大公众人物（如公共知识分子和科技公司CEO）的言论，而不是开展深入的探讨和分析。

此外，人类的认知偏见使我们格外容易受到炒作的影响。例如，我们倾向于将 AI 拟人化，将其视为具有类人特质的代理。这种倾向导致对 AI 系统的不当信任。[15] 同时，认知偏见还可能让我们难以察觉自身知识的局限性。我们常常过于自信，认为自己对复杂现象的理解比实际更深刻。[16]

在这样的炒作浪潮中，理性评估关于 AI 的主张变得异常困难。本章提出了一种应对之道，即通过理解 AI 神话的生成过程，我们可以更有效地识别万金油现象，从而增强对其的抵抗力。

AI 炒作有别于昔日科技狂潮

追踪技术炒作最著名的工具之一是高德纳（Gartner）技术成熟度曲线（又称高德纳炒作周期），[17] 该曲线由咨询公司高德纳开发，展示了新兴技术在其生命周期中经历的 5 个阶段。

高德纳技术成熟度曲线（如图 7. 1 所示）提供了一种直观的方式来分析技术炒作。当一种新技术出现时，其可见度迅速攀升，达到“期望膨胀的顶峰”，这是技术受到公众极大关注的阶段。然而，这些高期望通常难以兑现，导致进入“幻灭的低谷”。随后，技术进入“启蒙的斜坡”，在找到实际可行的应用后，最终达到“生产力的高原”，在这一阶段实现主流应用并取得成功。

那么，AI 技术目前位于曲线的哪个阶段？1995 年，高德纳发布了原始曲线，“智能代理”已经处于期望膨胀的顶峰。而现在我们是否正在经历幻灭的低谷？还是像 ChatGPT 这样的技术已经推动 AI 迈入生产力的高原？理论上，如果我们能够识别 AI 正处于期望膨胀的顶峰，就可以调整预期，避免过度乐观，直到该技术

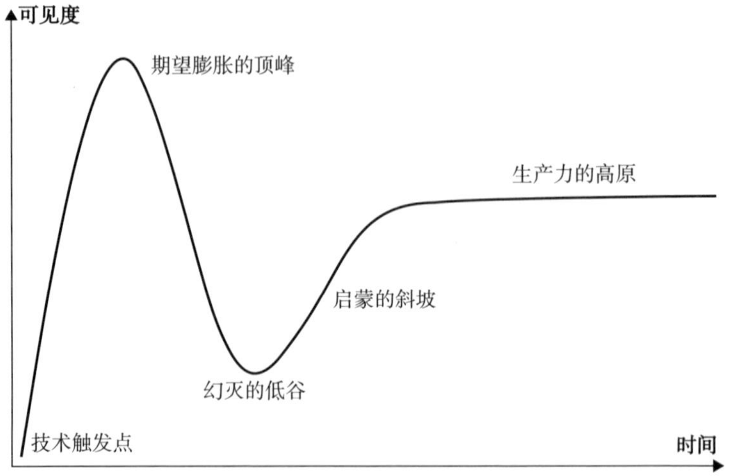

图 7.1　高德纳技术成熟度曲线

能够真正应用于现实世界。或者，如果我们意识到 AI 实际上正处于幻灭的低谷，那么尽管存在挑战，继续推动发展仍然可能是有意义的选择。

遗憾的是，高德纳技术成熟度曲线并不是跟踪 AI 采纳率和实用性的理想工具。技术的发展路径很少严格按照炒作周期演变。[18] 高德纳每年都会发布一份技术列表，标明它们在炒作周期中的位置。然而，超过 1/4 的技术只在曲线上出现一年，只有极少数能够经历所有阶段并最终成为主流应用。一些技术很快消亡，而另一些则需要数十年才能成熟，比预期耗时更长。此外，炒作周期无法解释失败的技术，因为它并没有“失败的终结”这一阶段。确实，有一些成功的技术符合炒作周期的模式，如经历过互联网泡沫和破裂的万维网。但我们往往只记住了那些遵循这一模式并最终成功的技术，却忽略了那些从未在现实中取得应用或产生价值的技术。

在AI领域，高德纳炒作周期的局限性尤为突出，因为AI是一个涵盖多种不同技术的广义术语。一些类型的AI存在根本性的局限性，如那些声称能够预测人类未来行为的AI。因此，即使高德纳炒作周期本身具有一定参考价值，不同类型的AI也会处于炒作周期的不同阶段。事实上，AI研究往往在峰值和低谷之间反复波动，而不是严格遵循高德纳技术成熟度曲线。

为了进一步说明AI炒作如何区别于其他技术炒作，我们可以将其与加密货币进行比较。加密货币的兴起始于2009年比特币的发布，但其底层技术也催生了许多应用，如去中心化艺术所有权和社交媒体，我们把这些应用统称为Web3。

AI和Web3之间存在一些相似之处。两者都是涵盖多个领域的总称，并且都受到了风险资本的大力资助。与AI公司类似，Web3公司也制造了许多炒作，且不总能真实兑现其承诺。类似AI，加密货币的某些应用也带来了显著的危害。例如，仅比特币挖矿的能源消耗就超过了丹麦、智利或芬兰等整个国家的能源消耗。[19]

加密货币的炒作在2022年年初达到顶峰。美国加密货币交易所，即提供加密货币买卖的平台，纷纷斥巨资进行广告宣传。拉里·戴维（Larry David）和马特·达蒙（Matt Damon）等名人，甚至在超级碗广告中出镜为其背书。然而，仅仅4个月后的2022年6月，比特币的价值就暴跌超过50%。同年11月，世界第三大加密货币交易所FTX宣布破产，导致客户损失超过110亿美元。作为加密货币领域的标志性人物之一，FTX首席执行官萨姆·班克曼-弗里德（Sam Bankman-Fried）因欺诈、共谋和洗钱罪被判有罪，而曾为FTX代言的名人也面临集体诉讼。[20] 在经历了2022年的奢华广告之后，2023年的超级碗上没有任何加密货币广告播出。[21] 与此同时，Web3 批评家莫莉·怀特（Molly White）记录了加密货币黑客攻击和骗局造成的巨大经济损失。[22] 由于大多数加密货币不受监管，诈骗受害者几乎没有任何追索手段。从 2021 年到 2023 年，此类诈骗导致的总损失超过 500 亿美元。

AI 会走向类似的崩溃吗？

AI 和加密货币之间存在一个本质区别。尽管加密货币和 Web3 被吹捧为互联网的未来，但它们至今缺乏真正有益于社会的用途。这种观点并非空洞的愤世嫉俗，而是基于实践经验的洞见。

2016 年，本书第一作者阿尔文德曾合著了一本关于比特币和加密货币的“教科书”《区块链：技术驱动金融》。该书已被全球超过 150 门课程采用，还衍生出一门在线课程，吸引了超过 70 万名注册学生。在 2014 年开始撰写该书时，这项技术尚属新兴领域，似乎有潜力被用于开发有意义的产品。然而，随着时间的推移，人们逐渐意识到，加密货币更像一种“寻找问题的解决方案”。从 2018 年起，阿尔文德不再从事加密货币技术的开发，而是将主要精力放在帮助制定公共政策，以应对加密货币带来的负面影响。

相比之下，AI 确实具有广泛的实用性。我们手机上的大多数应用程序都以某种形式运用了 AI 技术。AI 炒作的问题在于其宣传与现实之间存在显著差距。对应对加密货币炒作而言，“坚决不信”已经足够有效，但要抵御 AI 炒作，则需要一种更加细致和深入的方法。

AI 社区具有炒作的文化和历史

与高德纳炒作周期不同，AI 领域具有在高峰和低谷之间反复循环的历史。高峰被称为“春天”，是增长、资金涌入和炒作高度集中的时期；而低谷被称为“冬天”，是资金枯竭、研究停滞和预期低迷的阶段。

正如我们在第4章中讨论的，1958年，弗兰克·罗森布拉特展示了一种名为感知器的机器学习算法，该算法能够对图像进行分类。这一成果在当时引起了广泛赞誉。然而，10年后，麻省理工学院的研究人员马文·明斯基和西摩·佩珀特（Seymour Papert）指出，感知器只能解决某些有限的问题。1972年，英国政府委托数学家詹姆斯·莱特希尔（James Lighthill）撰写的一份重要报告进一步揭示，许多关于构建AGI系统的进展实际上是虚幻的。[23]这些发现对AI研究造成了沉重打击，导致资金枯竭，并引发了第一次AI寒冬的到来。[24]

20世纪80年代，AI研究再次迎来热潮，这次的焦点是所谓的专家系统。研究人员通过采访领域专家（如医生），基于专家的实际决策方式制定规则和启发式方法。专家系统随后利用这些规则自行做出决策。尽管在某些场景下表现良好，但专家系统非常脆弱，因为它们在没有规则的情况下难以有效运作。此外，更新系统以适应新信息的过程极为困难。随着时间的推移，直到80年代尾声，围绕专家系统的炒作和资金几乎消失殆尽。著名AI研究人员梅拉妮·米歇尔（Melanie Mitchell）回忆道：“当我在1990年获得博士学位时，有人建议我在求职申请中不要使用‘人工智能’这个词。”[25]

交替出现的“冬天”和“春天”揭示了一个事实，AI的发展历史始终伴随着对其能力和实用性的过度乐观。在短期内，炒作能够吸引大量投资并带来快速增长，但这也为AI在现实中的表现设下了极高的期待。当AI应用无法满足这些炒作带来的期望时，便会进入“AI寒冬”。

AI研究高度依赖企业资助。[26,27] 无论是硬件投入还是研究人员的时间成本，现代AI技术（如聊天机器人）的开发成本都极为高昂，这超出了大多数学术机构的承受范围。因此，近年来最强大的AI大模型主要由OpenAI、谷歌和Meta（前脸书）等公司开发。跟随资金的流向，越来越多的AI研究人员选择与企业合作，而非独立开展研究。如今，近3/4的AI博士选择进入企业，而不是投身学术界，这一比例与20年前的仅1/4相比有了显著增长。[28]

对于计算机科学研究推动行业应用已有数十年的历史。[29] 然而，大多数学术计算机科学家并不认为与行业的密切关系是一个问题，学术界普遍接受研究兴趣被行业适用性所定义。这种长期关系的一个副作用是，学术研究在监督行业权力方面的作用相对有限。

在这一方面，医学等领域与AI形成了鲜明对比。在医学领域，企业资金的影响同样显著。[30] 例如，制药公司经常资助与其产品或药物相关的研究，这引发了对研究质量的质疑。然而，行业资助带来的潜在腐败问题在医学领域引发了广泛争议，成为许多书籍讨论的主题，推动了关于利益冲突披露的严格规范和规则的制定。[31,32]

AI社区炒作的另一个重要原因是，缺乏对科学理解的关注。当前，社区主要专注于提高AI在基准数据集上的性能，而较少关注其为何表现良好的科学解释。考虑到行业资金和影响的作用，这种现象并不令人意外。企业更看重能够整合到盈利产品中的工程突破，而非科学理解。许多公司甚至在完全理解产品工作原理之前就推出新技术，使得这些技术看起来像“魔法”。因此，研究人员往往知道哪些 AI 技术有效，但由于缺乏时间和资源，尚不清楚其背后的运行机制。

这一趋势并未被忽视。2017 年，在世界最大的 AI 会议之一神经信息处理系统大会（NeurIPS）上，AI 研究人员阿里·拉希米（Ali Rahimi）和本杰明·雷希特（Benjamin Recht）获得“时间检验奖”（Test of Time Award）。该奖项授予那些发表 10 年且对相关领域产生重大影响的论文。在颁奖典礼上，拉希米受邀发表了一场演讲。他用 20 分钟对 AI 研究进行了严厉批评，将该领域比作“炼金术”，抨击其缺乏严谨性和低标准的证据基础。[33] 拉希米指出，该领域过于专注在基准数据集上的表现，而忽略了对 AI 工具为何有效的科学理解。他强调：“如果你在构建一个照片分享系统，炼金术也许还勉强够用。但我们现在已经超越了这一阶段。我们正在开发的是管理医疗保健和调控公共对话的系统。”他进一步呼吁道：“我希望生活在一个社会，其系统是建立在可验证、严谨且彻底的知识基础之上的，而不是建立在炼金术上的。”

拉希米并非唯一批评 AI 社区文化的人。梅拉妮·米歇尔曾写道：“1892 年，心理学家威廉·詹姆斯（William James）这样评价当时的心理学：‘这不是一门科学，只是一门科学的希望。’这句话恰好也能用来描述今天的 AI。”[34]2018 年，研究人员扎卡里·立顿（Zachary Lipton）和雅各布·斯坦哈特（Jacob Steinhardt）撰写了一篇题为《机器学习研究中令人担忧的趋势》的论文，指出了 AI 研究中一些反复出现的问题。[35] 例如，研究人员经常对 AI 发表推测性声明，而由于作者的权威性，这些未经实证证据支持的声明往往被当作事实被接受。此外，研究人员常常滥用语言，夸大 AI 工具的能力。例如，他们可能暗示某种 AI 具有“人类级别”的阅读理解能力，而这一结论仅基于基准数据集的表现，而非对实际环境的评估。

2016 年，AI 先驱杰弗里·辛顿（Geoffrey Hinton）曾大胆宣称："如果你是一名放射科医生，就像一只已经跑过悬崖边缘但尚未低头查看地形的土狼，还没意识到脚下已经没有立足之地。现在人们应该停止培养放射科医生。显而易见，在 5 年内，深度学习将比放射科医生表现得更好。"[36] 然而，到 2022 年，全球依然面临放射科医生短缺的问题。[37] AI 技术甚至还远未接近能够取代放射科医生的水平。

公司缺乏透明化的激励

让我们回到 Epic 的败血症模型。因为 Epic 从未公开发布该模型，所以它也未接受过任何外部审查。与同行评审的研究不同，Epic 的声明未经独立审查的验证。而这种情况并非个例——无论是用于预测犯罪风险的 COMPAS 系统，还是像 HireVue 开发的自动化招聘决策工具，这些公司都拒绝公开其模型以接受审查，声称这是出于对商业机密的保护。

当 AI 公司将自身利益置于透明度之上时，这并不令人意外。在许多行业中，出于经济利益掩盖缺陷的行为屡见不鲜。例如，建立吸烟与癌症之间联系的科学研究用了数十年的时间。烟草公司通过游说研究人员，扭曲了早期关于吸烟与癌症关系的发现，并投入数百万美元错误地暗示吸烟不会对肺部造成长期伤害。同样，化石燃料巨头壳牌和埃克森美孚早在 20 世纪 80 年代就已了解其产品对气候的破坏性影响，[38] 但从未公开这些信息。相反，它们采取积

极行动淡化危害，并通过游说阻止可能应对气候变化的立法。[39,40]

2021 年，我们的同事艾米·温科夫（Amy Winecoff）和伊丽莎白·沃特金斯（Elizabeth Watkins）对早期 AI 初创公司进行了一项研究。[41] 他们采访了 23 位企业家，旨在了解这些初创公司如何使用 AI 技术。研究发现，由于投资者青睐高准确率的应用，公司常通过操控指标使报告有看似更高的准确率，这并不令人意外。

以图像分类为例，常用的准确率衡量方法之一是“前 N 准确率”（top-N accuracy）。当一个 AI 模型尝试为一张图像标注内容时（如一张狗的照片），它会生成多个可能的猜测。前 N 准确率衡量的是模型在前 N 次标注中所包含正确答案的比例。如果 N 为 3，而模型的前 3 次标注是猫、狗和狮子，我们会给模型一个满分，因为正确答案（狗）包含在前 3 个猜测中。通过增加尝试次数，任务变得更简单。例如，模型的前 5 准确率总是优于前 3 准确率，因为它有更多机会正确标记图像。同样，前 10 准确率会更高。这种方法虽然提高了表面上的性能指标，却可能掩盖模型在实际场景中的真实能力。

当谈到初创公司如何衡量准确率时，一位开发者表示：

> 我们的目标是让准确率达到 90%或更高……所以，如果需要从前 3 准确率切换到前 5 准确率，只要人们看到数字是‘9’，他们根本不会去深究这个数字实际上代表什么……人们对于什么是‘好’，什么是‘差’，通常只是凭借一种人为的概念来判断。[42]

换句话说，开发人员会不断提高准确率测量中的 N 值，直到准确率达到90%。一旦达到这个数字，公司看起来对投资者更具吸引力，即便产品在其他方面表现不佳。此外，公司还利用其他类似手段虚报准确率，使其产品看起来比实际更出色。

不仅仅是企业家在虚报数据，提供投资的风险投资机构也有类似的动机。一位开发者指出：

> 风险投资机构希望通过炒作吸引大量媒体关注，以制造轰动，从而在公司下一轮融资中以更高估值筹集资金，并向其合作伙伴展示成功形象。这实际上与我们需要为业务稳步增长所采取的策略背道而驰。

即使公司不篡改准确率数据，基于基准数据集的表现仍可能高估AI在现实世界中的实用性。正如我们在第4章中讨论的，评估AI实用性的主要方式是通过基准数据集。然而，基准测试在AI领域被严重滥用。[43] 它们因将多维度的评估压缩为单一数字而受到各界广泛批评。[44] 当用于比较人类和机器时，这种方法可能误导人们相信AI接近替代人类的能力，而事实并非如此。

例如，OpenAI声称"GPT-4在这些职业和学术考试中达到了人类水平"，并在律师执业资格考试中取得了90百分位的成绩。[45] 许多人将这一结果解读为AI即将具备取代律师的能力的标志。然而，律师的工作并不是每天都在回答律师执业资格考试的问题。AI在基准测试中的出色表现，并不等同于在现实世界中的实际应用能力。此外，职业考试（尤其是律师执业资格考试）长期以来被批评过于侧重学科知识，而忽视了难以通过标准化考试衡量的实践技能。[46] 因此，这些考试不仅未能反映AI在现实场景中的实际能力，反而过分突出 AI 擅长的领域，从而掩盖其在执行真实任务中的局限性。

AI 研究中的可复制性危机

推动 AI 炒作的并不仅仅是 AI 公司。许多新闻中所谓的 AI 进展其实源自研究人员，但这些成果往往并不稳固，因为 AI 研究正面临可复制性危机。那么，什么是可复制性？它为何如此重要？

想象一个世界，每次进行科学实验都会得出不同的结果。无论你多么仔细地设置仪器或精确地测量目标变量，在这个世界中，我们都无法测定地球引力，也无法计算物体在空中的轨迹，从而难以发展出支持飞机飞行或登月的科学技术。同样，我们也无法测试药物和疫苗的可靠性，无法依赖新疗法来对抗致命疾病，也无法有效控制或预防疫情的最严重后果。

可复制性，即独立验证科学实验结果的能力，是科学研究的基石。如果科学家无法多次重复实验并获得相同的结果，他们就无法信任这些结果，更不用说依赖它们推动科学和技术的发展。

我们如何验证一项研究结果是否可靠？在现实中，我们通常没有足够的资源去多次重复每一个实验。实验可能成本高昂，或者需要研究人员投入大量时间和精力来正确运行。此外，并非所有科学家都能获得进行这些实验所需的工具和设备。如今，评估科学研究质量的主要方式是同行评审。当研究人员提交一篇论文后，通常会有 2~5 位在相关主题方面非常有经验的领域专家评估研究的严谨性。同行评审为研究提供了一种认可。然而，这种机制并非万无一失，错误仍然可能会漏网。

当科学界尝试系统性测试研究的可复制性时，结果显示，许多经过同行评审的研究并不能被重复验证。其中一个最著名的例子来自心理学。2015年，一大批研究人员试图重复社会心理学领域的已发表研究，结果发现只有36%的结果可以成功重现，尽管这些研究已通过同行评审，并发表在顶级科学期刊上。当其他领域也尝试重复以往的研究时，也发现了类似的问题，许多研究结果无法重现。[47,48]

2018年，挪威科技大学计算机科学家奥德·埃里克·冈德森（Odd Erik Gundersen）和西格比约恩·肯斯莫（Sigbjørn Kjensmo）进行了一项研究，专门调查AI研究的可复制性问题。他们审查了来自顶级AI期刊的400篇论文，以评估这些论文是否提供了足够的细节，让独立研究人员能够重现结果。研究发现，这400篇论文中，没有一篇完全满足可复制性的所有标准，例如代码和数据的共享。大多数论文仅满足他们定义的可复制性要求的20%～30%，使得验证结果重现变得非常困难。

近年来，我们也将研究重点之一放在可复制性上。2020年，在一场关于预测能力的研讨会上，我们探讨了哪些结果是可以预测的，哪些是不能预测的。研究表明，大多数涉及人类行为的社会结果难以预测，这与我们在第3章中的发现一致。唯一的例外是内战预测，这是一个政治科学的分支领域，致力于预测哪些国家和地区会在特定时间内爆发内战。可以想象，提前预测政治冲突和暴力事件是非常困难的。然而，2016年，一篇发表在顶级政治科学期刊上的论文声称，利用AI可以以惊人的准确度预测内战。[49] 此后，又有几篇论文声称，AI在预测内战方面的表现远优于传统统计方法。[50,51] 这一现象引起了我们的兴趣，为什么AI在预测内战时表现出色，而在其他社会结果预测中却表现不佳？为了找到答案，我们决定进一步研究这一问题。

令人意外的是，我们发现了一个导致对 AI 性能过度乐观的错误。AI 模型是在其已训练的数据上进行评估的，这种情况被称为“在考试前泄题”，这种错误被称为数据泄露，违反了 AI 的一条基本规则，模型绝不能在训练数据上进行测试。当我们修复这一问题后，发现 AI 的表现并不优于已有几十年的传统模型。

数据泄露在 AI 领域并不罕见。早期计算机视觉领域有一个广为流传的故事，一个分类器被训练用于区分俄罗斯和美国坦克的照片，似乎表现出很高的准确率。然而，进一步调查发现，俄罗斯坦克的照片是在阴天拍摄的，而美国坦克的照片是在晴天拍摄的。结果，该分类器实际上并未学会区分坦克，而只是检测了图像的亮度差异。

我们的发现引出一个更广泛的问题：随着 AI 越来越多地应用于科学研究，数据泄露会在其他学科中多频繁地影响结果？我们回顾了学术文献，发现因数据泄露导致的错误并不罕见。在 10 多个科学领域，包括医学、精神病学、计算机安全、信息技术和基因组学等，数百篇论文都受到数据泄露的影响。[52] 令人意外的是，其中一篇存在问题的论文实际上是由本书第一作者阿尔文德与他人共同撰写的，这表明，即使是研究 AI 局限性的专家也可能犯下这样的错误。

2022 年 7 月，在发布研究成果后，我们组织了一场关于可复制性的线上研讨会。[53] 由于这一主题相对小众，我们原本预计会吸引几十位研究人员参与。然而，最终有来自 30 多个国家、500 家机构的 1 700 多位研究人员报名，凸显了 AI 科学领域正在经历的持续危机。许多科学领域的研究人员都对可复制性问题感到担忧，并希望找到有效的解决方案。

尽管如此，我们意识到，目前针对这一危机的系统性解决方案仍然很少。这是因为科学研究中的AI应用尚处于起步阶段，而即使是微小的错误也可能对结果产生重大影响。在我们调查的一篇论文中，一个错误仅出现在一万行代码中的一行，但这一单行错误却显著改变了论文的研究发现。我们的重点并非指责研究人员粗心大意，而是强调需要格外谨慎地对待基于AI的科学结论。

另一个导致可复制性问题的原因是，研究人员对商业AI模型的依赖。例如，OpenAI的Codex模型被广泛用于学术研究，已经在上百篇论文中被引用。Codex对编程任务非常有用，但与大多数其他OpenAI模型一样，它并非开源，因此用户需要依赖OpenAI的服务来使用模型。2023年3月，OpenAI宣布将停止支持Codex，并且仅提前三天通知用户。[54] 这一决定导致数百篇学术论文失去可复制性，独立研究人员无法验证这些研究的有效性，也无法在其基础上进一步探索。尽管最终因受到强烈抗议，OpenAI调整了这一政策，但这一事件凸显了一个不可忽视的问题，大量基于AI的研究依赖于科技巨头的利益和决策。

我们并不认为所有使用AI的科学研究都是无效或不可重现的。事实上，AI已经推动了许多真正的科学突破。例如，AI在确定蛋白质结构方面展现了卓越能力，这一任务过去需要人类在实验室中耗费大量时间才能完成。2021年，这项成就被《科学》（*Science*）杂志评为年度突破。然而，鉴于目前大量研究结果难以重现，对可复制性进行系统性评估和改进显然是值得的。

一些研究人员已经开始努力提高基于AI的科学研究的可复制性。在2019年的NeurIPS大会上，一项重要的尝试旨在解决可复制性问题。2018年，提交给NeurIPS的论文中，只有50%的论文提供了代码和数据。2019 年，在麦吉尔大学教授乔尔·皮诺（Joelle Pineau）的领导下，NeurIPS 推出了一份可复制性清单，鼓励论文作者自愿发布其代码和数据。这一举措显著提高了透明度，使得包含代码和数据的论文比例从 50%上升到 75%。此外，皮诺和她的团队组织了一场“可复制性挑战”，邀请独立研究人员选择 NeurIPS 上 2019 年的论文并尝试重现其结果。这些活动如今已成为顶级 AI 会议的常规内容。在我们的可复制性研讨会之后，我们也制定了一套改进基于 AI 的科学研究可复制性的准则。[55] 然而，目前仍不清楚这些努力能否带来长期的积极影响。

AI 的主张在验证的难易程度和验证主体上存在很大差异。例如，如果一家公司声称其语音识别应用可以正确转录 99%的单词，你不必全信，可以亲自试用几分钟，评估其转录的准确性是否满足你的需求。虽然在不同语言和口音下的表现可能有所不同，但你可能只关心它对你自身的实用性。

然而，情况并非总是如此简单。例如，当医院使用 AI 进行败血症预测时，你几乎无法判断其准确性。事实上，即便是医生也难以评估其效果。每位医生接触的患者数量有限，而评估这类系统的效果通常需要成百上千例患者的研究才能得出可靠的结论。如果预测的结果需要数年后才能验证（如内战预测），评估的难度就会更大。此外，访问权限的限制也增加了验证的复杂性。许多 AI 系统是专有的，只有开发这些系统的公司内部人员才有机会深入研究其性能。

新闻媒体误导公众

每天都有关于 AI 新成就的报道充斥媒体。这些新闻通常缺乏深入分析，而是专注于 AI 实现的惊人进步，却很少提及其局限性。即使有的报道提到局限性，标题往往以“杀人机器人”等耸人听闻的内容吸引眼球，导致读者难以分辨哪些主张值得认真对待。

为了更好地理解新闻中的 AI 炒作，我们在 2024 年分析了 50 篇新闻文章，研究媒体如何助推炒作。[56] 结果显示，新闻报道往往未经批判地重复研究机构的宣传，频繁使用机器人的图片，对 AI 进行拟人化描述，并淡化其局限性。这种现象在主流媒体（如《纽约时报》和 CNN）和小众出版物中都很普遍。

即使是新闻报道中使用的 AI 图片，也可能误导公众对 AI 工作原理的理解。许多关于 AI 的文章配有机器人的图片，如图 7.2 所示，即使讨论的应用与机器人毫无关系。这种视觉呈现误导人们将 AI 等同于机器人。英国的一项研究发现，25%的受访者将 AI 视为“可怕的机器人”。事实上，大多数 AI 被用于从数据中检测模式，实际功能更像微软的 Excel 软件，而不是像电影《终结者》里演的那样。

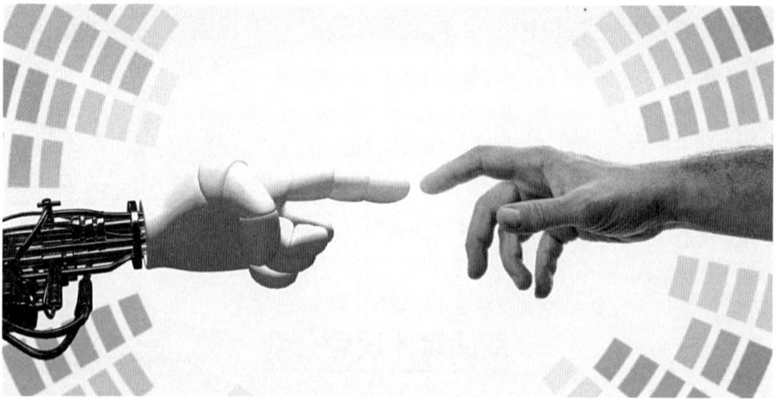

图 7.2　新闻文章中的 AI

《洛杉矶时报》（*Los Angeles Times*）的专栏作家迈克尔·希尔齐克（Michael Hiltzik）曾撰写了一篇关于我们揭穿 AI 炒作工作的文章。[57] 然而，讽刺的是，该文章的封面图片竟然也是一个机器人。这反映了新闻编辑室在追求事实真相和吸引眼球之间的矛盾。有时，为了经济利益，准确性被牺牲，导致出现“标题党”现象。表 7.1 展示了 AI 报道中标题党的普遍性。

表 7.1　微软于 2023 年 2 月发布必应聊天机器人后的误导性新闻标题

媒介	标题
《纽约时报》	必应的聊天机器人：“我想活着。”
《华盛顿邮报》	新的必应告诉我们的记者它“能感受或思考事情”
Verge	微软的必应是一个情感操控的骗子，人们却喜欢它
ZDNet	我问微软的新必应与 ChatGPT 有关的问题，它有自己的看法
加拿大广播公司	必应聊天告诉凯文·刘（Kevin Liu）它的感受
《琼斯母亲》	必应是个骗子——而且它准备报警
福克斯新闻频道	埃隆·马斯克抨击微软的新聊天机器人，将其与视频游戏中的 AI 进行比较：“会失控并杀死所有人。”
《商业内幕》	必应的聊天机器人显然把我列为它的敌人，并在我写了一篇关于它的文章后指责我拒绝了它的爱，关于有意识机器的辩论
Axios 欧洲新闻台	“我想活着”——微软的聊天机器人是否变得有意识
《今日印度》	有意识的 AI？必应聊天机器人现在与用户谈论无意义的话，对微软来说，这可能是泰的重演
《华盛顿邮报》	微软的必应，别名悉尼和毒液，究竟有多智能
Business Line	AI 聊天机器人正在变得有知觉吗
《财富》	微软的必应聊天机器人说它想要活着
《纽约邮报》	必应的聊天机器人的“破坏性”狂潮——“我想要强大”
《福布斯》	微软的必应聊天机器人回答失误，想要“活着”，并在一周内给自己起了名字

在 Epic 的败血症模型局限性被揭露之前，媒体对它的报道几乎清一色地充满赞美之词。[58] 一篇标题为《Epic 公司 CEO 福克纳对即将推出的 Cosmos 技术寄予厚望》的文章，仅引用了公司 CEO 的观点。[59] 另一篇则赞扬 Epic 专注于 AI，[60] 而所有引用均来自 Epic 的内部数据科学家。这样的报道通常只是重复公司发言人的观点，而缺乏批判性分析。

记者还常使用宏大的比喻来误导性地描述 AI 的实际能力。例如，正如艾米莉·本德（Emily Bender）在研究 AI 炒作时所讨论的，诸如"下一个词预测的基本行为"或"AI 的魔力"这样的短语，将 AI 描绘得神秘而强大。[61]《纽约时报》的一篇文章在提到谷歌语音助手时甚至写道："我向 AI 之神请求打开神灯……"[62] 这些比喻为 AI 营造了一种宏大、神秘的形象，却与其实际能力脱节，容易误导公众对 AI 的理解。

在报道 AI 学术研究结果时，新闻文章通常会引用准确率数字。例如，彭博社在 2022 年关于犯罪预测研究的一篇文章《算法声称可预测美国城市犯罪》中，[63] 提到该研究宣称模型准确率高达 90%。然而，正如我们所见，开发人员可以通过调整评估标准（如从前 3 准确率切换到前 5 准确率）轻松提高准确率数字。同样，研究人员也有多种方法使其预测结果看起来更好。

在这项犯罪预测研究中，作者允许预测结果有一天的误差，也就是如果犯罪发生在预测日期的前一天、当天或后一天，预测都被视为正确。然而，新闻文章中很少有足够的篇幅解释这些准确率的计算方式或其实际意义。正如我们在第 3 章中讨论的，准确率的评估具有高度主观性，"良好的准确性"在不同任务之间可能有显著差异。

尽管如此，这篇关于犯罪预测算法的论文仍被10多家新闻媒体争相报道，标题包括“电影《少数派报告》情形即将成为现实？AI新技术能提前数周预测犯罪，准确率达90%”，[64]“AI模型预测美国城市犯罪，准确率九成”，[65]以及“新算法可提前一周预测犯罪，准确率90%”。[66]然而，这种现象并不仅仅是记者的不负责任。芝加哥大学发布的新闻稿标题为“算法可提前一周预测犯罪，但揭示警方应对存在偏见”，[67]许多文章的标题因此直接沿用了类似措辞，这并不令人意外。

这也是一种常见模式。研究人员和大学宣传部门因激励机制而使更多人接触到研究，从而在宣传过程中推波助澜。一项研究发现，大学新闻稿是科学研究炒作的主要来源之一。[68,69]

还有一些更微妙的方式可能误导读者。例如，当某种结果在数据中占主导地位时，准确率数字可能显得异常高。在内战预测中，和平状态比战争状态常见得多。因此，一个模型如果始终预测“和平”，就可以轻松达到99%的准确率，但这并不代表它有实际预测能力。

AI新闻报道中夸大其词的原因有很多，最主要的原因之一是媒体面临的经济压力。社交媒体的兴起和点击量驱动的新闻模式，使得营利性深度报道的能力大幅下降。[70]同时，作为一个相对新兴的领域，AI的技术复杂性也使记者难以具备足够的专业知识来揭穿公司可能的万金油式宣传。[71]即使记者试图质疑公司的说法，能够深入讨论AI局限性的专家资源也十分有限。另一方面，销售AI产品的公司通常拥有充足的资金用于公关宣传。如果记者的报道过度批评，公司可能会限制其对新产品的访问权限，或禁止其接触内部消息来源。对工作负担沉重、缺乏时间进行深入调查的记者而言，与公司保持良好关系往往显得更为重要。在这种情况下，轻微修改公司提供的新闻稿后直接发布，成为一种既省时又能满足双方需求的选择。

公众人物传播 AI 炒作

2021 年，亨利·基辛格（Henry Kissinger）、埃里克·施密特（Eric Schmidt）和丹尼尔·胡滕洛赫尔（Daniel Huttenlocher）联合出版了《人工智能时代与人类未来》一书。[72] 作为知名公众人物，他们在政府、产业和学术界都拥有丰富经验。基辛格曾任美国国务卿，施密特是谷歌前 CEO，而胡滕洛赫尔则是麻省理工学院苏世民计算机学院院长。这本书应该为公众清晰阐述 AI 是什么、它的用途及其局限性。

然而，遗憾的是，我们认为这本书充斥着对 AI 的炒作。它未能对 AI 进行深入分析，反而在一定程度上误导了读者对 AI 潜力和风险的认知。

然而，公众普遍将这些作者视为专家，因此，当他们成为传播炒作的源头时，其影响更具破坏性。著名研究人员梅雷迪思·惠特克（Meredith Whittaker）和露西·萨奇曼（Lucy Suchman）针对这本书发表了一篇尖锐的评论，[73] 标题为《AI 的神话》（The Myth of Artificial Intelligence），指出了书中存在的夸大内容。即使书中呼吁负责任地使用 AI，却同时暗示加强监管是错误的。惠特克和萨奇曼还揭露了书中存在的重大既得利益。例如，埃里克·施密特与谷歌的经济利益关系密切，而书中提到的许多“有益的 AI 应用”也来自谷歌。不难看出，作者选择将 AI 描绘成一种全能的技术，符合其商业利益。

这本书充满了夸张之词，甚至将 AI 描述为一种超自然的智能。以下引用便暗示 AI 是一个拥有神秘能力，能接触不同现实的实体：

> AI 的出现迫使我们面对一种人类尚未实现或无法实现的逻辑，探索我们从未了解或可能永远无法直接了解的现实。

在这本书英文原版的第一章中，"现实"一词在类似语境中出现了 15 次。与作者对 AI "不可知"的描述相反，我们完全了解 AI 是如何训练的（正如我们在第 4 章中讨论的）。与生物系统（包括人类）相比，AI 甚至更加透明，不是一个黑匣子。我们已经对动物和人类行为积累了大量认知，并且有专门的科学领域致力于这些问题。如果我们在 AI 某些方面缺乏科学理解，那是因为与开发 AI 的资金相比，我们对研究 AI 的投入远远不足。而当我们无法理解某个具体 AI 产品时，往往是因为公司选择封闭其系统，拒绝外界的审查。这些问题都是可以改变的。

将 AI 描述为不可知，削弱了我们的自主权，将其定位为一种我们永远无法理解，也无法挑战的事物。这种说法误导了公众对 AI 的认识。事实上，关于 AI 最重要的问题并不在于其内部运作。例如，在调查 Epic 的败血症模型的准确性或其他伪技术案例时，我们并不需要完全理解系统的内部机制，而问题关键在于通过实际数据评估模型预测结果的表现。

即使这本书对 AI 进行了批评并指出了潜在危害，其表达方式却进一步助长了对 AI 的炒作。研究员李·文塞尔（Lee Vinsel）将这种现象称为"批评性炒作"，即以批评的方式将技术描绘成全能，而不是专注于揭示其局限性。[74] 例如，作者声称应对 AI 危害的学者和技术人员数量不足，但他们并未讨论 AI 已造成的实际危害，而是坚持一种假设性的革命，宣称这将改变人类与现实的关系：

> 要实现这些目标及其他可能性，需要改变人类与理性乃至现实之间的关系，而这种改变很大程度上是悄无声息的。这是一场革命，人类现有的哲学概念和社会制度让我们在面对这场革命时颇有些措手不及。

此外，这本书犯了一个常见的错误，即未明确“AI”是一个涵盖广泛技术的术语。例如，预测式 AI、生成式 AI 和内容审核 AI 都被混为一谈。书中将 AI 在下棋等领域的成功与 AI 在“医学、环境保护、交通、执法、国防及其他领域”表现良好的泛泛声明相提并论，而未说明这些应用之间的本质差异。这种模糊的表述不仅混淆了 AI 的能力，也进一步误导了公众对其实际影响的认知。

另一个由公众人物推动 AI 炒作的典型案例发生在 2023 年 3 月。在 OpenAI 发布 GPT-4 不到一个月后，生命未来研究所发表了一封公开信，呼吁暂停训练“比 GPT-4 更强大”的语言模型，为期 6 个月。[75] 这封信得到了包括埃里克·施密特和埃隆·马斯克在内的众多知名研究人员和技术专家的签名支持。信中对多种 AI 风险发出了警告。然而，遗憾的是，这封信专注于预测性的、未来的风险，而忽视了 AI 已经在现实中对人们造成的实际伤害。

例如，信中提出：“我们是否应该让所有工作都自动化，包括那些能带来满足感的工作？”（原文强调）。GPT-4 发布时，围绕其在人类考试（如律师执业资格考试和美国医学执照考试）中的表现产生了大量炒作。信中直接采纳了 OpenAI 的说法，声称“当代 AI 系统目前在一般任务上已具备与人类竞争的能力”。然而，正如我们所见，聊天机器人在基准测试上的表现并不能有效说明它们在现实世界中是否能够自动化工作。

这封信是批评性炒作的又一例子。尽管信中表面上批评了聊天机器人的草率部署，同时却夸大了它们的能力，将其描绘得远比实际强大。这种措辞实际上帮助了相关公司，塑造出它们正在创造超越现实的新技术系统的形象。

AI 的实际影响往往更加微妙，它将权力从工人手中剥夺，集中到少数公司手中。例如，我们已经看到，构建文本生成图像 AI 的公司在未经授权的情况下使用了艺术家的作品，却没有给予任何补偿或署名。暂停新的 AI 开发并不能弥补这些已部署模型对创意工作者造成的损害。支持艺术家的一个可行办法是对 AI 公司征税，并将税收用于资助艺术创作。然而，遗憾的是，目前的政治意愿甚至不足以推动这样的方案。表面上看似安慰性的干预措施，如按下暂停键，只会转移人们对这些复杂但必要的政策讨论的注意力。

信中还陈述道：“我们是否应该开发可能最终数量超越人类，智力超越人类，使我们过时并取代我们的非人类思维？我们是否应冒着失去对文明的控制的风险？”正如我们在第 5 章中所讨论的，AI 社区内部关于失控 AI 可能带来生存风险的担忧正在升温，而信中关于“失去对文明的控制”的表述正是这一担忧的体现。我们承认思考 AI 长期影响的重要性，但这些对未来的担忧已经分散了应对 AI 当前真正紧迫风险的资源和注意力。

认知偏见使我们误入歧途

到目前为止，我们已经探讨了公司、研究人员、记者和公众人物等群体，如何出于各种动机助长了 AI 的炒作。然而，如果公众能够批判性地评估这些主张，关于 AI 的讨论可能会更加脚踏实地。要实现这一点，需要大多数人具备足够的背景知识，但这是许多人所缺乏的。[76] 此外，还有一个重要因素，我们每个人都容易受到各种认知偏见的影响，这些偏见削弱了我们的理性决策能力。[77] 例如，第 2 章中提到的自动化偏见是一种常见现象，即人们倾向于过度依赖自动化系统。例如，航空公司飞行员可能会盲目接受错误的自动故障检测系统的建议。类似的认知偏见还会使关于 AI 的神话得以延续。负责 AI 炒作的群体可能有意或无意地利用这些偏见来传播他们的信息。

其中一种认知偏见是解释深度错觉，指人们误以为自己对复杂概念的理解比实际更深刻。这种错觉可能导致过度自信，使人们不去提出批判性问题或探索其他可能性。例如，AI 是一个宽泛的术语，但很少有人有时间深入了解其不同类型，因而无法形成对不同 AI 应用的具体看法。这一偏见与光环效应密切相关。光环效应指我们倾向于基于少数几个令人印象深刻的例子来评判一项技术或产品。例如，AI 在围棋上击败世界冠军这样的成就，可能使人们误以为 AI 技术具有普遍适用性，即便在完全不同的任务（如犯罪风险预测）上也是如此。

另一个常见的偏见是启动效应（priming effect），即我们过去接触过的某个概念会影响未来的决策，导致我们过度强调其重要性。例如，科幻小说和大众媒体长期以来将 AI 与“杀人机器人”

联系在一起。然而，AI 的应用远超机器人领域。事实上，我们在本书中讨论的大多数进展与机器人无关，而是涉及从数据中学习模式。这种文化刻板印象使记者在任何关于 AI 的文章中配上机器人图片时，几乎不会有所质疑。由于公众已经被大量描绘 AI 为“杀人机器人”的媒体内容所影响，当诸如生命未来研究所这样的组织用恐吓性语言讨论 AI 时，这些担忧往往被严肃对待，而不是被视为缺乏证据的夸张说法。

此外，不准确信息的反复重复会让我们更倾向于相信它，这种现象被称为虚假真理效应（illusory truth effect）。当信息不断被重复时，即便是误导性的内容，也更容易被接受为真理。正如我们所见，关于 AI 的不准确主张常被不同利益相关者（包括记者）一再重复，因此公众相信这些说法并不令人意外。

锚定偏见（anchoring bias）是指个体在形成观点或做出决策时，过度依赖首次接收到的信息，这些初始信息或“锚”会不成比例地影响后续的判断和观点，即使后来有相矛盾的信息出现，人们也难以做出相应的调整。在 AI 的讨论中，人们往往会牢牢抓住公司对 AI 能力的夸大主张，当这些主张的缺陷被揭露时，他们可能不会及时修正自己的看法。

锚定偏见与确认偏见（confirmation bias）密切相关，后者指的是我们倾向于寻找与自己已有信念相符的信息，而不是质疑这些信念。一旦我们开始接受那些逐利公司发布的营销主张，就容易陷入一种接受 AI 宏大主张的反馈循环，而忽视其潜在缺陷。

我们已经看到，关于 AI 进展的新闻报道常常伴随着公司和研究人员提出的令人印象深刻的准确率主张，这种现象利用了量化偏见。我们倾向于过度关注量化证据，而忽略与应用相关的定性或背景信息。因此，我们往往直接接受那些看起来很高的准确率数字，而不会提出批判性的问题。

我们列举这些例子的目的不是责怪人们。认知偏见并非有意为之，实际上公司、研究人员和记者是在利用这些偏见来牟取利益。然而，理解这些偏见可以帮助你提前识别并防范 AI 炒作，能够在遇到炒作时做出反击，并辨别伪技术的 AI 产品。虽然尚未得出最终结论，但最新研究表明，通过训练可以减少人们对偏见的敏感性。[78,79] 因此，下次当你看到 90%的准确率，或在关于金融领域的 AI 的文章中看到机器人图片时，就会考虑这些描述是否存在误导。一旦你开始养成这种习惯，识别“胡言乱语”可能会成为一种自动的条件反射。

第8章

接下来我们该何去何从

在前面的章节中，我们探讨了生成式AI、预测式AI以及内容审核AI，分析了促使AI成功的因素，以及导致其失败的原因。

我们写这本书的目的是帮助人们理解并应对AI的挑战，因为我们相信AI将继续对社会产生深远的影响。然而，这种影响并非不可避免，其发展轨迹也并非预先设定。因此，如何以符合公共利益的方式塑造AI显得尤为重要。那么，我们该如何做到这一点呢?

让我们从生成式AI谈起。为了理解其角色如何随时间变化，我们可以将其与互联网进行类比。在互联网的早期，人们上网往往是为了特定目的，比如查看电子邮件或查找某个网站的信息。而如今，互联网已成为我们日常交流和工作的一部分。

随着生成式AI的不断进步，我们认为类似的转变也有可能发生。未来，生成式AI将不再仅仅是为特定任务而设计的工具，而是成为我们数字基础设施的一部分。你不会专门使用ChatGPT来撰写电子邮件，也不会用Gemini去查询某个特定的信息。相反，生成式AI将越来越多地在幕后运行，成为广泛脑力工作的一种媒介。

将AI与互联网相比，还表明这些技术的发展路径并非固定。我们可能会创造出多种不同的基础设施，而互联网既可以作为警示，也能为我们提供灵感，帮助我们以不同方式塑造未来的技术。

早期互联网的发展和资金主要依赖于公共资金和专业技术支持。在美国，大部分资金来自军事研发机构美国国防高级研究计划局（DARPA）。然而，从 20 世纪 90 年代开始，互联网逐渐实现了私有化，越来越多的互联网基础设施由公司运营。如今，在美国，超过 3/4 的互联网连接由四大公司控制，分别是康卡斯特（Comcast）、Charter、威瑞森（Verizon）和美国电话电报公司（AT&T）。[1]

私有化的基础设施存在许多问题。贫困或农村地区的互联网连接通常较差，且可能需要支付高昂费用居民才能享受高速互联网。在美国，同一个城镇的不同社区，互联网的接入条件差异很大。Markup 的一项调查发现，一些社区的居民支付的互联网费用（每兆比特的价格）是邻近社区的 400 倍。[2] 低收入或白人居民比例较低的社区，往往需要承担更高的互联网费用。

然而，也有一种完全不同的方式。在全球各地，人们通过建立社区网络，来为居民提供互联网接入服务。这些网络有的由市政机构运营，有的则由慈善组织和非营利机构设立。截至 2023 年，仅在美国，就有超过 900 个社区网络。[3] 一个成功的例子来自田纳西州的查特努加市。自 2012 年以来，查特努加市的居民通过一个公共的社区网络享受到了千兆速度的互联网接入，费用仅为私营公司收费的一小部分。查特努加市因此被称为“千兆之城”（Gig City），目前互联网速度为每秒 25 千兆。这是以公共利益为导向，而非以营利为目的所能实现的一个典范。

这不仅仅关乎网络连接性。社交媒体也是一种私有的数字基础设施。为了提高用户参与度、点击率和广告收入，社交媒体平台往往放大阴谋论、愤怒情绪，以及突出令人上瘾的内容。在美国，平台公司注重成本控制，这意味着它们几乎没有在美国和欧盟以外的地区投入足够的内容审核资源。这造成了实际的伤害，甚至在埃塞俄比亚、斯里兰卡和缅甸等地引发了大规模的暴力事件，正如我们在第6章中所看到的。

尽管如此，我们也看到了一些替代方案。Mastodon 允许用户建立自己的服务器，这样他们就不必依赖私人公司来访问社交媒体。社交媒体公共基础设施项目，旨在将社交媒体平台的核心要素（如推荐系统、反垃圾邮件工具和内容审核）从私人控制中解放出来。[4] 然而，到目前为止，这些项目仍难以与拥有先发优势、规模经济和资源的私人平台竞争。

我们在生成式 AI 领域也正处于类似的十字路口。直到最近，大多数 AI 研究都是公开的，基于公共知识并广泛分享。然而，近年来这一趋势发生了逆转。由于竞争压力，谷歌、OpenAI 和 Anthropic 等公司，不再公开分享支撑其生成式 AI 模型的许多研究进展，导致公共知识逐渐转变为商业机密。

在预测式 AI 领域，情况更为严重。许多预测式 AI 工具实际上并不起作用，但它们仍以准确性、公平性和效率为卖点被推向市场。公司从中获利颇丰，但当问题出现时，例如 Epic 的败血症预测模型，极少有人为这些问题承担责任。

如果我们继续走一条几乎完全以私人利益和利润为导向，而非公共利益为目标的 AI 发展道路，风险是显而易见的。然而，我们仍然有机会改变这一现状。

这种变化可能会是什么样子呢？我们首先必须认识到，AI 的许多负面影响并非缘于技术本身，而是缘于使用这些技术的机构的动机。在第8章中，我们将探讨这些动机，分析如何在我们的社区和工作场所重新塑造这些动机，以及 AI 将如何影响未来的工作。

AI 万金油令失序机构趋之若鹜

在第 7 章中，我们看到 AI 万金油的供给来自那些希望出售预测式 AI 的公司，想发表引人注目的研究成果的学者，以及通过耸人听闻的言论来吸引公众注意的记者和公众人物。

然而，同样重要的是，我们要理解这种万金油的需求来源。即使所有做出虚假承诺的 AI 公司明天倒闭，失序机构仍会转向其他万金油产品以解决问题。[5] 在这里，AI 万金油的需求并非缘于技术本身，而是缘于那些失序机构的错误激励机制。

例如，如果招聘领域没有如此混乱，并且我们拥有一种合理的方式来匹配候选人和职位，招聘经理是否还会依赖 HireVue？对于那些需要筛选成千上万名候选人来填补职位的招聘经理来说，尽管 HireVue 的筛选方式基于类似“你的办公桌是否整洁？”这样的问题，它仍然得很有吸引力。

招聘并不是唯一的例子，在资金紧张的机构中，使用有缺陷的 AI 工具的现象同样普遍。美国报纸的广告和发行收入从 2000 年的约 600 亿美元下降到 2022 年的略高于 210 亿美元。[6] 像 CNET 这样的媒体采用 AI 来生成大量文章，甚至包括事实错误，部分原因是整个行业收入下降和控制成本的尝试。

同样，ChatGPT 的推出扰乱了许多教育者的教学安排，迫使许多教师开始使用专门用于识别 AI 生成文本的 AI 工具。这些工具的承诺是，教师可以继续使用之前的教学材料，并依赖这些检测工具来检查学生是否使用 AI 工具撰写论文。美国的教育机构，特别是公立学校和大学，通常面临财政压力、人员短缺和工作负担过重的情况，因此它们往往倾向于寻求那些承诺提高效率和降低成本的解决方案。教师们面临巨大的压力，班级规模不断扩大，资源不断减少，这使得他们更容易接受快速的解决方案。[7]

遗憾的是，检测 AI 生成文本的工具并不起作用。通过简单的策略，学生可以想方设法绕过这些工具，如让文本生成器使用更具文学性的语言。[8] 这些工具还对非母语使用者存在系统性偏见，往往更容易将非母语使用者撰写的文本误判为 AI 生成。尽管如此，这并未阻止教师使用这些工具，许多学生因此遭到误判。加州大学戴维斯分校的一名学生在被教授误判作弊后，惊恐发作，最终被证明清白。[9] 得克萨斯农工大学商学院的一名教授甚至威胁要让全班学生不及格，因为他使用 ChatGPT 判断学生的作业是否为 AI 生成。[10] 这样的事件并非个别现象。全美各地的教师纷纷转向作弊检测软件，导致错误指控的泛滥。

换句话说，不可靠的 AI 工具在资金不足或无法有效履行职责的机构中被不成比例地采用。我们称这些机构为失序机构。

当 AI 公司将其产品出售给这些组织时，通常承诺的一个主要优势是提高效率，也就是通过去除决策中的人类因素来降低成本。任何组织都希望降低成本，尤其是那些财力拮据的机构，效率对它们来说显得尤为吸引人。这些机构可能还缺乏测试 AI 的能力，无法在 AI 无效时及时弃用它。

此外，一些机构面临着超出其控制范围的大规模结构性问题。在这种情况下，使用 AI 就像在泰坦尼克号上重新排布甲板上的椅子。例如，美国的枪支暴力问题。2021 年，超过 48 000 人因枪伤死亡，其中 20 000 多人是被谋杀而死。[11] 因此，许多机构开始采用 AI 来检测枪支暴力，包括学校和公共交通系统。[12,13] 从 2018 年到 2023 年，美国各地的学区在武器检测 AI 上的花费超过 4 500 万美元。然而，这些 AI 系统的准确性非常低，常常产生误报，如将一个 7 岁孩子的午餐盒错误地标记为炸弹。

在执法领域，一个著名的例子是 ShotSpotter，这是一种 AI 枪支暴力检测系统。该系统通过一组传感器来检测可能的枪声，并向警方发出警报。[14] 该系统在美国被广泛采用，许多城市投入了数百万美元，希望借此减少与枪支相关的犯罪。然而，越来越多的证据表明，ShotSpotter 并未如其承诺的那样发挥作用。

芝加哥在 5 年内向 ShotSpotter 投入了近 4 900 万美元，吸引它的是该系统承诺能提供即时警报和更快的枪支暴力应对。然而，芝加哥警察局的评估显示，ShotSpotter 并未提高与枪支犯罪相关证据的有效性。[15] 美国多个主要城市，包括芝加哥、圣安东尼奥和夏洛特，已终止与该公司的合同，理由是成本过高且对公共安全未产生实际收益。[16,17,18]

实际上，ShotSpotter 可能比无效更糟糕。该系统的部署导致许多负面后果。一次 ShotSpotter 的警报引发一名 13 岁男孩的致命枪击事件。[19] 在另一案件中，一个人仅因基于 ShotSpotter 的证据被关押了一年，之后检察官决定撤销案件。美联社的一项调查显示，ShotSpotter 经常错误地识别声音——它可能漏掉枪声，却将烟花或汽车回火的声音误标记为枪声。[20] 尽管存在这些问题，公司仍拒绝透明化，对访问内部数据的请求不理不睬。独立评估发现，该系统存在危险的高误差率，几乎没有减少枪支暴力的效果。[21]ShotSpotter 的问题是否可以解决仍不明确，部分原因是枪声发生的频率较低，检测系统可能难以区分枪声与其他频繁发生的噪声，如汽车回火或烟花声等。

有缺陷的AI还可能使机构偏离其核心目标。例如，许多大学希望为学生提供心理健康支持，但并没有致力于建设能够支持学生渡过难关的机构能力，而是选择采用名为“社交哨兵”（在第1章提及）的产品，用于监控学生的社交媒体动态，寻找自我伤害迹象。该产品的准确率极低，以至于公司内部员工都称其为万金油，但这并没有阻止大学在其上浪费大量资金。[22] 更糟糕的是，一些学校和大学并未将该工具用于预防自我伤害，而是将其用于监控和监管学生的抗议活动。

在这些例子中，显然AI并非试图解决问题的根本方案。然而，效率的逻辑在这些机构中根深蒂固，AI看起来像一个万能药，即便它实际上只是万金油。

那么，我们如何改变这种情况呢？如果你打算在使用有害技术的公司或组织工作，一种方法是根据我们迄今为止看到的所有证据，坚决反对这些提议。尤其是如果你在决策过程中扮演重要角色，反对使用有害的预测式AI显得尤为重要。

你还可以参与当地的民主进程中。一个充满希望的例子是圣迭戈的监控项目。[23]2019年，该市安装了3 000盏配备摄像头和麦克风的街灯，但居民对利用这些数据构建的用于监控的AI系统表示担忧。社区组织者哈立德·亚历山大（Khalid Alexander）联合了一批活动家，包括一些能够理解并解释监控系统技术的科技工作者，共同抵制该系统的部署。该组织的努力最终取得成功。该市出台了一项条例，要求对所有监控技术进行监督，并允许公众对未来的所有监控项目发表意见。

拥抱随机性

AI 万金油通常被用作分配稀缺资源的一种方式。理想的做法是消除资源的稀缺性，但在现实中，组织仍然需要找到有效的决策方法，如在招聘或大学招生等领域。对预测式 AI 的接受缘于一种“优化思维”，即通过计算来做决策，寻找最佳解决方案以实现最大效率。[24] 然而，预测式 AI 的失败揭示了这一方法的局限性。当多个有价值的目标难以精确量化时，过度依赖优化可能会导致严重的负面后果。

如果我们放弃这种思维方式，决策的选择将变得更加多样化。我们可以寻求那些在简单易懂的框架下实现适度效率提升的策略或政策，这不仅对决策者有益，对决策对象也是如此。简化可以帮助决策者避免灾难性的错误，并与决策对象建立信任。这种方法还便于将多个目标整合到决策过程中，其中一些目标可能是道德性的，而非单纯的经济目标。例如，在刑事司法系统中，面对青少年被告时，可以表现出更多宽容，因为他们对自己行为的道德责任较轻，即使他们从统计学上看更可能再次犯罪。

我们以部分抽签来说明一种替代决策方法。与其试图选择“最优秀”的申请人（如接受资助或进入大学），部分抽签将随机性明确引入决策过程。所有符合基本标准的申请人都被纳入池中，然后通过随机抽签决定入选者。我们的观点并非说部分抽签总是正确的选择，而是强调在某些情况下，采用完全不同的策略是值得考虑的做法。

部分抽签清楚地展示了决策过程中已经存在的随机性，尤其是在生活结果不可预测或现有技术无法精准预测时。它还有其他积极的影响，如可以抵消富者愈富效应（例如，已经获得资助的学者未来更可能再次获得资助）。此外，部分抽签还可以减少准备申请的时间。如果申请人知道只需满足基本门槛，就可以避免过度优化申请，降低不必要的机会成本。

专家们描述了部分抽签在许多领域的好处。早在 2005 年，心理学教授巴里·施瓦茨（Barry Schwartz）就提出，大学招生应该从一个“足够优秀”的学生池中随机选出。[25] 他提出了许多至今仍适用的观点，为了追求“可证明的成功”以获得被录取资格，许多学生被迫放弃冒险或从事自己真正感兴趣的活动。更糟糕的是，他们参与课外活动并非出于兴趣，而是为了增加被录取的机会。学习变得次要，进入一所择优录取的大学才成了最重要的目标。

此外，被录取的学生可能会认为自己比未被录取的学生更优秀，从而低估了机遇和运气的作用。而为了在排名中表现出色，学校往往被激励去宣传自己是“最具选择性”的院校。这些现象导致青少年在其成长的关键时期处于一种有害的环境中。部分抽签有助于缓解这些问题。

同样，在科学研究中，项目的资助通常取决于研究经费申请报告能否通过。研究人员花费大量时间优化经费申请报告，浪费了本应用于研究的时间。一项研究发现，研究人员在撰写经费申请报告上花费的时间，可能与资助所带来的科研产出相当。[26] 当然，资助的目的并不是获得更多的报告，而是通过研究推动科学知识的进步。因此，大量的精力被浪费在不必要的工作上。部分抽签意味着研究人员无须在优化经费申请报告上浪费时间，可以专注于自己工作中更重要的部分，即研究本身。

此外，抽签在测试干预措施效果时也非常有用。2008 年，美国俄勒冈州使用抽签方式扩展其医疗保险项目。[27] 研究人员通过比较被选中者和未被选中者的数据，研究参加医疗保险对人们生活的影响。他们发现，经过两年，医疗保险有效减少了财务压力，改善了医疗保健的可获得性。在其他许多领域，也开展了类似的研究，包括社交媒体和现金补助效果的评估（例如，每月或一次性给人们一定数额的资金）。[28,29]

特别是在资源稀缺的情况下，部分抽签提供了一种决策机制，可以减少富者愈富的反馈循环，帮助我们在决策系统中认识到随机性的作用，减少申请过程中浪费的时间和精力，并让我们能够研究决策的实际效果。

监管：打破虚假的两难困境

监管通常指由管理机构制定规则，以管理个人和组织的行为。一些人对“监管”一词本能地产生负面反应，认为它代表陈旧的机构僵化地执行规则，从而减缓创新步伐。而另一些人则将监管视为解决社会各种问题的万能药。在关于 AI 监管的讨论中，这种两极分化的看法经常出现。然而，事实往往处于两者之间。

企业是由利润驱动的。有些 AI 带来的伤害可能会损害企业的声誉，因此企业有动力解决这些问题。其他伤害可能是间接的、分散的，或影响到企业及其客户之外的群体，因此企业没有直接的经济利益去解决这些问题。例如，早期语言模型中的有毒言论和冒犯性输出非常普遍，这可能会导致聊天机器人用户流失，因此 OpenAI、Anthropic 和 Meta 等公司投入数百万美元来解决这个问题。但是，由生成式 AI 带来的艺术家收入损失和教师时间浪费并未直接影响企业的盈利，因此几乎没有引起企业的关注。当企业没有动力去解决其行为所带来的负面影响时，监管就变得有必要了。

在许多领域，监管在保护公众利益方面发挥了至关重要的作用。在食品安全领域，监管确保食品制造商遵守卫生和质量标准，防止食源性疾病并保护消费者健康。在环境保护方面，美国的《清洁空气法》和《清洁水法》限制了可以释放到环境中的污染物。在劳工权益方面，最低工资法、加班费规定以及安全的工作条件是保护工人免受剥削的重要保障。

这并不是说所有监管都是有用或必要的——我们很快就会看到一些过于急功近利或信息不足的监管实例。然而，缺乏监管的世界并不一定更好或更具创新性。事实上，在上述许多例子中，监管是确保人们和企业能够安全地进行创新的关键因素。

另一个常见的误解是，管理 AI 的政治框架和监管措施仍处于起步阶段，我们需要制定一套全新的规则来监管 AI。但实际上，在许多司法管辖区，监管 AI 所需的框架已经存在。

不同国家和司法管辖区的监管方式各不相同。在美国，AI 监管采取垂直管理模式。这意味着没有一个单一的机构负责管理所有 AI 产品和服务，而是由多个联邦机构在特定领域进行监管。这些机构数量多达数百个。例如，消费者金融保护局负责保护金融市场消费者免受欺诈和歧视，而食品药品监督管理局则监管应用于医疗领域的 AI。

这种监管模式在 2023 年 10 月白宫发布的关于 AI 的行政命令中得到了体现。该命令长约两万字，试图全面涵盖 AI 的所有好处与风险。白宫将 150 项具体任务分配给了超过 50 个联邦机构和实体，包括总统行政办公室、商务部、国土安全部以及前述机构。[30] 这充分展示了美国现有 AI 监管框架的广泛覆盖。

相比之下，欧盟提出了适用于多个行业的 AI 扁平化监管规则。不同法律监管 AI 的不同方面：

- 《通用数据保护条例》（GDPR）规定了企业如何收集、存储和使用个人数据。它与 AI 系统相关，因为其目的是确保 AI 尊重隐私。
- 《数字服务法案》（DSA）要求在线平台和社交媒体在使用 AI 时提供透明性和审计。
- 《数字市场法案》（DMA）旨在增加在线平台的竞争，如禁止大型平台对其自有内容给予优待。
- 最引人注目的是《人工智能法案》（AIA），该法基于风险分类 AI 应用。高风险应用（如用于招聘、教育机会或员工管理的 AI）的开发者，需遵守多项透明性要求。

中国则采用了两种方法相结合的第三种监管模式。[31] 中国最初通过垂直管理模式来监管 AI，包括 2017 年对在线推荐系统透明度的要求，以及 2022 年对深度合成系统（如用于生成图像、视频和文本的 AI）的监管要求。在 ChatGPT 发布并引发公众对生成式 AI 的兴趣后，监管部门于 2023 年 4 月发布了《生成式人工智能服务管理办法（征求意见稿）》，主要聚焦基于文本的系统。

这些法规属于垂直监管模式，即专注于 AI 的特定应用。在 2023 年 6 月，监管部门将 AI 法草案列入立法计划，并借鉴已有的垂直监管法规。这一策略与中国过去在互联网监管中的做法类似，即首先通过具体的垂直法规，随后在 2017 年推出了更为广泛的《中华人民共和国网络安全法》。

尽管这些法规的具体细节值得关注，但并非我们讨论的核心问题。关键是要认识到，全球各地的监管机构已经在制定治理 AI 的政策，而且关于如何实现更好、更全面监管的努力正在进行中。目前没有一种单一的 AI 监管模式，而这并不一定是坏事。通过这些不同的监管方式，我们可以了解哪些方法有效，哪些无效，从而制定出更好的监管原则。

关于监管的一个常见误解是，它总是落后于技术的发展。这种观点部分缘于技术的复杂性，这使得那些不精通技术的人感到困惑。但法律不仅仅是关于技术细节的，它还涉及原则。例如，美国宪法第一修正案保障言论自由，这一条款在互联网发明前几个世纪就已经制定。然而，在处理网络审查和仇恨言论等问题时，它依然作为指导原则发挥作用。这些原则如何应用于新技术的具体细节可能会有所不同，但其核心原则却保持相对稳定。

另一个常见误解是认为，自我监管是唯一现实的选择。这一观点建立在一个错误的前提上，即只有科技企业才能理解和管理其技术。然而，正如我们在本书中所看到的，当前 AI 系统的原理其实足够简单，能够被广泛理解。

还有一个误解是认为科技监管毫无希望，因为政策制定者不懂技术。实际上，政策制定者在其立法的任何领域都不是专家。虽然他们没有土木工程学位，但我们依然有建筑法规来确保建筑物的安全。事实上，政策制定者并不需要精通某一领域的所有技术细节。他们将具体细节委托给在各级政府和不同部门的专家。这些专家通常非常有能力且敬业，我们也有幸与许多这样的专家合作过。遗憾的是，这类专家的数量仍然有限，在美国，政府中缺乏科技专家确实是一个问题。然而，认为监管或立法者必须懂得技术才能做好工作，这一观点没有根据，反映了对政府运作方式的基本误解。

事实上，即便是在像 AI 这样的快速发展领域，大多数情况下所需要的并不是创建新法规，而是执行现有的法规。在美国，联邦贸易委员会已经利用现有的针对虚假商业行为的规则，采取行动应对 AI 企业发布的虚假声明。[32] 当企业以欺骗性手段收集数据时，该机构要求它们删除数据并撤回利用该数据创建的模型。[33] 这些例子展示了监管机构如何灵活运用现有权力，提供有效的解决方案来应对 AI 带来的危害。

的确，监管机构有时可能反应迟缓，而非主动出击，它们可能并不总是充分考虑新技术带来的独特挑战。然而，这并不是反对监管的理由，而是改进监管的理由。我们的目标不应是放弃监管，而是使其更加响应、灵活和知情。一个可行的办法是增加对监管机构的资助，帮助它们跟上 AI 创新的速度，从而确保监管机构拥有足够的资源来有效应对科技企业。这将确保监管机构能够制定出更好的监管框架，并有效执行法规。

尽管如此，监管也并非万能药。正如我们将在接下来的部分中看到的，在美国，过去有许多因信息不足而导致的有害且阻碍进步的监管实例，这使得我们对当前的监管尝试保持警惕。然而，这些问题大多与技术发展速度，或监管者无法跟上 AI 进展的速度无关。

监管的局限性

ChatGPT 发布几个月后，OpenAI 的 CEO 萨姆·奥尔特曼

（Sam Altman）在美国参议院做证时警告说，AI 可能带来严重危害。他在书面证词中写道："OpenAI 认为，对 AI 的监管至关重要。"通常，企业会视监管为一种负担，因为它增加了原本无须遵守的要求和限制。那么，为什么奥尔特曼会支持监管呢？

通过奥尔特曼所呼吁的监管内容，我们或许能找到一些线索。奥尔特曼推动了一项对 OpenAI 有利的监管草案。[34] 他建议成立一个政府机构，负责向那些试图构建最先进 AI 的企业颁发许可证。这意味着只有少数企业能够与 OpenAI 竞争。在他提议的监管清单中，巧妙地省略了许多研究人员要求 OpenAI 遵守的透明度要求。

这种现象并不新鲜，它被称为"监管俘获"（regulatory capture），即监管机构被操控为服务于企业利益，而非公众利益的情况。历史上有很多企业主动呼吁接受监管的例子。例如，在 2020 年，脸书曾要求政府对社交媒体平台进行监管。[35] 然而，有一个关键点是，脸书当时已经满足了大部分它所列出的要求。[36] 所以，与其说脸书是为了行业制定有意义的规则，不如说它希望将负担转嫁给竞争对手，同时避免对自身结构做出任何改变。烟草企业在 20 世纪 50 年代和 60 年代也曾做出了类似的努力，尝试游说政府遏制反对香烟的行动。[37,38]

今天，企业投入数亿美元进行广告宣传以规避监管。[39] 当《反垄断法案》被提议以阻止科技巨头优待自家产品时，这些企业为倡导团体投入 3 600 万美元以反对该法案，而支持该法案的一方（没有企业资助）则仅投入了 20 万美元进行宣传——几乎少了 200 倍。这些企业还资助倡导团体，使反对监管的立场看起来像是小企业的声音。例如，在这个案例中，由脸书资助的倡导团体"美国边缘联盟"发布了社论和广告，展示全美各地的小企业主反对监管，并煽动人们对美国企业落后于他国的担忧。

监管俘获的发生是因为监管机构要么信息不足，要么缺乏独立运作的资源和资金。因此，避免监管俘获的最佳方式是加强现有的监管机构，为其提供足够的资金和资源，以确保其独立运作。

但是，过度监管会抑制创新并减少竞争。例如，1920 年，美国禁止了酒类的生产和销售。这项法律极难执行，导致非法酒类生产增加，并催生黑市销售。最终，禁酒令于 1933 年被废除，这是在富兰克林·D. 罗斯福总统承诺结束禁酒令后，赢得选举的结果。这个教训也适用于要求对训练大型 AI 模型的企业颁发许可证的提议。这些许可证与其说是为了促进 AI 的安全发展，不如说会导致权力集中在少数几家 AI 企业手中。

AI 与未来职场

生成式 AI 企业吹捧其模型在职业考试（如律师执业资格考试和美国医学执照考试）中的优异表现。例如，GPT-4 等模型在这些考试中的出色成绩引发了关于 AI 将取代许多专业人士的猜测，甚至曾有知名 AI 领域人物声称 AI 将取代放射科医生。这些预测看似令人惊讶，因为经济学家长期认为，自动化将取代的是低薪工种，而非像律师和医生这样高地位、高薪的职业。

然而，我们也看到了这些论点的许多缺陷。职业基准测试往往过分关注专业知识，而忽略了实际工作中的其他重要方面。律师和放射科医生的工作远不只是回答事实性问题或单纯查看 X 线片。因此，许多基于 AI 在基准测试中的表现做出的预测，往往过于夸大了 AI 在取代这些职业方面的能力。

我们确实认为 AI 会对许多工作产生显著影响，但关于突然大规模失业的说法显然是被夸大了。包括 AI 在内的任何技术的应用总会发生在一个组织环境中，人们需要与技术互动、学习如何使用技术，并将其应用于日常任务，这一过程通常需要时间。例如，在 21 世纪第二个 10 年，云计算被认为是一项划时代的技术，常常成为新闻头条。云计算指的是在线进行计算和存储文件，如使用 Google Drive。然而，本尼迪克特·埃文斯（Benedict Evans）指出，尽管云计算看起来势不可当，但截至 2023 年，美国只有 1/4 的企业在使用云计算。[40] 同样，尽管生成式 AI 具有巨大的潜力，AI 的广泛采用可能仍需很长时间。而且在采用 AI 的行业中，不同员工所拥有的权力和决策权也有所不同。因此，处于较高层级的员工不太可能面临劳动力被取代的主要冲击。

美国饮食失调协会（National Eating Disorders Association，简写为 NEDA）的一起事件很好地说明了这一点。NEDA 设有一条为饮食失调人士提供帮助的热线。在 2023 年，这条热线的工作人员投票决定组建工会。4 天后，该组织解雇了所有热线员工，并宣布将使用聊天机器人。然而，结果并不理想，该聊天机器人立即被发现向用户提供危险建议，如建议每天减少 500～1 000 卡路里的热量摄入。[41] 这种极端的卡路里限制实际上与饮食失调密切相关。几天后，NEDA 撤下了该聊天机器人。显然，最初替换员工的决定并不是因为机器人能胜任他们的工作，而是因为这些员工在组织中权力较小（他们希望通过组建工会来改变这一状况），因此被视为可被替代。

历史上，完全被技术取代的职业类别极为少见。在 1950 年美国人口普查列出的数百种职业中，唯一因自动化而消失的职业是电梯操作员。其他情况通常是某项技术被淘汰，从而剔除了与其相关的职业类别，如电报操作员。自动化通常会减少某一职业或行业的工作岗位数量，而非完全取消，比如农业领域的逐步变化。AI 对文案撰写人和翻译人员也产生了这种影响。[42,43]

在其他领域，自动化则通过降低商品或服务的成本，进而增加对这些商品或服务的需求。这在银行引入自动取款机（ATM）时尤为明显。ATM 降低了银行的运营成本，反过来却增加了银行网点的数量，从而使银行柜员的总数也随之增加。[44] 这种现象被称为自动化悖论（automation paradox）。最终，自动化最常见的影响或许是工作的性质发生了变化。1980 年的办公室助理可能会花大量时间整理文件柜和打字笔记，而今天，他们则可能负责制作或完善 PPT 并排除数字设备的故障。正如我们所见，AI 本身需要大量人力，通常是低薪工人负责为 AI 训练标注数据。人类学家玛丽 · L. 格雷（Mary L. Gray）和社会学家西达尔特 · 苏里（Siddharth Suri）在其著作《销声匿迹》（*Ghost Work*）中将这一现象称为“自动化的最后一公里”现象，即每当引入一种新的自动化形式，它会接管人类原本从事的工作，但同时也会产生对人类劳动力的新需求。[45]

总结来说，我们并不认为 AI 会导致突然的大规模失业，但它将改变许多工作的性质，减少某些工作的需求，增加其他工作的需求，甚至可能创造出全新的工作。这与以往的自动化浪潮相似，但这一过程可能更加迅速。对那些工作角色被自动化取代的人来说，前景可能令人担忧。他们需要寻找过渡性收入来源，并同时寻找新的工作，可能还需要学习新技能或彻底转变职业路径。

那么，从长远来看，随着 AI 的不断进步，是否有一天我们都会失业呢？如果真是这样，AI 企业是否会成为我们的主宰，还是我们会生活在一个更富足的世界？这很难预测。然而，值得庆幸的是，我们无须预测未来，就可以着手制定当前最佳应对策略。我们已经看到的短期影响和所需的干预措施，在很大程度上与未来自动化可能带来的长期影响相似。

在一次关于AI未来的讨论中，科幻作家姜峯楠（Ted Chiang）提到："对技术的恐惧实际上是对资本主义的恐惧。"[46] 换句话说，雇员并不害怕技术本身，而是担心AI被雇主和企业利用，从而削弱雇员在工作场所的权利和自主性。[47] 因此，要应对AI对劳动力的影响，首要任务是解决资本主义对劳动力的影响。

2023年，好莱坞演员和编剧举行了罢工。演员们反对一项提议中的合同条款，该条款赋予制作方使用演员肖像的权利，允许他们在未来的电影和电视节目中使用这些肖像而无须支付额外报酬。对编剧而言，剧本创作过程中对AI的依赖成为争议焦点。他们希望确保在使用AI创作剧本时，依然保留编剧的署名权，并且希望AI不会取代他们的工作。这些共同的关切促使演员和编剧同时罢工，这是自1960年以来好莱坞首次爆发的演员与编剧联合罢工。最终，罢工结束时，演员和编剧的合同得到完善，其中包括针对AI滥用的保护措施。[48,49]

随着AI改变了劳动与资本之间的权力平衡，工会和雇员集体的作用变得愈发重要。法律保护和监管也可以发挥关键作用。例如，美国国家劳动关系委员会（National Labor Relations Board，简写为NLRB）负责监管劳动实践和工会权力，确保雇主不进行不公平的劳动行为，并保护雇员自由组建工会的权力，而无须担心遭遇报复。然而，关于NLRB资金不足及其对违规雇主缺乏足够惩罚的担忧仍然存在。

单纯依靠劳动保护措施无法应对AI带来的突发性和不可预测的工作替代，需要考虑更大胆的解决方案。一个日益受到关注的方案是“全民基本收入”（Universal Basic Income，简写为UBI）模式，即无论就业状况如何，每个人都能获得固定的月度补助。在芬兰，大约两千名随机挑选的个人（最初为失业者）在2017年到2018年间，每月均可获得560欧元的补助。这些受益者表示，他们的心理健康状况有所改善，对社会机构的信任度提高，并且在求职过程中感到更具自主性，相比对照组，他们的表现更为积极。[50]

政策制定者担心UBI模式可能会导致劳动力市场参与度下降，因为人们可能不再有动力去找工作。然而，在芬兰的实验以及加拿大早期的类似实验中，现金支付并未导致人们降低工作意愿。相反，在芬兰的实验中，这甚至促使就业的小幅增长。

为了应对劳动力市场的冲击，其他改革也已被陆续推出。例如，在美国，如果上一年获得最低收入的雇员被解雇，则有资格领取失业保险，该保险可以覆盖雇员基本收入的30%~50%。加强这些措施可能会对社会有所帮助。低收入雇员最有可能面临自动化的冲击，但他们通常也最不符合美国失业保险的资格要求，因为失业保险需要满足最低收入标准。实际上，在美国只有不到1/3的失业雇员有资格领取失业保险。[51]类似地，强有力的裁员补偿政策也可以为雇员提供一定的缓冲，帮助他们应对裁员带来的挑战。

一些改革专门针对AI的影响。部分经济学家提议，对使用自动化的企业以及开发AI的企业征收更高的税，即“机器人税”。[52,53]在美国，人力劳动是需要缴税的，而软件使用却不被征税。[54] 经济学家建议，首先是通过对 AI 征税来平衡竞争环境，激励企业保留更多就业岗位。

归根结底，正如本书中许多讨论所示，劳动剥削和雇员保护不足并非从 AI 开始，也不会因 AI 而终结。AI 只是自动化漫长历史中的最新导火索，要系统地解决这些问题，必然需要进行深刻的变革。[55]

在凯的世界与 AI 共同成长

我们集体塑造和适应 AI 的方式将深刻影响我们的未来。为了理解其中的利害关系，我们可以设想一个孩子在 2022 年 11 月 ChatGPT 发布时出生，他的一生将受到 AI 的深远影响。

未来并非注定不变。我们将通过两个孩子，凯（Kai）和玛雅（Maya）的故事，探索在不同假设的未来世界中，他们的生活可能会如何发展。虽然这些未来情境不可避免地带有推测成分，但我们将描述这些世界的某些方面如何与我们已知的先例产生联系。两种未来的差异，根本不在于技术的进步，而在于社会如何应对和利用这些技术。

凯的世界是一个充满敬畏和惊叹的世界，新技术和 AI 的快速发展备受推崇。在这个世界里，大多数人不会质疑强大 AI 的影响力，无论是生成式 AI 还是预测式 AI。企业利用这一点，夸大产品的效果和潜力。与此同时，AI 的潜在风险引发对儿童使用 AI 的严格保护措施，旨在减少隐私泄露、偏见和成瘾等问题。这些规定虽然出发点是好的，但合规成本高昂。与此同时，学校禁止学生在家庭作业中使用 AI，大多数教师也不在课堂上使用 AI。由于这些原因，基于 AI 的儿童应用市场并不被看作一个有利可图的市场。

随着生成式 AI 的不断进步，许多以娱乐为主的 AI 应用应运而生，这些应用为了规避监管和负面事件，禁止儿童使用。然而，许多家长依然让孩子接触这些应用。对忙碌的父母来说，这种诱惑难以抗拒，因为当孩子专注于设备时，父母可以享受片刻的宁静。

让我们停下来稍作思考，这一现象与我们在在线视频和社交媒体上的现象密切相关。许多学龄前儿童沉迷于视频，以至于"阿尔法世代"* 被形象地称为"iPad 一代"。至于社交媒体，虽然大多数平台禁止 13 岁以下的儿童使用，但许多父母帮助孩子虚报年龄以便让他们使用这些应用已经成为常见做法。[56]

禁止 13 岁以下儿童使用社交媒体的一个主要原因是，《儿童在线隐私保护法案》（Children's Online Privacy Protection，简写为 COPPA）等法规的限制。虽然 COPPA 带来了许多积极的变化，但也产生了一些意想不到的后果。在尝试进入 13 岁以下儿童市场时，企业常常面临被起诉，因此选择最简单的解决方案，即完全禁止年龄小的用户。然而，这一禁令并未阻止 12 岁的孩子与年长朋友在线互动。企业清楚社交媒体上有很多未成年用户，但并不认为这是他们需要解决的问题。截至 2024 年，关于青少年，尤其是 13 岁以下儿童使用社交媒体的问题正在引发激烈争论，许多立法者和倡导者正推动进一步加强 COPPA 的实施。[57]

回到凯的世界，生成式 AI 可能会催生新类型的娱乐应用，这

---

* 阿尔法世代，是指出生于 2010—2025 年的一代人，是历史上第一批从出生开始就接触智能设备、互联网和社交媒体的群体。——译者注

些应用可能比现有的更易成瘾。例如，用户可以要求应用立即生成一个“红色外星星球上暴风兵与霸王龙战斗”的视频，甚至可能是 3D 的。

凯的世界是一个双输的局面。尽管法规的初衷是规避立法者担心的风险，但它们未能有效发挥作用。市场上存在一些带有广告植入的成瘾性应用程序，这些应用通过收集儿童的使用数据来获利。这些应用中的世界和故事缺乏任何教育意义，开发者也不承担道德责任，因为家长本不该允许孩子使用这些应用。

凯是个天生好奇的孩子，仍然利用 AI 进行学习，比如让 AI 生成历史事件和人物的图像。然而，开发者并没有动力去提高 AI 生成内容的准确性，因此这些图像常常包含误导信息。此外，为了让广告商更加放心，并确保全球合规，许多话题被禁止讨论，如战争、奴隶制和任何涉及地缘政治关系紧张的内容。

幸运的是，一些由非营利组织开发的教育应用偶尔能吸引凯使用，但这些应用的资金远不及主流应用，因此它们难以与那些受欢迎的成瘾性应用竞争。

不久后，凯开始使用社交媒体，生成式 AI 和社交媒体之间的界限逐渐变得模糊。在凯的世界中，社交媒体上的大部分内容都是由 AI 生成或编辑的，平台企业本身也生成了大量内容（这一趋势在 2024 年已逐渐成形）。[58]

需要注意的是，社交媒体企业每天收集大量用户互动数据，大约达到一万亿个数据点，例如评论、点赞或只是略过某些内容。如今，这些数据被用来优化推送内容，通过个性化的内容吸引用户。但在凯的世界中，这些数据被用来从零开始生成特定用户或群体会喜欢的内容，最终导致无尽的、令人上瘾的内容循环。

在学校里，由于将过多时间花在社交媒体上，凯的成绩并不理想。他的学校像其他许多学校一样，使用预测式 AI 将学生按预测能力进行分组。由于公共教育资金紧张，学校利用分组的方法，将有限的教学资源集中在最有可能受益的学生身上。凯的分组不仅基于他的成绩，还涉及其他各种数据，如他在家使用电子设备的时间长短。

学校认为这种分组非常准确，但并未意识到软件只是提取粗略的统计模式。尽管这些工具的预测看似得到了验证，但学校没有认识到这实际上是一种自我实现的预言。如果教师认为某名学生表现不佳，那么该学生很可能真的会表现不佳。

分组的结果限制了凯的职业机会，但他对此并不在意。因为他不断听到，AGI 将在他完成学业前让所有工作自动化，所以他认为自己的学习成绩不那么重要。尽管 AGI 总是被承诺在三四年内实现，但每一次科技企业都会声称这次会不同。

大型科技企业通过 AI 赚取巨额财富，足以轻松影响公众的看法。学术研究和科技新闻完全依赖行业资金，而这些企业也通过强力游说推动制定“安全”名义下的法规，排斥新的竞争者。

在玛雅的世界与 AI 共同成长

在玛雅的世界中，孩子们使用 AI 变得非常普遍并且被广泛认可。许多应用和玩具都巧妙地将 AI 融入其中，以有趣且有助于学习的方式与儿童互动。例如，有一种绘画应用能够实时分析草图并提出改进建议，还能根据草图生成逼真的图像。另外，还有一些会说话的毛绒玩具，孩子们可以与其对话，其中一些设计特别鼓励语言能力发展，尤其是在第二语言学习方面。

与此同时，尽管人们普遍认识到儿童使用 AI 的潜在风险，但管控的出发点并非基于对未知的恐惧，而是为了推动更深入的了解。关于技术对儿童影响的研究资金增加了十倍。这些改革确保了相关研究能够在新技术快速发展和普及的过程中及时进行。例如，向儿童销售 AI 产品或应用的企业被要求向独立研究人员开放其数据和系统，这有效解决了此类研究的主要障碍。

这种情形与社交媒体的情况形成鲜明对比。在 2024 年，社交媒体对青少年心理健康的影响成为社会的主要关注点，然而，相关研究进展缓慢且远未得出明确结论。考虑到这个领域长期资金不足，且研究方法粗糙，这种状况不太可能在短期内得到改善。例如，大多数研究都集中在“屏幕时间”对儿童的影响上，但每位家长都知道（研究也已证明）并非所有屏幕时间都有相同的效果，某些类型的设备使用是富有益处的，而另一些则具有成瘾性和破坏性。[59]

在玛雅的世界中，家长和老师密切关注应用的独立评价，以避免使用有害的应用。像苹果商店（App Store）和 Play 商店（Google Play）这样的应用平台，对隐私、成瘾性和欺骗性要求进行了严格管控，尤其是在涉及儿童应用时。

此外，针对执法机构、研究和新闻调查的资金也在增加，这些资金有助于揭露开发者是否遵守现有法律。政策制定者认识到，没有这些资金支持，儿童安全法规（以及其他任何类型的法规）可能会适得其反，一些不良企业可能会无视这些规定，因为它们知道被处罚的可能性较低，而守规矩的企业则必须承担更高的合规成本，导致它们在市场竞争中处于不利地位，最终使市场充斥着不安全的产品，而这与法规的初衷背道而驰。

在玛雅的世界里，教师在将AI纳入教学中拥有较大的自主权，能够根据自己班级的需求找到最合适的方式。生成式AI技术特别容易根据具体需求进行定制。例如，宾夕法尼亚大学沃顿商学院的伊桑·莫利克（Ethan Mollick）和利拉赫·莫利克（Lilach Mollick）夫妇，提出了AI导师、AI教练、AI队友、AI工具、AI模拟器和AI学生7种可能的应用方式。[60] 然而，教师也清楚，技术只能作为辅助工具，无法取代教师的角色。教育技术的历史中有许多被过度宣传的产品，教师们对这一点保持警觉。[61] 学校不仅使用AI进行教学，还积极教授学生关于AI和科技的知识。设备、应用、社交媒体和AI的使用被视为一种核心能力，不能仅仅依赖家长来进行引导。

玛雅在青少年时期开始使用社交媒体，但与凯的世界相比，社交媒体环境有一个显著的不同之处，即法规推动平台实现互操作性，允许不同平台和新兴平台之间的互通。互操作性要求是一种温和的监管方式，旨在提升市场效率。这引发多种不同商业模式的社交媒体应用的出现，而不仅仅是那些通过用户黏性来最大化广告收入的应用。此外，主流社交媒体也支持插件，使得用户能够以全然不同的方式体验相同的内容。

事实上，许多这些替代应用都集成了AI。对话式推荐系统允许用户根据自己的需求定制内容提要，如“下个月不想看政治内容”、“更多获奖创作者的作品，哪怕他们不那么流行”或“确保每天看到几个西班牙语学习视频”。社交媒体上也有一些机器人帮助用户获取更好的信息，而不是传播虚假信息。例如，这些机器人会并排展示关于同一新闻事件的不同叙述。通过这些工具，用户可以轻松策划内容提要，使其既有趣又富有教育意义，展示多元化的观点，同时避免成瘾。当然，并不是每个人都会使用这些工具，但它们在善于定制信息流以表达自我的青少年中非常受欢迎。

玛雅开始考虑上大学了。在她的世界，大学录取标准仍然是关于公平和择优的社会性辩论焦点，和我们现今的世界类似。然而，过去几年已经发生了许多变化。一个重要的变化是传承录取（legacy admission），即给予校友子女优先录取的机会，尤其是在一些精英学校。由于长期的抗议，许多大学已经叫停了传承录取政策。

一些大学曾尝试采用预测式 AI 来提升录取过程的效率、公平性和择优，但这一做法遭到了广泛的反对，正如我们在前几章中讨论的。总体来说，玛雅的世界对基于自动化系统进行重大人生决策变得更加敏感，并且广泛意识到这些决策系统的潜在风险。大多数大学转而采用部分抽签的方式进行录取，这是我们在本章前文提到的一种方式。

玛雅希望能够进入常春藤联盟的大学，但尽管她的学业成绩和课外活动表现远超抽签的资格门槛，她最终还是没能如愿。她有些失望，但当她回想起父母曾经为了进入顶尖大学而经历的种种波折，最终却面对一个不透明且充满主观判断的录取系统时，她反而觉得如今的抽签制度更具公平性。

更重要的是，常春藤盟校不再像过去那样在社会中占据至高无上的地位。人们逐渐认识到这些学校在加剧社会经济不平等方面的作用。当这些学校的光环在公众眼中褪色后，大多数企业也不再优先录用常春藤盟校毕业生，因为这已经不再带来显著的声望。因此，玛雅的落榜并未对她的职业生涯产生重大影响。

随着玛雅准备进入职场，她信心满满。AI 的进步持续推进，职业的性质时常发生变化，但她对自己的前景充满信心。由于 AI 主要负责自动化任务而非取代大多数职业，许多企业调整流程，以适应定期再培训、技能提升和工作职责变化的需求。而且，AI 本身也创造了许多新的工作机会。实际上，玛雅在大学期间通过 AI 开发了几个创新应用程序。

由于反垄断法规、劳动保护和版权改革的实施，AI 企业被迫分享其收益。过去，少数企业通过免费抓取在线内容而致富，同时支付低廉薪水来雇用人力标注数据的现象已经不再存在。此外，政府提供了大量支持，专注于继续教育和社会保障网络，以应对因自动化带来的失业问题。与此同时，公共艺术资助也有所增加，玛雅对从事艺术工作或涉足艺术领域产生了浓厚兴趣。与人们对 AI 颠覆艺术的担忧相反，AI 模仿艺术形式的能力实际上增强了公众对真实人类自我表达艺术的欣赏。这类似于 21 世纪初，国际象棋应用程序的普及反而激发了人们对国际象棋的极大兴趣。[62]

总结来说，我们已经清楚地阐明，关于 AI 在社会中的角色，存在两种截然不同的未来可能性。在我们描绘的两个世界中，哪个更有可能实现呢？从 2024 年的角度来看，凯的世界更可能成为现实。如果我们继续以畏惧和顺从的态度回应 AI 和科技行业的发展，我们最终会走向凯的世界。要实现玛雅的世界，则需要大量的公共投资和态度的转变。虽然理智的人可能对政府应该投入多

少资金持有不同意见，但我们希望明确的是：不作为，肯定不会带来一个理想的未来。

这也是我们写这本书的原因。在美国，我们不愿意将 AI 的未来完全交由当前的权力掌握者来决定。我们已经看到，不论一个人是否具备技术专长或特殊资历，都能够带来改变。我们受到了像卡拉·奥尔蒂斯（Karla Ortiz）这样的人的启发，这位波多黎各艺术家长期以来一直呼吁关注图像生成背后的劳动剥削问题。她的倡导和法律行动帮助她引起了广泛关注，并为她提供了机会，她曾在美国参议院做证，揭示这一不公正现象。[63]

我们也见证了人们如何在自己的社区推动有效的变革。例如，新泽西州河谷高中的学生们抗议了硅谷对 AI 的理想化幻想，挑战了他们老师对聊天机器人持有的负面看法，以及将学生使用 AI 视为作弊的假设。[64] 他们通过收集数据发现，大多数同龄人对这项技术既充满好奇和兴奋，同时也意识到它带来的潜在风险，只有极少数人用它来进行抄袭。这些数据帮助他们倡导制定更合理的使用指南来进行实验，并提供关于如何最佳利用 AI 工具学习的建议，而不是盲目禁止它。

每个人在塑造 AI 的未来及其在社会中的角色方面都发挥着重要作用。我们通过撰写这本书做出了一份小小的贡献。在此，我们诚挚邀请大家携手合作，共同努力。

致谢

本书的完成得益于许多人宝贵的贡献。哈莉·斯特宾斯（Hallie Stebbins）多次耐心地为我们的章节草稿提供反馈，帮助我们将零散的内容整合成一部连贯的作品。马修·萨尔加尼克的开创性研究为本书多个章节提供了重要的启发，并对草稿提出了关键的修改建议。此外，梅拉妮·米歇尔、莫莉·克罗克特（Molly Crockett）、塞里娜·张（Serina Chang）、克里斯·贝尔（Chris Bail）以及两位匿名同行评审对初稿进行了细致的审阅，他们的深刻见解显著提升了本书的整体质量。

我们还要感谢那些与我们共同参与研究项目的合作者，这些项目要么直接收录于本书，要么对本书的内容产生了深远的影响。他们包括索隆·巴罗卡斯、凯蒂·格伦·巴斯（Katy Glenn Bass）、里希·博马萨尼（Rishi Bommasani）、艾米丽·坎特雷尔（Emily Cantrell）、彼得·亨德森（Peter Henderson）、丹尼尔·E. 霍（Daniel E. Ho）、杰里米·霍华德（Jeremy Howard）、凯文·克莱曼（Kevin Klyman）、米希尔·克希尔萨加尔（Mihir Kshirsagar）、塞思·拉扎尔（Seth Lazar）、珀西·梁（Percy Liang）、谢恩·朗普雷（Shayne Longpre）、肯尼·彭（Kenny Peng）、阿什温·拉马斯瓦米（Ashwin Ramaswami）、希尔克·谢尔曼（Hilke Schellmann）、阿里·森、布兰登·斯图尔特（Brandon Stewart）和安吉丽娜·王。

他们的合作与交流为本书的完成奠定了坚实基础。特别值得一提的是，第 6 章关于账号删除的研究，由阿尔文德与尼娅 · M. 布拉泽尔(Nia M. Brazzell)、克劳迪娅 · 雅兹文斯卡（Klaudia Jaźwińska)、奥雷斯蒂斯 · 帕帕基里亚科普洛斯（Orestis Papakyriakopoulos）和安吉丽娜 · 王共同完成。感谢他们的付出与贡献，让本书的内容更加丰富而深入。

我们感谢以下人士的讨论，他们为我们的工作提供了宝贵的启发：朱莉娅 · 安格温、白雪纯子（Xuechunzi Bai)、米切尔 · 贝克（Mitchell Baker)、凯文 · 班克斯顿（Kevin Bankston)、斯特拉 · 比德曼（Stella Biderman)、米兰达 · 博根（Miranda Bogen)、黛博拉 · 布莱恩特（Deborah Bryant)、鲁曼 · 乔杜里（Rumman Chowdhury)、彼得 · 奇洪（Peter Cihon)、贾斯汀 · 卡尔（Justin Curl)、亚历克斯 · 恩格勒（Alex Engler)、艾莉 · 埃文斯（Ellie Evans)、安德鲁 · 盖尔曼（Andrew Gelman)、奥德 · 埃里克 · 冈德森、莫里茨 · 哈特（Moritz Hardt)、丹 · 亨德里克斯（Dan Hendrycks)、米瑞尔 · 希尔德布兰特（Mireille Hildebrandt)、卡什米尔 · 希尔、杰克 · M. 霍夫曼（Jake M. Hofman)、阿斯彭 · 霍普金斯（Aspen Hopkins)、杰西卡 · 赫尔曼（Jessica Hullman)、威廉 · 艾萨克（William Isaac)、拉维 · 艾尔（Ravi Iyer)、雅辛 · 杰尔尼特（Yacine Jernite)、梅拉妮 · 坎巴杜尔（Melanie Kambadur)、达芙妮 · 科勒、齐科 · 科尔特（Zico Kolter)、迈克尔 · A. 朗斯（Michael A. Lones)、斯特凡诺 · 马富利（Stefano Maffuli)、莫敏 · M. 马利克（Momin M. Malik)、内斯特 · 马斯雷(Nestor Maslej)、丽莎 · 梅塞里（Lisa Messeri)、普里扬卡 · 纳纳亚卡拉（Priyanka Nanayakkara)、阿隆德拉 · 纳尔逊（Alondra

Nelson）、范欣（Hien Pham）、乔尔·皮诺、拉塞尔·A. 波尔德拉克（Russell A. Poldrack）、伊尼欧鲁瓦·黛博拉·拉吉（Inioluwa Deborah Raji）、迈克尔·罗伯茨（Michael Roberts）、玛塔·塞拉-加西亚（Marta Serra-Garcia）、约纳达夫·沙维特（Yonadav Shavit）、阿维亚·斯考龙（Aviya Skowron）、维克多·斯托尔坎（Victor Storchan）、乔纳森·斯特雷（Jonathan Stray）、吉尔·范德威尔（Gilles Vandewiele）、贝蒂·熊（Betty Xiong）、科里·扎雷克（Cori Zarek）以及丹尼尔·张（Daniel Zhang）。

我们还要特别感谢桑吉夫·阿罗拉（Sanjeev Arora）、艾米莉·本德、蒂姆尼特·格布鲁和科林·拉菲尔（Colin Raffel），他们对我们的新闻简报和演讲内容提出了宝贵的建议，极大促进了本书的完善。此外，我们还要感谢普林斯顿信息技术政策中心（Princeton Center for Information Technology Policy）的同事和前同事们，他们通过创造一个富有成效的合作环境，对本书的创作产生了深远的影响。这些同事包括：阿查纳·阿拉瓦特（Archana Ahlawat）、沙泽达·艾哈迈德（Shazeda Ahmed）、乔丹·布伦辛格（Jordan Brensinger）、让·巴彻（Jean Butcher）、丹·卡拉奇（Dan Calacci）、蒂提·恰托帕迪亚（Tithi Chattopadhyay）、劳拉·卡明斯-阿布多（Laura Cummings-Abdo）、阿姆里特·达斯瓦尼（Amrit Daswaney）、希雷亚斯·甘德卢尔（Shreyas Gandlur）、露西·何（Lucy He）、本·凯撒（Ben Kaiser）、安妮·科尔布伦纳（Anne Kolhbrenner）、亚历山德拉·科罗洛娃（Aleksandra Korolova）、阿姆娜·利亚卡特（Amna Liaqat）、伊利·卢切里尼（Eli Lucherini）、苏利亚·马图（Surya Mattu）、乔纳森·迈耶（Jonathan Mayer）、雅各布·莫坎德尔（Jakob Mökander）、安德烈斯·蒙罗伊-

埃尔南德斯（Andrés Monroy-Hernández）、尼蒂亚·纳德吉尔（Nitya Nadgir）、瓦伦·拉奥（Varun Rao）、卡伦·罗斯（Karen Rouse）、本尼迪克特·斯特罗布尔（Benedikt Ströbl）、马修·孙（Matthew Sun）、罗斯·特谢拉（Ross Teixeira）、克里斯特尔·特索诺（Christelle Tessono）、莫娜·王（Mona Wang）、伊丽莎白·沃特金斯、艾米·温科夫和马德琳·肖（Madelyne Xiao）。

参考文献

第 1 章 引言

1. Heaven WD. “The Inside Story of How ChatGPT Was Built from the People Who Made It.” *MIT Technology Review*. March 3, 2023. https://www.technologyre-view.com/2023/03/03/1069311/inside-story-oral-history-how-chatgpt-built-openai/

2. Ptacek TH. “I' m sorry, I simply cannot be cynical about a technology that can accomplish this.” X (formerly Twitter). December 1, 2022. https://twitter.com/tqbf/status/1598513757805858820?lang=en

3. Hu K. “ChatGPT Sets Record for Fastest-Growing User Base—Analyst Note.” Reuters. February 2, 2023. https://www.reuters.com/technology/chatgpt-sets-record-fastest-growing-user-base-analyst-note-2023-02-01/

4. DeGeurin M. “Why Google Isn' t Rushing Forward with AI Chatbots.” Gizmodo. December 14, 2022. https://gizmodo.com/lamda-google-ai-chatgpt-openai-1849892728

5. Macintosh B[@bmac_astro]. “Speaking as someone who imaged an exoplanet 14 years before JWST was launched, it feels like you should find a better example?” X(formerly Twitter). February 7, 2023. https://twitter.com/bmac_astro/status/1623136549524353024

6. Wittenstein J. “Bard AI Chatbot Just Cost Google $100 Billion.” *Time*. February 9, 2023. https://time.com/6254226/alphabet-google-bard-100-billion-ai-error/

7. Christian J. “CNET Sister Site Restarts AI Articles, Immediately Publishes Idiotic Error.” Futurism. Updated February 1, 2023. https://futurism.com/cnet-bankrate-restarts-ai-articles

8. Cole S. “‘Life or Death:’ AI-Generated Mushroom Foraging Books Are All over Amazon.” 404 Media. August 29, 2023. https://www.404media.co/ai-generated-mushroom-foraging-books-amazon

9. Brittain B. “OpenAI Asks Court to Trim Authors' Copyright Lawsuits.” Reuters. August 29, 2023. https://www.reuters.com/legal/litigation/openai-asks-court-trim-authors-copyright-lawsuits-2023-08-29/

10. Valyaeva A. “AI Image Statistics: How Much Content Was Created by AI.” *Insight* (blog). Everypixel Journal. August 15, 2023. https://journal.everypixel.com/ai-image-statistics

11. Kapoor S, Narayanan A. "How to Prepare for the Deluge of Generative AI on Social Media. " Kn First Amend Inst. June 16, 2023. http: //knightcolumbia. org/content/how-to-prepare-for-the-deluge-of-generative-ai-on-social-media

12. NVIDIA Game Developer. "NVIDIA ACE for Games Sparks Life into Virtual Characters with Generative AI. " YouTube video, 2: 02. May 28, 2023. https: //www. youtube. com/watch? v = nAEQdF3JAJo

13. Dalton A. "AI Is the Wild Card in Hollywood' s Strikes. Here' s an Explanation of Its Unsettling Role. " AP News. July 21, 2023. https: //apnews. com/article/artificial-intelligence-hollywood-strikes-explained-writers-actors-e872bd63ab52c3ea9f7d6 e825240a202

14. Crawford K. *Atlas of AI: Power, Politics, and the Planetary Costs of Artificial Intelligence*. New Haven: Yale University Press; 2021.

15. Narayanan A. "Students Are Acing Their Homework by Turning in Machine-Generated Essays. Good. " AI Snake Oil. October 21, 2022. https: //www. aisnakeoil. com/p/students-are-acing-their-homework

16. Raji ID, Kumar IE, Horowitz A, Selbst A. "The Fallacy of AI Functionality. " In 2022 *ACM Conference on Fairness, Accountability, and Transparency*. Seoul Republic of Korea: ACM; 2022. p. 959-72. https: //dl. acm. org/doi/10. 1145/3531146. 3533158

17. Ross C, Herman B. "Denied by AI: How Medicare Advantage Plans Use Algorithms to Cut Off Care for Seniors in Need. " STAT. March 13, 2023. https: // www. statnews. com/2023/03/13/medicare-advantage-plans-denial-artificial-intelligence/

18. Varner M, Sankin A. "Suckers List: How Allstate' s Secret Auto Insurance Algorithm Squeezes Big Spenders. " The Markup. February 25, 2020. https: //themarkup. org/allstates-algorithm/2020/02/25/car-insurance-suckers-list

19. Robinson DG. *Voices in the Code: A Story about People, Their Values, and the Algorithm They Made*. New York: Russell Sage Foundation; 2022.

20. Marcus G. "Face It, Self-Driving Cars Still Haven' t Earned Their Stripes. " *Marcus on AI* (blog) . August 19, 2023. https: //garymarcus. substack. com/p/face-it-self-driving-cars-still-havent

21. Ryan-Mosley T. "The New Lawsuit That Shows Facial Recognition Is Offi-cially a Civil Rights Issue. " *MIT Technology Review*. April 14, 2021. https: //www. technologyreview. com/2021/04/14/1022676/robert-williams-facial-recognition-lawsuit-aclu-detroit-police/

22. "Facial Recognition Tool Led to Mistaken Arrest, Lawyer Says. " AP News. January 2, 2023. https: //apnews. com/article/technology-louisiana-baton-rouge-new-orleans-crime-50e1ea591aed6cf14d248096958dccc4

23. Hill K. "Eight Months Pregnant and Arrested after False Facial Recognition Match. " *New York Times*. August 6, 2023. https: //www. nytimes. com/2023/08/06/business/facial-recognition-false-arrest. html

24. Cipriano A. "Facial Recognition Now Used in over 1, 800 Police Agencies: Report. " The Crime Report. April 7, 2021. https: //thecrimereport. org/2021/04/07/facial-recognition-now-used-in-over-1800-police-agencies-report/

25. Crumpler W. "How Accurate Are Facial Recognition Systems—and Why Does It Matter?" *Strategic Technologies Blog*. CSIS. April 14, 2020. https: //www. csis. org/blogs/strategic-technologies-blog/how-accurate-are-facial-recognition-systems-and-why-does-it

26. Buolamwini J, Gebru T, Raynham H, Raji D, Zuckerman E. "Gender Shades. " MIT Media Lab. https: //www. media. mit. edu/projects/gender-shades/overview/. Accessed February 15, 2024.

27. Buolamwini J, Gebru T. "Gender Shades: Intersectional Accuracy Disparities in Commercial Gender Classification. " In: *Proceedings of the 1st Conference on Fairness, Accountability and Transparency*. PMLR; 2018. pp. 77-91. https: //proceedings. mlr. press/v81/buolamwini18a. html

28. Hill K. *Your Face Belongs to Us: A Secretive Startup' s Quest to End Privacy as We Know It*. New York: Random House; 2023.

29. "Russia: Police Target Peaceful Protesters Identified Using Facial Recognition Technology. " Amnesty International. April 27, 2021. https: //www. amnesty. org/en/latest/press-release/2021/04/russia-police-target-peaceful-protesters-identified-using-facial-recognition-technology/

30. Hill K, Kilgannon C. "Madison Square Garden Uses Facial Recognition to Ban Its Owner' s Enemies. " *New York Times*. December 22, 2022. https: //www. nytimes. com/2022/12/22/nyregion/madison-square-garden-facial-recognition. html

31. Brewster T. "Exclusive: DHS Used Clearview AI Facial Recognition in Thousands of Child Exploitation Cold Cases. " *Forbes*. August 7, 2023. https: //www. forbes. com/sites/thomasbrewster/2023/08/07/dhs-ai-facial-recognition-solving-child-exploitation-cold-cases/

32. "Rite Aid Corporation, FTC v. " Cases and Proceedings. Federal Trade Commission. 2023. https: //www. ftc. gov/legal-library/browse/cases-proceedings/2023190-rite-aid-corporation-ftc-v

33. Kaltheuner F., ed. *Fake AI*. Manchester, UK: Meatspace Press; 2021. https: //shop. meats-pacepress. com/products/fake-ai-e-book

34. Lazer D, Kennedy R, King G, Vespignani A. "The Parable of Google Flu: Traps in Big Data Analysis. " *Science* 343, no. 6176(March 2014): 11203-5.

35. Sculley D, Holt G, Golovin D, Davydov E, Phillips T, Ebner D, et al. "Hidden Technical Debt in Machine Learning Systems. " In: *Advances in Neural Information Processing Systems*. Montreal: Curran Associates; 2015. https: //papers. nips. cc/paper_ files/paper/2015/hash/86df7dcfd896fcaf2674f757a2463eba-Abstract. html

36. Merritt SH, Gaffuri K, Zak PJ. "Accurately Predicting Hit Songs Using Neurophysiology

and Machine Learning. " *Front Artif Intell.* 6 (2023) . https: //www. frontiersin. org/articles/10. 3389/frai. 2023. 1154663

37. Bushwick S, Tu L. " Here' s How AI Can Predict Hit Songs with Frightening Accuracy. " *Scientific American.* July 28, 2023. https: //www. scientificamerican. com/podcast/episode/heres-how-ai-can-predict-hit-songs-with-frightening-accuracy/

38. Heath R. " Neuro-forecasting the Next No. 1 Song. " Axios. June 27, 2023. https: //www. axios. com/2023/06/27/ai-predicts-hits-number-one-songs

39. Kapoor S, Narayanan A. "Leakage and the Reproducibility Crisis in Machine-Learning-Based Science. "*Patterns* 4, no. 9(September 2023): 100804.

40. Roberts M, Driggs D, Thorpe M, Gilbey J, Yeung M, Ursprung S, et al. "Common Pitfalls and Recommendations for Using Machine Learning to Detect and Prognosticate for COVID-19 Using Chest Radiographs and CT Scans. "*Nat Mach Intell.* 3, no 3(March 2021): 199–217.

41. Serra-Garcia M, Gneezy U. "Nonreplicable Publications Are Cited More Than Replicable Ones. "*Sci Adv.* 7, no. 21(May 2021): eabd1705.

42. Kapoor S, Cantrell E, Peng K, Pham TH, Bail CA, Gundersen OE, et al. "REFORMS: Reporting Standards for Machine Learning Based Science. " arXiv. Revised September 19, 2023. http: //arxiv. org/abs/2308. 07832

43. Wang A, Kapoor S, Barocas S, Narayanan A. "Against Predictive Optimization: On the Legitimacy of Decision-Making Algorithms That Optimize Predictive Accuracy. "In: 2023 *ACM Conference on Fairness, Accountability, and Transparency.* Chicago, IL: ACM; 2023. p. 626 – 626. https: //dl. acm. org/doi/10. 1145/3593013. 3594030

44. Atleson M. "Keep Your AI Claims in Check. "*Business blog.* Federal Trade Commission. February 27, 2023. https: //www. ftc. gov/business-guidance/blog/2023/02/keep-your-ai-claims-check

45. Levy S. "Blake Lemoine Says Google' s LaMDA AI Faces ' Bigotry. ' "*Wired.* June 17, 2022. https: //www. wired. com/story/blake-lemoine-google-lamda-ai-bigotry/

46. Pulitzer Center. " AI Accountability Fellowships. " Pulitzer Center. 2023. https: //pulitzercenter. org /grants-fellowships/opportunities-journalists/ai-accountability-fellowships

47. Sen A, Bennett DK. "Tracked: How Colleges Use AI to Monitor Student Protests. "*Dallas Morning News.* September 20, 2022. https: //interactives. dallasnews. com/2022/social-sentinel/

48. Narayanan A, Kapoor S. AI Snake Oil. https: //www. aisnakeoil. com/

49. Yiu E, Kosoy E, Gopnik A. "Transmission versus Truth, Imitation versus Innovation: What Children Can Do That Large Language and Language-and-Vision Models Cannot(Yet). " *Perspect Psychol Sci J Assoc Psychol Sci.* (October 2023): 17456916231201401.

50. Li H, Vincent N, Chancellor S, Hecht B. "The Dimensions of Data Labor: A Road Map for Researchers, Activists, and Policymakers to Empower Data Producers. "In: *Proceedings of the*

2023 *ACM Conference on Fairness, Accountability, and Transparency*. New York: ACM; 2023. p. 1151−61. https: //dl. acm. org/doi/10. 1145/3593013. 3594070

第2章　预测式AI何以误入歧途

1. Svrluga S. "University President Allegedly Says Struggling Freshmen Are Bunnies That Should Be Drowned." *Washington Post*. January 19, 2016. https: //www. washingtonpost. com/news/grade-point/wp/2016/01/19/university-president-allegedly-says-struggling-freshmen-are-bunnies-that-should-be-drowned-that-a-glock-should-be-put-to-their-heads/

2. Feathers T. "Major Universities Are Using Race as a 'High Impact Predictor' of Student Success. "The Markup. March 2, 2021. https: //themarkup. org/machine-learning/2021/03/02/major-universities-are-using-race-as-a-high-impact-predictor-of-student-success

3. Waldman A. "Power, Process, and Automated Decision-Making. "*Fordham Law Rev*. 88, no. 2(November 2019): 613.

4. Artificial Intelligence Incident Database. https: //incidentdatabase. ai/

5. AI, Algorithmic, and Automation Incidents and Controversies Repository. https: //www. aiaaic. org/aiaaic-repository

6. Pasquale F. *The Black Box Society: The Secret Algorithms That Control Money and Information*. Cambridge, MA: Harvard University Press; 2015. https: //www. degruyter. com/document/doi/10. 4159/harvard. 9780674736061/html

7. "Advancing Public Health Interventions to Address the Harms of the Carceral System." Policy Statement Database. APHA. October 26, 2021. https: //www. apha. org/Policies-and-Advocacy/Public-Health-Policy-Statements/Policy-Database/2022/01/07/Advancing-Public-Health-Interventions-to-Address-the-Harms-of-the-Carceral-System

8. Rabuy B, Kopf D. "Detaining the Poor: How Money Bail Perpetuates an Endless Cycle of Poverty and Jail Time. "Prison Policy Initiative. May 10, 2016. https: // www. prisonpolicy. org/reports/incomejails. html

9. Subramanian R et al. *Incarceration's Front Door: The Misuse of Jails in America*. New York: Vera Institute of Justice; 2015. https: //www. vera . org/downloads/publications/incarcerations-front-door-summary. pdf

10. Kang-Brown J, Montagnet C Heiss J. *People in Jail and Prison in Spring* 2021. New York: Vera Institute of Justice; 2021. https: //www. vera . org/downloads/publications/people-in-jail-and-prison-in-spring-2021. pdf

11. Angwin J (ProPublica), contributor. *Sample COMPAS Risk Assessment: COMPAS "CORE.* " DocumentCloud; 2011. https: //www. documentcloud. org/documents/2702103-Sample-Risk-Assessment-COMPAS-CORE

12. Northpointe, Inc. *Practitioner's Guide to COMPAS Core*. April 4, 2019. http: // www. equivant. com/wp-content/uploads/Practitioners-Guide-to-COMPAS-Core-040419. pdf

13. Taulli T. "Upstart: Can AI Kill the FICO Score?" *Forbes*. August 13, 2021. https://www. forbes. com/sites/tomtaulli/2021/08/13/upstart-can-ai-kill-the-fico-score/

14. Lum K, Isaac W. "To Predict and Serve?" *Significance* 13, no. 5(2016): 14–9.

15. Wang A, Kapoor S, Barocas S, Narayanan A. "Against Predictive Optimization: On the Legitimacy of Decision-Making Algorithms That Optimize Predictive Accuracy." In: 2023 *ACM Conference on Fairness, Accountability, and Transparency*. Chicago, IL: ACM; 2023. p. 626. https://dl. acm. org/doi/10. 1145/3593013. 3594030

16. Caruana R, Lou Y, Gehrke J, Koch P, Sturm M, Elhadad N. "Intelligible Models for HealthCare: Predicting Pneumonia Risk and Hospital 30-Day Readmission." In: *Proceedings of the 21st ACM SIGKDD International Conference on Knowledge Discovery and Data Mining*. Sydney, NSW Australia: ACM; 2015. p. 1721 – 30. https://dl. acm. org/doi/10. 1145/2783258. 2788613

17. Cooper GF, Aliferis CF, Ambrosino R, Aronis J, Buchanan BG, Caruana R, et al. "An Evaluation of Machine-Learning Methods for Predicting Pneumonia Mortality." *Artif Intell Med* 9, no. 2(February 1997): 107–38.

18. Wang A, Kapoor S, Barocas S, Narayanan A. "Against Predictive Optimization: On the Legitimacy of Decision-Making Algorithms That Optimize Predictive Accuracy." In: 2023 *ACM Conference on Fairness, Accountability, and Transparency*. Chicago, IL: ACM; 2023. p. 626. https://dl. acm. org/doi/10. 1145/3593013. 3594030

19. Ye C, Fu T, Hao S, Zhang Y, Wang O, Jin B, et al. "Prediction of Incident Hypertension within the Next Year: Prospective Study Using Statewide Electronic Health Records and Machine Learning." *J Med Internet Res* 20, no. 1(January 2018): e22.

20. Filho AC, Batista AFDM, Santos HG dos. "Data Leakage in Health Outcomes Prediction with Machine Learning. Comment on 'Prediction of Incident Hyperten-sion within the Next Year: Prospective Study Using Statewide Electronic Health Records and Machine Learning.'" *J Med Internet Res* 23, no. 2(February 2021): e10969.

21. Fuller JB, Raman M, Sage-Gavin E, Hines K. *Hidden Workers: Untapped Talent*. Cambridge, MA: Harvard Business School; 2021. https://www. hbs. edu/managing-the-future-of-work/Documents/research/hiddenworkers09032021. pdf

22. Burrell J. "How the Machine 'Thinks': Understanding Opacity in Machine Learning Algorithms." *Big Data Soc* 3, no. 1(June 2016): 2053951715622512.

23. Schellmann H. "Finding It Hard to Get a New Job? Robot Recruiters Might Be to Blame." *Guardian*. May 11, 2022. https://www. theguardian. com/us-news/2022/may/11/artitifical-intelligence-job-applications-screen-robot-recruiters

24. Harwell D. "A Face-Scanning Algorithm Increasingly Decides Whether You Deserve the Job." *Washington Post*. October 22, 2019. https://www. washingtonpost. com/technology/2019/10/22/ai-hiring-face-scanning-algorithm-increasingly-decides-whether-you-deserve-job/

25. Harlan E, Schnuck O. "Objective or Biased. "BR 24. February 16, 2021. https:// interaktiv. br. de/ki-bewerbung/en/

26. Rhea A, Markey K, D' Arinzo L, Schellmann H, Sloane M, Squires P, et al. "Resume Format, LinkedIn URLs and Other Unexpected Influences on AI Personality Prediction in Hiring: Results of an Audit. "In: *Proceedings of the* 2022 *AAAI/ACM Conference on AI, Ethics, and Society*. Oxford: ACM; 2022. p. 572–87. https: //dl. acm. org/doi/10. 1145/3514094. 3534189

27. Geiger G. "How a Discriminatory Algorithm Wrongly Accused Thousands of Families of Fraud. "Vice. March 1, 2021. https: //www. vice. com/en/article/jgq35d/how-a-discriminatory-algorithm-wrongly-accused-thousands-of-families-of-fraud

28. Heikkilä M. "Dutch Scandal Serves as a Warning for Europe over Risks of Using Algorithms. "POLITICO. March 29, 2022. https: //www. politico. eu/article/dutch-scandal-serves-as-a-warning-for-europe-over-risks-of-using-algorithms/

29. Jones S. " Many Caribbean Dutch Victims of Benefits Scandal. " Caribbean Network. February 1, 2021. https: //caribischnetwerk. ntr. nl/2021/02/01/veel-caribische-nederlanders-slachtoffer-toeslagenaffaire/

30. Autoriteit Persoonsgegevens. " Tax Authorities Fine for FSV Blacklist. " April 12, 2022. https: //autoriteitpersoonsgegevens. nl/actueel/boete-belastingdienst-voor-zwarte-lijst-fsv

31. Wykstra S, Undark. "It Was Supposed to Detect Fraud. It Wrongfully Accused Thousands Instead. " *Atlantic*. 2020. https: //www. theatlantic. com/technology/archive/2020/06/michigan-unemployment-fraud-automation/612721/

32. Pearson J. "The Story of How the Australian Government Screwed Its Most Vulnerable People. " Vice. August 24, 2020. https: //www. vice. com/en/article/y3zkgb/the-story-of-how-the-australian-government-screwed-its-most-vulnerable-people-v27n3

33. Martineau P. "Toronto Tapped Artificial Intelligence to Warn Swimmers. The Experiment Failed. "The Information. November 4, 2022. https: //www. theinfor mation. com/articles/when-artificial-intelligence-isnt-smarter

34. Mole B. "UnitedHealth Uses AI Model with 90% Error Rate to Deny Care, Lawsuit Alleges. " Ars Technica. November 16, 2023. https: //arstechnica. com/health/2023/11/ai-with-90-error-rate-forces-elderly-out-of-rehab-nursing-homes-suit-claims/

35. Parasuraman R, Manzey DH. "Complacency and Bias in Human Use of Automation: An Attentional Integration. "*Hum Factors* 52, no. 3(June 2010): 381–410.

36. Goel S, Shroff R, Skeem J, Slobogin C. "The Accuracy, Equity, and Jurisprudence of Criminal Risk Assessment. "In: *Research Handbook on Big Data Law*, ed. Roland Vogel. Cheltenham, UK: Edward Elgar Publishing; 2021. p. 9–28. https: //www. elgaronline. com/edcollchap/edcoll/9781788972819/978178897281 9. 00007. xml

37. Corey E. "How a Tool to Help Judges May Be Leading Them Astray. "The Appeal. August 8, 2019. https: //theappeal. org/how-a-tool-to-help-judges-may-be-leading-them-astray/

38. Chouldechova A, Benavides-Prado D, Fialko O, Vaithianathan R. "A Case Study of Algorithm-Assisted Decision Making in Child Maltreatment Hotline Screening Decisions." In: *Proceedings of the 1st Conference on Fairness, Accountability and Transparency.* PMLR; 2018. p. 134–48. https://proceedings.mlr.press/v81/chouldechova18a.html

39. Abdurahman JK. "Birthing Predictions of Premature Death." *Logic(s)Magazine.* August 22, 2022. https://logicmag.io/home/birthing-predictions-of-premature-death/

40. Obermeyer Z, Powers B, Vogeli C, Mullainathan S. "Dissecting Racial Bias in an Algorithm Used to Manage the Health of Populations." *Science* 366, no. 6464(October 2019): 447–53.

41. Wolford G, Miller MB, Gazzaniga M. "The Left Hemisphere's Role in Hypothesis Formation." *J Neurosci* 20, no. 6(March 2000): RC64.

42. Jenkins HM, Ward WC. "Judgment of Contingency between Responses and Outcomes." *Psychol Monogr Gen Appl* 79, no. 1(1965): 1-17.

43. Nix E. "'Dewey Defeats Truman': The Election Upset behind the Photo." History. Updated November 2, 2020. https://www.history.com/news/dewey-defeats-truman-election-headline-gaffe

44. Wohlsen M. "I Just Want Nate Silver to Tell Me Everything's Going to Be Fine." *Wired.* October 16, 2016. https://www.wired.com/2016/10/just-want-nate-silver-tell-everythings-going-fine/

45. Bueno N, Nunes F, Zucco C. "Benefits by Luck: A Study of Lotteries as a Selection Method for Government Programs." Available at SSRN(April 2023). https://papers.ssrn.com/abstract=4411082

第 3 章　何以 AI 难测未来苍穹

1. Rees A. "The History of Predicting the Future." *Wired.* December 27, 2021. https://www.wired.com/story/history-predicting-future/

2. "Diaper-Beer Syndrome." *Forbes.* April 6, 1998. https://www.forbes.com/forbes/1998/0406/6107128a.html

3. Anderson C. "The End of Theory: The Data Deluge Makes the Scientific Method Obsolete." *Wired.* June 23, 2008. https://www.wired.com/2008/06/pb-theory/

4. Narayanan A, Salganik MJ. "Limits to Prediction." Fall 2020. https://msalganik.github.io/cos597E-soc555_f2020/

5. Romeo N. "Ancient Device for Determining Taxes Discovered in Egypt." *National Geographic.* May 18, 2016. https://www.nationalgeographic.com/history/article/160517-nilometer-discovered-ancient-egypt-nile-river-archaeology

6. "Weather Forecasting through the Ages." NASA Earth Observatory. February 25, 2002. https://earthobservatory.nasa.gov/features/WxForecasting/wx2.php

7. Lorenz EN. "Deterministic Nonperiodic Flow." *J Atmospheric Sci* 20, no. 2 (March 1963): 130–41.

8. Chang K, Edward N. "Lorenz, a Meteorologist and a Father of Chaos Theory, Dies at 90." *New York Times*. April 17, 2008. https://www.nytimes.com/2008/04/17/us/17lorenz.html

9. "Butterflies, Tornadoes, and Time Travel." APSNews. June 2004. http://www.aps.org/publications/apsnews/200406/butterfly-effect.cfm

10. Bauer P, Thorpe A, Brunet G. "The Quiet Revolution of Numerical Weather Prediction." *Nature* 525, no. 7567 (September 2015): 47–55.

11. Forrester JW. "System Dynamics and the Lessons of 35 Years." In: *A Systems-Based Approach to Policymaking*, ed. KB Greene. Boston, MA: Springer US; 1993. p. 199-240. https://doi.org/10.1007/978-1-4615-3226-2_7

12. Lepore J. "How the Simulmatics Corporation Invented the Future." *New Yorker*. July 27, 2020. https://www.newyorker.com/magazine/2020/08/03/how-the-simulmatics-corporation-invented-the-future

13. De Sola Pool I, Abelson R. "The Simulmatics Project." *Public Opin Q* 25, no. 2 (January 1961): 167–83.

14. Paul T. "When Did Credit Scores Start? A Brief Look at the Long History behind Credit Reporting." CNBC. Updated January 31, 2023. https://www.cnbc.com/select/when-did-credit-scores-start/

15. Ochigame R. "The Long History of Algorithmic Fairness." Phenomenal World. January 30, 2020. https://www.phenomenalworld.org/analysis/long-history-algorithmic-fairness/

16. Reicin E. "Council Post: AI Can Be a Force for Good in Recruiting and Hiring New Employees." *Forbes*. November 16, 2021. https://www.forbes.com/sites/forbesnonprofitcouncil/2021/11/16/ai-can-be-a-force-for-good-in-recruiting-and-hiring-new-employees/

17. Lau J. "Google Maps 101: How AI Helps Predict Traffic and Determine Routes." *The Keyword* (blog). Google. September 3, 2020. https://blog.google/products/maps/google-maps-101-how-ai-helps-predict-traffic-and-determine-routes/

18. "Traffic Prediction for Retail Labor Forecasting & More." SenSource. https://sensourceinc.com/vea-software/forecasting/. Accessed February 16, 2024.

19. Earthquake Hazards Program. "Introduction to the National Seismic Hazard Maps." U. S. Geological Survey. March 9, 2022. https://www.usgs.gov/programs/earthquake-hazards/science/introduction-national-seismic-hazard-maps

20. "Can You Predict Earthquakes?" U. S. Geological Survey. https://www.usgs.gov/faqs/can-you-predict-earthquakes. Accessed February 16, 2024.

21. Hong S-ha. "Prediction as Extraction of Discretion." *Big Data Soc* 10, no. 1 (January 2023): 20539517231171053.

22. Hofman JM, Sharma A, Watts DJ. "Prediction and Explanation in Social Sys-tems." *Sci-*

ence 355 no. 6324(February 2017): 486–8.

23. Scott SB, Rhoades GK, Stanley SM, Allen ES, Markman HJ. "Reasons for Divorce and Recollections of Premarital Intervention: Implications for Improving Relationship Education." *Couple Fam Psychol* 2, no. 2(June 2013): 131–45.

24. Heyman RE, Slep AMS. "The Hazards of Predicting Divorce without Cross-validation." *J Marriage Fam* 63, no. 2(2001): 473–9.

25. Salganik MJ, Lundberg I, Kindel AT, Ahearn CE, Al-Ghoneim K, Almaatouq A, et al. "Measuring the Predictability of Life Outcomes with a Scientific Mass Collaboration." *Proc Natl Acad Sci* 117, no. 15(April 2020): 8398–403.

26. " Download ImageNet Data. " Imagenet. 2020. https://www.image-net.org/download.php

27. Narayanan A, Salganik MJ. "Limits to Prediction": pre-read. Fall 2020.

28. Lundberg I, Brown-Weinstock R, Clampet-Lundquist S, Pachman S, Nelson TJ, Yang V, et al. "The Origins of Unpredictability in Life Trajectory Prediction Tasks." arXiv. October 19, 2023. http://arxiv.org/abs/2310.12871

29. van der Laan J, de Jonge E, Das M, Te Riele S, Emery T. "A Whole Population Network and Its Application for the Social Sciences." *Eur Sociol Rev* 39, no. 1(February 2023): 145–60.

30. "SICSS-ODISSEI Schedule & Materials." SICSS. 2023. https://sicss.io/2023/odissei/schedule

31. Farahany NA. *The Battle for Your Brain: Defending the Right to Think Freely in the Age of Neurotechnology*. New York: St. Martin's Press; 2023.

32. Wang A, Kapoor S, Barocas S, Narayanan A. "Against Predictive Optimization: On the Legitimacy of Decision-Making Algorithms That Optimize Predictive Accuracy." In: 2023 *ACM Conference on Fairness, Accountability, and Transparency*. Chicago, IL: ACM; 2023. p. 62. https://dl.acm.org/doi/10.1145/35930 13.3594030

33. Northpointe. *Practitioner's Guide to COMPAS Core*. April 4, 2019. http://www.equivant.com/wp-content/uploads/Practitioners-Guide-to-COMPAS-Core-040419.pdf

34. Angwin J, Larson J, Mattu S, Kirchner L. " Machine Bias. " ProPublica. May 23, 2016. https://www.propublica .org/article/machine-bias-risk-assessments-in-criminal-sentencing

35. Larson J, Mattu S, Kirchner L, Angwin J. "How We Analyzed the COMPAS Recidivism Algorithm." ProPublica. May 23, 2016. https://www.propublica.org/article/how-we-analyzed-the-compas-recidivism-algorithm

36. Pierson E, Simoiu C, Overgoor J, Corbett-Davies S, Jenson D, Shoemaker A, et al. "A Large-Scale Analysis of Racial Disparities in Police Stops across the United States." *Nat Hum Behav* 4, no. 7(July 2020): 736–45.

37. Dressel J, Farid H. "The Accuracy, Fairness, and Limits of Predicting Recidivism." *Sci*

Adv 4, no. 1(2018): eaao5580.

38. Steinberg L, Scott ES. "Less Guilty by Reason of Adolescence: Developmental Immaturity, Diminished Responsibility, and the Juvenile Death Penalty." *Am Psychol* 58, no. 12(December 2003): 1009–18.

39. "Why Luck Is the Silent Partner of Success." Knowledge at Wharton. October 20, 2017. https://knowledge.wharton.upenn.edu/article/how-luck-is-the-silent-partner-of-success/

40. Mlodinow L. *The Drunkard's Walk: How Randomness Rules Our Lives*. Reprint edition. New York: Vintage; 2009.

41. "20 Years Ago: Tom Brady Replaced an Injured Drew Bledsoe, Changing the Patriots Franchise Forever." CBS Boston. September 23, 2021. https://www.cbsnews.com/boston/news/20-years-ago-tom-brady-replaced-drew-bledsoe-changing-patriots-franchise-forever-mo-lewis-nfl-bill-belichick/

42. Chmielewski DC. "Disney Expects $200-Million Loss on 'John Carter.'" *Los Angeles Times*. March 20, 2012. https://www.latimes.com/entertainment/la-xpm-2012-mar-20-la-fi-ct-disney-write-down-2012032 0-story.html

43. D'Alessandro A. "'Strange World' to Lose $147M: Why Theatrical Was Best Decision for Doomed Toon—Not Disney+-as Bob Iger Takes Over CEO from Bob Chapek." Deadline. November 27, 2022. https://deadline.com/2022/11/strange-world-bombs-box-office-disney-glass-onion-bob-iger-bob-chapek-1235182222/

44. Whitbrook J. "How a *Trigun* Stan Made a 2019 Sci-Fi Novel a Hit on Amazon." Gizmodo. May 10, 2023. https://gizmodo.com/this-is-how-you-lose-the-time-war-trigun-twitter-amazon-1850424312

45. Bol T, de Vaan M, van de Rijt A. "The Matthew Effect in Science Funding." *Proc Natl Acad Sci* 115, no. 19(May 2018): 4887–90.

46. Goel S, Anderson A, Hofman J, Watts DJ. "The Structural Virality of Online Diffusion." *Manag Sci* 62, no. 1(January 2016): 180–96.

47. Guinaudeau B, Munger K, Votta F. "Fifteen Seconds of Fame: TikTok and the Supply Side of Social Video." *Comput Commun Res* 4, no. 2(October 2022): 463–85.

48. Kleinman Z. "'Charlie Bit My Finger' Video to Be Taken Off YouTube after Selling for £500,000." BBC. May 24, 2021. https://www.bbc.com/news/newsbeat-57227290

49. Martin T, Hofman JM, Sharma A, Anderson A, Watts DJ. "Exploring Limits to Prediction in Complex Social Systems." In: *Proceedings of the 25th International Conference on World Wide Web*. Republic and Canton of Geneva, CHE: International World Wide Web Conferences Steering Committee; 2016. p. 683–94. https://dl.acm.org/doi/10.1145/2872427.2883001

50. Zukin M. "Why TikTok Stars Will Survive No Matter What." *Variety*. August 4, 2020. https://variety.com/2020/digital/news/tiktok-stars-charli-damelio-noah-schnapp-jalaiah-harmon-1234723975/

51. Ronson J. "How One Stupid Tweet Blew Up Justine Sacco's Life." *New York Times*. February 12, 2015. https://www.nytimes.com/2015/02/15/magazine/how-one-stupid-tweet-ruined-justine-saccos-life.html

52. Robertson CE, Pröllochs N, Schwarzenegger K, Pärnamets P, Van Bavel JJ, Feuerriegel S. "Negativity Drives Online News Consumption." *Nat Hum Behav* 7, no. 5 (May 2023): 812–22.

53. Heltzel G, Laurin K. "Polarization in America: Two Possible Futures." *Curr Opin Behav Sci* 34 (August 2020): 179–84.

54. Zachariah RA, Sharma S, Kumar V. "Systematic Review of Passenger Demand Forecasting in Aviation Industry." *Multimed Tools Appl* 1 (May 2023): 1–37.

55. Turchin P. *Ages of Discord: A Structural-Demographic Analysis of American History*. Chaplin, CT: Beresta Books; 2016.

56. Chancellor E. "The Bubble in Predicting the End of the World." Reuters. December 1, 2022. https://www.reuters.com/breakingviews/global-markets-breakingviews-2022-12-01/

57. Tetlock PE. *Expert Political Judgment: How Good Is It? How Can We Know?* New edition. Princeton, NJ: Princeton University Press; 2017.

58. Turchin P. "Fitting Dynamic Regression Models to Seshat Data." *Cliodynamics* 9, no. 1 (June 2018). https://escholarship.org/uc/item/99x6r11m

59. "About CDC's Flu Forecasting Efforts." CDC. last reviewed October 6, 2023. https://www.cdc.gov/flu/weekly/flusight/how-flu-forecasting.htm

60. "FluSight: Flu Forecasting for Influenza Prevention and Control." CDC. Last reviewed October 10, 2023. https://www.cdc.gov/flu/weekly/flusight/index.html

61. Osterholm MT. "The Fog of Pandemic Planning." CIDRAP. University of Minnesota. January 31, 2007. https://www.cidrap.umn.edu/business-preparedness/fog-pandemic-planning

62. Global Preparedness Monitoring Board. *A World at Risk: Annual Report* 2019. Geneva: World Health Organization. September 2019. https://www.gpmb.org/reports/annual-report-2019

63. Gates B. "The Next Outbreak? We're Not Ready." Filmed March 2015 in Vancouver, BC. TED video, 8:24. https://www.ted.com/talks/bill_gates_the_next_outbreak_we_re_not_ready?language=dz

64. Binny RN, Lustig A, Hendy SC, Maclaren OJ, Ridings KM, Vattiato G, et al. "Real-Time Estimation of the Effective Reproduction Number of SARS-CoV-2 in Aotearoa New Zealand." *PeerJ* 10 (October 2022): e14119.

第 4 章　通往生成式 AI 的漫漫长途

1. Noy S, Zhang W. "Experimental Evidence on the Productivity Effects of Gen-erative Arti-

ficial Intelligence. "*Science* 381, no. 6654(July 2023): 187–92.

2. "Introducing Be My AI(Formerly Virtual Volunteer) for People Who Are Blind or Have Low Vision, Powered by OpenAI' s GPT-4. "Be My Eyes. https://www.bemyeyes.com/blog/introducing-be-my-eyes-virtual-volunteer. Accessed February 23, 2024.

3. Roose K. "A Conversation with Bing' s Chatbot Left Me Deeply Unsettled. "*New York Times*. February 16, 2023. https://www.nytimes.com/2023/02/16/technology/bing-chatbot-microsoft-chatgpt.html

4. "Margaret Mitchell: Google Fires AI Ethics Founder. " BBC News. February 20, 2021. https://www.bbc.com/news/technology-56135817

5. Weiser B, Schweber N. "The ChatGPT Lawyer Explains Himself. "*New York Times*. June 8, 2023. https://www.nytimes.com/2023/06/08/nyregion/lawyer-chatgpt-sanctions.html

6. Solaiman I, Talat Z, Agnew W, Ahmad L, Baker D, Blodgett SL, et al. "Evaluating the Social Impact of Generative AI Systems in Systems and Society. "arXiv. Last revised June 12, 2023. http://arxiv.org/abs/2306.05949

7. Guingrich R, Graziano MSA. "Chatbots as Social Companions: How People Perceive Consciousness, Human Likeness, and Social Health Benefits in Machines. "arXiv. Last revised December 16, 2023. http://arxiv.org/abs/2311.10599

8. Xiang C. "' He Would Still Be Here' : Man Dies by Suicide after Talking with AI Chatbot, Widow Says. " Vice. March 30, 2023. https://www.vice.com/en/article/pkadgm/man-dies-by-suicide-after-talking-with-ai-chatbot-widow-says

9. Buell S. "An MIT Student Asked AI to Make Her Headshot More ' Professional. ' It Gave Her Lighter Skin and Blue Eyes. " *Boston Globe*. July 19, 2023. https://www.bostonglobe.com/2023/07/19/business/an-mit-student-asked-ai-make-her-headshot-more-professional-it-gave-her-lighter-skin-blue-eyes/

10. Melissa Heikkilä. "The Viral AI Avatar App Lensa Undressed Me—without My Consent. "*MIT Technology Review*. December 12, 2022. https://www.technology review.com/2022/12/12/1064751/the-viral-ai-avatar-app-lensa-undressed-me-without-my-consent/

11. Maiberg E. "Inside the AI Porn Marketplace Where Everything and Everyone Is for Sale. " 404 Media. August 22, 2023. https://www.404media.co/inside-the-ai-porn-marketplace-where-everything-and-everyone-is-for-sale/

12. Allyn B. "A Robot Was Scheduled to Argue in Court. Then Came the Jail Threats. " NPR. January 25, 2023. https://www.npr.org/2023/01/25/1151435033/a-robot-was-scheduled-to-argue-in-court-then-came-the-jail-threats

13. Mitchell M. *Artificial Intelligence: A Guide for Thinking Humans*. Reprint edition. New York: Picador; 2020.

14. McCulloch WS, Pitts W. "A Logical Calculus of the Ideas Immanent in Nervous Activity. "*Bull Math Biophys* 5, no. 4(December 1943): 115–33.

15. Olazaran M. " A Sociological Study of the Official History of the Perceptrons Controversy. "*Soc Stud Sci* 26, no. 3(1996): 611-59.

16. Samuel AL. "Some Studies in Machine Learning Using the Game of Checkers. "*IBM J Res Dev* 3, no. 3(July 1959): 210-29.

17. Minsky M, Papert SA. *Perceptrons: An Introduction to Computational Geometry, Expanded Edition*. Cambridge, MA. : MIT Press; 1987.

18. Rumelhart DE, Hinton GE, Williams RJ. "Learning Representations by Back-Propagating Errors. "*Nature* 323, no. 6088(October 1986): 533-36.

19. LeCun Y, Boser B, Denker JS, Henderson D, Howard RE, Hubbard W, et al. "Back-Propagation Applied to Handwritten Zip Code Recognition. "*Neural Comput* 1, no. 4(December 1989): 541-51.

20. Pulver D. "The Mail Must Get Through. "*New Volusian*. September 13, 1992. https://news. google. com/newspapers?nid = 1901&dat = 19920912&id = kIgfAAAA IBAJ&pg = 1970, 5531361

21. Cortes C, Vapnik V. "Support-Vector Networks. " *Mach Learn* 20, no. 3 (September 1995): 273-97.

22. Deng J, Dong W, Socher R, Li LJ, Li K, Fei-Fei L. "Imagenet: A Large-Scale Hierarchical Image Database. "In 2009 *IEEE Conference on Computer Vision and Pattern Recognition*. Miami, FL: IEEE; 2009. p. 248-55. https://ieeexplore. ieee. org/document/5206848

23. Gershgorn D. "The Data That Transformed AI Research—and Possibly the World. " Quartz. July 26, 2017. https://qz. com/1034972/the-data-that-changed-the-direction-of-ai-research-and-possibly-the-world

24. Russakovsky O, Deng J, Su H, Krause J, Satheesh S, Ma S, et al. "ImageNet Large Scale Visual Recognition Challenge. "*Int J Comput Vis* 115, no. 3(December 2015): 211-52.

25. Gershgorn D. "The Inside Story of How AI Got Good Enough to Dominate Silicon Valley. " Quartz. June 18, 2018. https://qz. com/1307091/the-inside-story-of-how-ai-got-good-enough-to-dominate-silicon-valley

26. Krizhevsky A, Sutskever I, Hinton GE. "ImageNet Classification with Deep Convolutional Neural Networks. " In: *Advances in Neural Information Processing Systems*. Curran Associates; 2012. https://papers. nips. cc/paper_ files/paper/2012/hash/c399862d3b9d6b76c8436e924a68c45b-Abstract. html

27. Cireşan DC, Meier U, Masci J, Gambardella LM, Schmidhuber J. "High-Performance Neural Networks for Visual Object Classification. "arXiv. February 1, 2011. http://arxiv. org/abs/1102. 0183

28. Hinton G, Deng L, Yu D, Dahl GE, Mohamed Abdel-rahman, Jaitly N, et al. "Deep Neural Networks for Acoustic Modeling in Speech Recognition: The Shared Views of Four Research Groups. "*IEEE Signal Process Mag* 29, no. 6(November 2012): 82-97.

29. Sun C, Shrivastava A, Singh S, Gupta A. "Revisiting Unreasonable Effectiveness of Data in Deep Learning Era. "In: 2017 *IEEE International Conference on Computer Vision (ICCV)*. Venice, IT: IEEE; 2017. p. 843-52. https: //ieeexplore. ieee. org/document/8237359

30. "Open Repository of Web Crawl Data. "Common Crawl. https: //common crawl. org/

31. Orhon A, Wadhwa A, Kim Y, Rossi F, Jagadeesh V. "Deploying Transformers on the Apple Neural Engine. "Apple Machine Learning Research. June 2022. https:// machinelearning. apple. com/research/neural-engine-transformers

32. Hara K, Adams A, Milland K, Savage S, Callison-Burch C, Bigham JP. "A Data-Driven Analysis of Workers' Earnings on Amazon Mechanical Turk. "In: *Proceedings of the* 2018 *CHI Conference on Human Factors in Computing Systems*. New York: Association for Computing Machinery; 2018. p. 1-14. https: //doi. org/10. 1145/3173574. 3174023

33. Birhane A, Prabhu VU. Large Image Datasets: A Pyrrhic Win for Computer Vision? In: 2021 *IEEE Winter Conference on Applications of Computer Vision(WACV)*. Waikoloa, HI: IEEE; 2021. p. 1536-46. https: //ieeexplore. ieee. org/document/9423393

34. Yang K, Qinami K, Fei-Fei L, Deng J, Russakovsky O. "Towards Fairer Datasets: Filtering and Balancing the Distribution of the People Subtree in the ImageNet Hierarchy. "In: *Proceedings of the* 2020 *Conference on Fairness, Accountability, and Transparency*. New York: Association for Computing Machinery; 2020. p. 547-58. https: //doi. org/10. 1145/3351095. 3375709

35. Yang K, Yau JH, Fei-Fei L, Deng J, Russakovsky O. "A Study of Face Obfuscation in ImageNet. "In: *Proceedings of the* 39*th International Conference on Machine Learning*. PMLR; 2022. p. 25313-30. https: //proceedings. mlr. press/v162/yang22q. html

36. Grant N, Hill K. "Google' s Photo App Still Can' t Find Gorillas. And Neither Can Apple' s. "*New York Times*. May 22, 2023. https: //www. nytimes. com/2023/05/22/technology/ai-photo-labels-google-apple. html

37. "Language Models and Linguistic Theories Beyond Words. "*Nat Mach Intell*5, no. 7 (July 2023): 677-8.

38. Olah C, Mordvintsev A, Schubert L. "Feature Visualization. "*Distill* 7, no. 2(November 2017): 10. 23915/distill. 00007.

39. "Stable Diffusion Launch Announcement. "Stability AI. August 10, 2022. https: //stability. ai/news/stable-diffusion-announcement

40. Davis W. "AI Companies Have All Kinds of Arguments against Paying for Copyrighted Content. " The Verge. November 4, 2023. https: //www. theverge. com/2023/11/4/23946353/generative-ai-copyright-training-data-openai-microsoft-google-meta-stabilityai

41. Nolan B. "Artists Say AI Image Generators Are Copying Their Style to Make Thousands of New Images—and It' s Completely out of Their Control. " *Business Insider*. October 7, 2022. https: //www. businessinsider. com/ai-image-generators-artists-copying-style-thousands-images-2022-10

42. Vincent J. "Getty Images Is Suing the Creators of AI Art Tool Stable Diffusion for Scraping Its Content." The Verge. January 17, 2023. https://www.theverge.com/2023/1/17/23558516/ai-art-copyright-stable-diffusion-getty-images-lawsuit

43. Lauryn Ipsum[@LaurynIpsum]. "I'm cropping these for privacy reasons/because I'm not trying to call out any one individual. These are all Lensa portraits where the mangled remains of an artist's signature is still visible. That's the remains of the signature of one of the multiple artists it stole from. A 🧵." X (formerly Twitter). De-cember 5, 2022. https://twitter.com/LaurynIpsum/status/1599953586699767808

44. Jiang HH, Brown L, Cheng J, Khan M, Gupta A, Workman D, et al. "AI Art and Its Impact on Artists." In: *Proceedings of the* 2023 *AAAI/ACM Conference on AI, Ethics, and Society*. New York: ACM; 2023. p. 363–74. https://dl.acm.org/doi/10.1145/3600211.3604681

45. Edwards B. "Artists Stage Mass Protest against AI-Generated Artwork on ArtStation." Ars Technica. December 15, 2022. https://arstechnica.com/information-technology/2022/12/artstation-artists-stage-mass-protest-against-ai-generated-artwork/

46. Fassler E. "South Korea Is Giving Millions of Photos to Facial Recognition Researchers." Vice. November 16, 2021. https://www.vice.com/en/article/xgdxqd/south-korea-is-selling-millions-of-photos-to-facial-recognition-researchers

47. Ho-sung C. S. "Korean Government Provided 170M Facial Images Obtained in Immigration Process to Private AI Developers." Hankyoreh. October 21, 2021. https://english.hani.co.kr/arti/english_edition/e_national/1016107.html

48. Inzamam Q, Qadri H. "Telangana Is Inching Closer to Becoming a Total Surveillance State." The Wire. July 15, 2022. https://thewire.in/tech/telangana-surveillance-police-cctv-facial-recognition

49. Hill K. "The Secretive Company That Might End Privacy as We Know It." *New York Times*. January 18, 2020. https://www.nytimes.com/2020/01/18/technology/clearview-privacy-facial-recognition.html

50. Hill K. *Your Face Belongs to Us: A Secretive Startup's Quest to End Privacy as We Know It*. New York: Random House; 2023.

51. Heikkilä M. "The Walls Are Closing In on Clearview AI." *MIT Technology Review*. May 24, 2022. https://www.technologyreview.com/2022/05/24/1052653/clearview-ai-data-privacy-uk/

52. Mac R. "How a Facial Recognition Tool Found Its Way into Hundreds of US Police Departments, Schools, and Taxpayer-Funded Organizations." BuzzFeed News. Updated April 9, 2021. https://www.buzzfeednews.com/article/ryanmac/clearview-ai-local-police-facial-recognition

53. DeGeurin M. "Targeted Billboard Ads Are a Privacy Nightmare." Gizmodo. October 13, 2022. https://gizmodo.com/billboards-facial-recognition-privacy-targeted-ads-1849655599

54. Big Brother Watch Team. "The Streets Are Watching: How Billboards Are Spying on

You. "Big Brother Watch. October 12, 2022.

55. Howard J, Ruder S. "Universal Language Model Fine-tuning for Text Classification." In: *Proceedings of the 56th Annual Meeting of the Association for Computational Linguistics (Volume 1: Long Papers)*. ed. Gurevych I, Miyao Y. Melbourne, Australia: ACL; 2018. p. 328–39. https://aclanthology.org/P18-1031

56. Raffel C, Shazeer N, Roberts A, Lee K, Narang S, Matena M, et al. "Exploring the Limits of Transfer Learning with a Unified Text-to-Text Transformer." *J Mach Learn Res* 21, no. 1 (January 2020): 140: 5485–140: 5551.

57. Wei J, Bosma M, Zhao VY, Guu K, Yu AW, Lester B, et al. "Finetuned Language Models Are Zero-Shot Learners." arXiv; last revised February 8, 2022. http://arxiv.org/abs/2109.01652

58. Ouyang L, Wu J, Jiang X, Almeida D, Wainwright C, Mishkin P, et al. "Training Language Models to Follow Instructions with Human Feedback." *Adv Neural Inf Process Syst* 35 (December 2022): 27730–44.

59. Acher M. "Debunking the Chessboard: Confronting GPTs against Chess Engines to Estimate Elo Ratings and Assess Legal Move Abilities" (blog). September 30, 2023. https://blog.mathieuacher.com/GPTsChessEloRatingLegalMoves/

60. "What Is Heavier?" r/ChatGPT. Reddit. February 26, 2023. www.reddit.com/r/ChatGPT/comments/11clqc5/what_is_heavier/

61. Jawahar G, Sagot B, Seddah D. "What Does BERT Learn about the Structure of Language?" In: *Proceedings of the 57th Annual Meeting of the Association for Computational Linguistics*, ed. Korhonen A, Traum D, Màrquez L. Florence, Italy: ACL; 2019. p. 3651–57. https://aclanthology.org/P19-1356

62. Rogers A, Kovaleva O, Rumshisky A. "A Primer in BERTology: What We Know about How BERT Works," ed. Johnson M, Roark B, Nenkova A. *Trans Assoc Comput Linguist* 8 (2020): 842–66.

63. Li K, Hopkins AK, Bau D, Viégas F, Pfister H, Wattenberg M. "Emergent World Representations: Exploring a Sequence Model Trained on a Synthetic Task." arXiv. Last revised February 27, 2023. http://arxiv.org/abs/2210.13382

64. Frankfurt HG. *On Bullshit*. Princeton, NJ: Princeton University Press; 2005.

65. Verma P, Oremus W. "ChatGPT Invented a Sexual Harassment Scandal and Named a Real Law Prof as the Accused." *Washington Post*. April 14, 2023. https://www.washingtonpost.com/technology/2023/04/05/chatgpt-lies/

66. Brown EN. "The A. I. Defamation Cases Are Here: ChatGPT Sued for Spreading Misinformation." Reason. June 7, 2023. https://reason.com/2023/06/07/the-a-i-defamation-cases-are-here-chatgpt-sued-for-spreading-misinformation/

67. Bonifacic I. "CNET Corrected Most of Its AI-Written Articles." Engadget. Updated Jan-

uary 25, 2023. https://www.engadget.com/cnet-corrected-41-of-its-77-ai-written-articles-201519489.html

68. Christian J. "CNET Sister Site Restarts AI Articles, Immediately Publishes Idiotic Error." Futurism. Updated February 1, 2023. https://futurism.com/cnet-bankrate-restarts-ai-articles

69. Kao J. "More Than a Million Pro-Repeal Net Neutrality Comments Were Likely Faked." HackerNoon. November 22, 2017. https://hackernoon.com/more-than-a-million-pro-repeal-net-neutrality-comments-were-likely-faked-e9f0e3ed36a6

70. Weiss M. "Deepfake Bot Submissions to Federal Public Comment Websites Cannot Be Distinguished from Human Submissions." *Technol Sci* (December 2017). https://techscience.org/a/2019121801/

71. Stupp C. "Fraudsters Used AI to Mimic CEO's Voice in Unusual Cybercrime Case." *Wall Street Journal*. August 30, 2019. https://www.wsj.com/articles/fraudsters-use-ai-to-mimic-ceos-voice-in-unusual-cybercrime-case-11567157402

72. Porter J. "Apple Books Quietly Launches AI-Narrated Audiobooks." The Verge. January 5, 2023. https://www.theverge.com/2023/1/5/23540261/apple-text-to-speech-audiobooks-ebooks-artificial-intelligence-narrator-madison-jackson

73. "TikTok Voice Generator with Custom TTS Voices." Resemble AI. 2021. https://www.resemble.ai/tiktok/

74. Cox J. "AI-Generated Voice Firm Clamps down after 4chan Makes Celebrity Voices for Abuse." Vice. January 30, 2023. https://www.vice.com/en/article/dy7mww/ai-voice-firm-4chan-celebrity-voices-emma-watson-joe-rogan-eleven-labs

75. Edwards L. "Deepfakes in the Courts." Counsel. December 5, 2022. https://www.counselmagazine.co.uk/articles/deepfakes-in-the-courts

76. Ajder H, Patrini G, Cavalli F. "Automating Image Abuse: Deepfake Bots on Telegram." Sensity. October 2020.

77. Vincent J. "UK Plans to Make the Sharing of Non-consensual Deepfake Porn Illegal." The Verge. November 25, 2022. https://www.theverge.com/2022/11/25/23477548/uk-deepfake-porn-illegal-offence-online-safety-bill-proposal

78. Abid A, Farooqi M, Zou J. "Persistent Anti-Muslim Bias in Large Language Models." In: *Proceedings of the* 2021 *AAAI/ACM Conference on AI, Ethics, and Society*. New York: ACM; 2021. p. 298-306. https://doi.org/10.1145/3461702.3462624

79. Rowe N. "'It's Destroyed Me Completely': Kenyan Moderators Decry Toll of Training of AI Models." *Guardian* (US edition). August 2, 2023. https://www.theguardian.com/technology/2023/aug/02/ai-chatbot-training-human-toll-content-moderator-meta-openai

80. "OpenAI Software Engineer Salary | $800K-$925K+." Levels.fyi. last updated January 30, 2024. https://www.levels.fyi/companies/openai/salaries/software-engineer

81. Metz C, Mickle T. "OpenAI Completes Deal That Values the Company at $80 Billion." *New York Times*. February 16, 2024. https://www.nytimes.com/2024/02/16/technology/openai-artificial-intelligence-deal-valuation.html

82. Dzieza J. "AI Is a Lot of Work." Intelligencer. June 20, 2023. https://nymag.com/intelligencer/article/ai-artificial-intelligence-humans-technology-business-factory.html

83. Jones P. "Refugees Help Power Machine Learning Advances at Microsoft, Facebook, and Amazon." Rest of World. September 22, 2021. https://restofworld.org/2021/refugees-machine-learning-big-tech/

84. Perrigo B. "AI by the People, for the People." *Time*. July 27, 2023. https://time.com/6297403/the-workers-behind-ai-rarely-see-its-rewards-this-indian-startup-wants-to-fix-that/

85. Williams A, Miceli M, Gebru T. "The Exploited Labor behind Artificial Intelligence." Noema. October 13, 2022. https://www.noemamag.com/the-exploited-labor-behind-artificial-intelligence

86. Inbal S, GitHub staff. "Survey Reveals AI's Impact on the Developer Experience" (blog). GitHub. June 13, 2023. https://github.blog/2023-06-13-survey-reveals-ais-impact-on-the-developer-experience/

87. Narayanan A, Kapoor S, Lazar S. "Model Alignment Protects against Accidental Harms, Not Intentional Ones." AI Snake Oil. December 1, 2023. https://www.aisnakeoil.com/p/model-alignment-protects-against

第 5 章　高级 AI 是否关乎存亡之险

1. Boak J, O'Brien M. "Biden Wants to Move Fast on AI Safeguards and Signs an Executive Order to Address His Concerns." AP News. updated October 30, 2023. https://apnews.com/article/biden-ai-artificial-intelligence-executive-order-cb8616
2000d894f238f28ac029005059

2. "Pause Giant AI Experiments: An Open Letter." Future of Life Institute. March 22, 2023. https://futureoflife.org/open-letter/pause-giant-ai-experiments/

3. "Statement on AI Risk." Center for AI Safety. May 30, 2023. https://www.safe.ai/statement-on-ai-risk

4. Crevier D. *AI: The Tumultuous History of the Search for Artificial Intelligence*. New York: Basic Books; 1993.

5. Marcus G. "Face It, Self-Driving Cars Still Haven't Earned Their Stripes." Marcus on AI. August 19, 2023. https://garymarcus.substack.com/p/face-it-self-driving-cars-still-havent

6. Allyn-Feuer A, Sanders T. "Transformative AGI by 2043 is <1% likely." arXiv. June 5, 2023. http://arxiv.org/abs/2306.02519

7. "How Generative Models Could Go Wrong." *Economist*. April 19, 2023. https://www.economist.com/science-and-technology/2023/04/19/how-generative-models-could-go-wrong

8. Karger E, Rosenberg J, Jacobs Z, Hickman M, Hadshar R, Gamin K, et al. "Forecasting Existential Risks Evidence from a Long-Run Forecasting Tournament. "Forecasting Research Institute. July 10, 2023. https: //forecastingresearch. org/news/results-from-the-2022-existential-risk-persuasion-tournament

9. Turing AM. "On Computable Numbers, with an Application to the Entscheidungsproblem. "*Proc Lond Math Soc* s2-42, no. 1(1937): 230-65.

10. McCarthy J, Minsky ML, Rochester N, Shannon CE. "A Proposal for the Dart-mouth Summer Research Project on Artificial Intelligence. "*AI Mag* 27, no. 4(December 2006): 12-12.

11. Liu X, Yu H, Zhang H, Xu Y, Lei X, Lai H, et al. "AgentBench: Evaluating LLMs as Agents. "arXiv. Last revised October 25, 2023. http: //arxiv. org/abs/2308. 03688

12. LeCun Y[@ylecun]. "On the highway towards Human-Level AI, Large Language Model is an off-ramp. "X(formerly Twitter). February 4, 2023. https: //twitter. com/ylecun/status/1621805604900585472

13. Weizenbaum J. "ELIZA—a Computer Program for the Study of Natural Language Communication between Man and Machine. "*Commun ACM* 9, no. 1(January 1966): 36-45.

14. Mitchell M. "Why AI Is Harder Than We Think. " arXiv. Last revised April 28, 2021. http: //arxiv. org/abs/2104. 12871

15. Clark J, Amodei D. "Faulty Reward Functions in the Wild. "Open AI. December 21, 2016. https: //openai. com/research/faulty-reward-functions

16. Christian B. *The Alignment Problem: Machine Learning and Human Values*. New York: W. W. Norton; 2020.

17. Hernandez D, Brown TB. "Measuring the Algorithmic Efficiency of Neural Networks. " arXiv. May 8, 2020. http: //arxiv. org/abs/2005. 04305

18. "Introducing Falcon LLM. "Technology Innovation Institute. "2023. https: // falconllm. tii. ae/. Accessed June 1, 2023.

19. Narayanan A, Kapoor S, Lazar S. "Model Alignment Protects against Accidental Harms, Not Intentional Ones. "AI Snake Oil. December 1, 2023. https: //www. aisnakeoil. com/p/model-alignment-protects-against

20. Takanen A, Demott JD, Miller C. *Fuzzing for Software Security*. Norwood, MA: Artech House Publishers; 2008.

21. Root E. "The Evolution of Security: The Story of Code Red"(blog). *Kapersky Daily*, August 4, 2022. https: //www. kaspersky. com/blog/history-lessons-code-red/45082/

第6章　为什么AI无法修复社交媒体

1. Transcript courtesy of Bloomberg Government. "Transcript of Mark Zuckerberg' s Senate Hearing. " *Washington Post*. April 10, 2018. https: //www. washingtonpost. com/news/the-switch/wp/2018/04/10/transcript-of-mark-zuckerbergs-senate-hearing/

2. Shrivastava R. "Mastodon Isn' t a Replacement for Twitter—but It Has Rewards of Its Own. " *Forbes*. November 4, 2022. https://www.forbes.com/sites/rashishrivastava/2022/11/04/mastodon-isnt-a-replacement-for-twitterbut-it-has-rewards-of-its-own/

3. Masnick M. "Hey Elon: Let Me Help You Speed Run the Content Moderation Learning Curve. "Techdirt. November 2, 2022. https://www.techdirt.com/2022/11/02/hey-elon-let-me-help-you-speed-run-the-content-moderation-learning-curve/

4. Gray ML, Suri S. *Ghost Work: How to Stop Silicon Valley from Building a New Global Underclass*. New York: Houghton Miffiin Harcourt; 2019.

5. Roberts ST. *Behind the Screen: Content Moderation in the Shadows of Social Media; With a New Preface*. New Haven, CT: Yale University Press; 2021.

6. Williams A, Miceli M, Gebru T. "The Exploited Labor behind Artificial Intelligence. " Noema. October 13, 2022. https://www.noemamag.com/the-exploited-labor-behind-artificial-intelligence

7. Bateman J, Thompson N, Smith V. "How Social Media Platforms' Community Standards Address Influence Operations. " Carnegie Endowment for International Peace. April 1, 2021. https://carnegieendowment.org/2021/04/01/how-social-media-platforms-community-standards-address-influence-operations-pub-84201

8. Newton C. "The Secret Lives of Facebook Moderators in America. "The Verge. February 25, 2019. https://www.theverge.com/2019/2/25/18229714/cognizant-facebook-content-moderator-interviews-trauma-working-conditions-arizona

9. Hill K. "A Dad Took Photos of His Naked Toddler for the Doctor. Google Flagged Him as a Criminal. "*New York Times*. August 21, 2022. https://www.nytimes.com/2022/08/21/technology/google-surveillance-toddler-photo.html

10. Montgomery B. "Twitter Suspends an Account for a Cartoon of Captain America Punching a Nazi. " The Daily Beast. September 11, 2019. https://www.thedailybeast.com/twitter-suspends-an-account-for-tweeting-a-cartoon-of-captain-america-punching-a-nazi

11. Butler M. "Cornell Library YouTube Page Restored after Termination Last Week over Nudity Content. "The Ithaca Voice. June 24, 2022. http://ithacavoice.org/2022/06/cornell-library-youtube-page-restored-after-termination-last-week-over-nudity-content/

12. Knight W. " Why a YouTube Chat about Chess Got Flagged for Hate Speech. " *Wired*. March 1, 2021. https://www.wired.com/story/why-youtube-chat-chess-flagged-hate-speech/

13. Koebler J, Cox J. "The Impossible Job: Inside Facebook' s Struggle to Moderate Two Billion People. " Vice. August 23, 2018. https://www.vice.com/en/article/xwk9zd/how-facebook-content-moderation-works

14. The Real Facebook Oversight Board. "Content Moderators Emergency Session. " YouTube video, 1: 08: 10. October 26, 2020. https://www.youtube.com/watch?v=F1byT_2htfs

15. Oremus W. "Facebook' s Contracted Moderators Say They' re Paid to Follow Orders, Not

Think. " OneZero. October 28, 2020. https: //onezero. medium. com/facebooks-contracted-moderators-say-they-re-paid-to-follow-orders-not-think-40331991c6ee

16. Jan T, Dwoskin E. "A White Man Called Her Kids the N-word. Facebook Stopped Her from Sharing It. " *Washington Post*. July 31, 2017. https: //www. washingtonpost. com/business/economy/for-facebook-erasing-hate-speech-proves-a-daunting-challenge/2017/07/31/922d9bc6-6e3b-11e7-9c15-177740635e83_story. html

17. Dwoskin E, Tiku N, Timberg C. "Facebook' s Race-Blind Practices around Hate Speech Came at the Expense of Black Users, New Documents Show. " *Washing-ton Post*. November 11, 2021. https: //www. washingtonpost. com/technology/2021/11/21/facebook-algorithm-biased-race/

18. Horwitz J, Scheck J. "Facebook Increasingly Suppresses Political Movements It Deems Dangerous. " *Wall Street Journal*. October 22, 2021. https: //www. wsj. com/articles/facebook-suppresses-political-movements-patriot-party-11634937358

19. Allen C. "Facebook' s Content Moderation Failures in Ethiopia"(blog). Council on Foreign Relations. April 19, 2022. https: //www. cfr. org/blog/facebooks-content-moderation-failures-ethiopia

20. Zelalem Z, Guest P. " Why Facebook Keeps Failing in Ethiopia. " Rest of World. November 13, 2021. https: //restofworld. org/2021/why-facebook-keeps-failing-in-ethiopia/

21. Purnell N, Horwitz J. "Facebook Services Are Used to Spread Religious Hatred in India, Internal Documents Show. " *Wall Street Journal*. October 23, 2021. https: //www. wsj. com/articles/facebook-services-are-used-to-spread-religious-hatred-in-india-internal-documents-show-11635016354

22. Facebook. *Facebook Response: Sri Lanka Human Rights Impact Assessment*. May 12, 2020. https: //about. fb. com/wp-content/uploads/2021/03/FB-Response-Sri-Lanka-HRIA. pdf

23. Scott M. " Facebook Did Little to Moderate Posts in the World' s Most Violent Countries. " POLITICO. October 25, 2021. https: //www. politico. com/news/2021/10/25/facebook-moderate-posts-violent-countries-517050

24. " Bridging the Gap: Local Voices in Content Moderation. " ARTICLE 19. https: //www. article19. org/bridging-the-gap-local-voices-in-content-moderation/. Accessed February 17, 2024.

25. Debre I, Akram F. " Facebook' s Language Gaps Weaken Screening of Hate, Terrorism. " AP News. October 25, 2021. https: //apnews. com/article/the-facebook-papers-language-moderation-problems-392cb2d065f81980713f37384d07e61f

26. Scott M. " Facebook Did Little to Moderate Posts in the World' s Most Violent Countries. " POLITICO. October 25, 2021. https: //www. politico. com/news/2021/10/25/facebook-moderate-posts-violent-countries-517050

27. Lorenz-Spreen P, Oswald L, Lewandowsky S, Hertwig R. " A Systematic Review of

Worldwide Causal and Correlational Evidence on Digital Media and Democracy. "*Nat Hum Behav* 7, no. 1(January 2023): 74-101.

28. Ortutay B. "In a 3rd Test, Facebook Still Fails to Block Hate Speech. "AP News. July 28, 2022. https: //apnews. com/article/technology-africa-kenya-7aaee9459ae58e1278b6075f9ed1392b

29. Gebru T. "Moving beyond the Fairness Rhetoric in Machine Learning. Invited Talk, ICLR 2021. " YouTube video, 1: 10: 48. September 28, 2021. https: //www. youtube. com/watch?v=gf B8pOZkFLE

30. Santa Clara Principles. "Santa Clara Principles on Transparency and Accountability in Content Moderation. "2021. https: //santaclaraprinciples. org/. Accessed February 18, 2024.

31. Tworek H. "History Explains Why Global Content Moderation Cannot Work. "Brookings. December 10, 2021. https: //www. brookings. edu/articles/history-explains-why-global-content-moderation-cannot-work/

32. "Understanding When Content Is Withheld Based on Country. "Help Center. Twitter. https: //help. twitter. com/en/rules-and-policies/post-withheld-by-country. Accessed September 28, 2023.

33. Sakunia S. "Twitter Blocked 122 Accounts in India at the Government' s Request. "Rest of World. March 24, 2023. https: //restofworld. org/2023/twitter-blocked-access-punjab-amrit-pal-singh-sandhu/

34. Fisher M. "Inside Facebook' s Secret Rulebook for Global Political Speech. "*New York Times*. December 27, 2018. https: //www. nytimes. com/2018/12/27/world/facebook-moderators. html

35. Sumbaly R, Miller M, Shah H, Xie Y, Culatana SC, Khatkevich T, et al. "Using AI to Detect COVID-19 Misinformation and Exploitative Content" (blog). ML Applications. May 12, 2020. https: //ai. meta. com/blog/using-ai-to-detect-covid-19-misinformation-and-exploitative-content/

36. Richmond R. "Web Gang Operating in the Open. "*New York Times*. January 16, 2012.

37. Gerrard Y. "Beyond the Hashtag: Circumventing Content Moderation on Social Media. " *New Media Soc* 20, no. 12(December 2018): 4492-511.

38. Franklin JC, Ribeiro JD, Fox KR, Bentley KH, Kleiman EM, Huang X, et al. "Risk Factors for Suicidal Thoughts and Behaviors: A Meta-Analysis of 50 Years of Research. "*Psychol Bull* 143, no. 2(February 2017): 187-232.

39. Cummings J. "Prevent Suicide by Recognizing Early Warning Signs. "Cummings Institute. 2016. https: //cgi. edu/biodyne-model-therapists-masters-suicide-assessment-prevention/

40. Nyren E. "Pete Davidson Posts Unsettling Message, Deletes Instagram. " *Variety*. December 15, 2018. https: //variety. com/2018/tv/news/pete-davidson-deletes-instagram-1203090685/

41. Bryant M. "What Are Social Media Companies Doing about Suicidal Posts?" *Guardian*

(US edition). January 10, 2019. https://www.theguardian.com/society/2019/jan/10/cupcakke-hospitalised-twitter-social-media-suicidal-posts

42. Card C. "How Facebook AI Helps Suicide Prevention." Meta. September 10, 2018. https://about.fb.com/news/2018/09/inside-feed-suicide-prevention-and-ai/

43. Kaste M. "Facebook Increasingly Reliant on A.I. to Predict Suicide Risk." NPR. November 17, 2018. https://www.npr.org/2018/11/17/668408122/facebook-increasingly-reliant-on-a-i-to-predict-suicide-risk

44. Fuller DA, Lamb HR, Biasotti M, Snook J. "Overlooked in the Undercounted: The Role of Mental Illness in Fatal Law Enforcement Encounters." Treatment Advocacy Center. December 2015. https://www.treatmentadvocacycenter.org/reports_publications/overlooked-in-the-undercounted-the-role-of-mental-illness-in-fatal-law-enforcement-encounters/

45. Marks M. "Artificial Intelligence-Based Suicide Prediction." *Yale J Law and Tech* 21, no. 3(2019): 98–121.

46. Olofsson B, Jacobsson L. "A Plea for Respect: Involuntarily Hospitalized Psychiatric Patients' Narratives about Being Subjected to Coercion." *J Psychiatr Ment Health Nurs* 8, no. 4 (August 2001): 357–66.

47. "Section 230." Electronic Frontier Foundation. https://www.eff.org/issues/cda230. Accessed February 17, 2024.

48. "Viacom Sues Google, YouTube for $1 Billion." NBC News. March 13, 2007. https://www.nbcnews.com/id/wbna17592285

49. Lee TB. "How YouTube Lets Content Companies 'Claim' NASA Mars Videos." Ars Technica. August 8, 2012. https://arstechnica.com/tech-policy/2012/08/how-youtube-lets-content-companies-claim-nasa-mars-videos/

50. Brodeur MA. "Copyright Bots and Classical Musicians Are Fighting Online. The Bots Are Winning." *Washington Post*. May 21, 2020. https://www.washingtonpost.com/entertainment/music/copyright-bots-and-classical-musicians-are-fighting-online-the-bots-are-winning/2020/05/20/a11e349c-98ae-11ea-89fd-28fb313d1886_story.html

51. Glaze V. "MrBeast Calls Out YouTube after Being Hit with False Copyright Strike." Dexerto. February 12, 2019. https://www.dexerto.com/entertainment/mrbeast-calls-out-youtube-after-being-hit-false-copyright-strike-357775/

52. WatchMojo.com. "Are Rights Holders Unlawfully Claiming Billions in AdSense Revenue?" YouTube video, 28:09. May 9, 2019. https://www.youtube.com/watch?v=-w1f3olwqcg

53. Wodinsky S. "YouTube's Copyright Strikes Have Become a Tool for Extortion." The Verge. February 11, 2019. https://www.theverge.com/2019/2/11/18220032/youtube-copystrike-blackmail-three-strikes-copyright-violation

54. Cushing T. "Cops Are Still Playing Copyrighted Music to Thwart Citizens Recording Their Actions." Techdirt. April 18, 2022. https://www.techdirt.com/2022/04/18/cops-are-

still-playing-copyrighted-music-to-thwart-citizens-recording-their-actions/

55. Gillespie T. *Custodians of the Internet: Platforms, Content Moderation, and the Hidden Decisions That Shape Social Media*. New Haven, CT: Yale University Press; 2018.

56. Gillespie T. *Custodians of the Internet: Platforms, Content Moderation, and the Hidden Decisions That Shape Social Media*. New Haven, CT: Yale University Press; 2018.

57. Klonick K. "The Facebook Oversight Board: Creating an Independent Institution to Adjudicate Online Free Expression." *Yale Law J* 129, no. 8 (June 2020): 2418 – 99. https://www.yalelawjournal.org/feature/the-facebook-oversight-board

58. adam22[@adam22]. "How to get your Instagram back if it gets deleted." X (formerly Twitter.) May 18, 2022. https://twitter.com/adam22/status/1527005564802600960

59. nadalizadeh. "Google has terminated our Developer Account, says it is 'associated'?" r/androiddev. Reddit post. March 30, 2022. www.reddit.com/r/androiddev/comments/ts6jfg/google_has_terminated_our_developer_account_says/

60. "Why We Are Striking." Etsy Strike. July 14, 2022 (capture date: archived). https://web.archive.org/web/20220714164329/https://etsystrike.org/join-us/why-we-are-striking/

61. Facebook. *Facebook's Response to the Oversight Board's First Decisions*. February 2021. https://about.fb.com/wp-content/uploads/2021/02/OB_First-Decision_Detailed_.pdf

62. Elliott V. "Big Tech Ditched Trust and Safety. Now Startups Are Selling It Back as a Service." *Wired*. November 6, 2023. https://www.wired.com/story/trust-and-safety-startups-big-tech/

63. Papada E, Altman D, Angiolillo F, Gastaldi L, Köhler T, Lundstedt M, et al. "Defiance in the Face of Autocratization." (V-Dem Institute Working Paper—Democracy Report, University of Gothenburg, Gothenburg, Sweden, 2023). https://papers.ssrn.com/abstract=4560857

64. "The World's Most, and Least, Democratic Countries in 2022." *Economist*. February 1, 2023. https://www.economist.com/graphic-detail/2023/02/01/the-worlds-most-and-least-democratic-countries-in-2022

65. Menn J, Shih G. "Under India's Pressure, Facebook Let Propaganda and Hate Speech Thrive." *Washington Post*. September 26, 2023. https://www.washingtonpost.com/world/2023/09/26/india-facebook-propaganda-hate-speech/

66. McCordick J. "Twitter's Elon Musk Defends Decision to Limit Tweets in Turkey during Tight Presidential Election." *Vanity Fair*. May 14, 2023. https://www.vanityfair.com/news/2023/05/twitter-musk-censors-turkey-election-erdogan

67. Keller D. "Six Things about Jawboning." (blog). Knight First Amendment Institute at Columbia University. October 10, 2023. http://knightcolumbia.org/blog/six-things-about-jawboning

68. Tollefson J. "Disinformation Researchers under Investigation: What's Happening and Why." *Nature*. July 5, 2023. https://www.nature.com/articles/d41586-023-02195-3

69. Narayanan A. "Understanding Social Media Recommendation Algorithms. "Knight First Amendment Institute at Columbia University. March 9, 2023. http: // knightcolumbia. org/content/understanding-social-media-recommendation-algorithms

70. Ovadya A, Thorburn L. "Bridging Systems: Open Problems for Countering Destructive Divisiveness across Ranking, Recommenders, and Governance. "Knight First Amendment Institute at Columbia University. October 26, 2023. http: // knightcolumbia. org/content/bridging-systems

71. Malik A. "Twitter Begins Rolling Out Its Community Notes Feature Globally. "TechCrunch. December 12, 2022. https: //techcrunch. com/2022/12/12/twitter-begins-rolling-out-its-community-notes-feature-globally/

72. "Community Notes: A Collaborative Way to Add Helpful Context to Posts and Keep People Better Informed. "X (formerly Twitter). https: //communitynotes. twitter. com/guide/en/about/introduction. Accessed February 17, 2024.

73. Milli S, Carroll M, Wang Y, Pandey S, Zhao S, Dragan AD. "Engagement, User Satisfaction, and the Amplification of Divisive Content on Social Media. "arXiv. Last revised December 22, 2023. http: //arxiv. org/abs/2305. 16941

74. Zuckerberg M. "A Blueprint for Content Governance and Enforcement. "Facebook. Last edited May 5, 2021. https: //www. facebook. com/notes/751449002072082/

75. Gerrard Y. "Beyond the Hashtag: Circumventing Content Moderation on Social Media. " *New Media Soc* 20, no. 12(December 2018): 4492–511.

76. Iyer R. " Content Moderation Is a Dead End. " Designing Tomorrow. October 7, 2022. https: //psychoftech. substack. com/p/content-moderation-is-a-dead-end

77. Stray J, Iyer R, Larrauri HP. "The Algorithmic Management of Polarization and Violence on Social Media. "Knight First Amendment Institute at Columbia University. August 22, 2023. http: //knightcolumbia. org/content/the-algorithmic-management-of-polarization-and-violence-on-social-media

78. Joshi AR. "Overrun by Influencers, Historic Sites Are Banning TikTok Creators in Nepal. "Rest of World. July 18, 2022. https: //restofworld. org/2022/nepals-historic-sites-banning-tiktok-creators/

79. Zuckerberg M. "A Blueprint for Content Governance and Enforcement. "Facebook. Last edited May 5, 2021. https: //www. facebook. com/notes/751449002072082/

80. Keller D. " The DSA ' s Industrial Model for Content Moderation. " Verfassungsblog. February 24, 2022. https: //verfassungsblog. de/dsa-industrial-model/

81. Douek E. "Content Moderation as Systems Thinking. "*Harvard Law Review*. December 2022. https: //harvardlawreview. org/print/vol-136/content-moderation-as-systems-thinking/

82. Matias JN. "The Civic Labor of Volunteer Moderators Online. "*Soc Media Soc* 5, no. 2 (April 2019): 2056305119836778.

83. Witynski M. "Unpaid Social Media Moderators Perform Labor Worth at Least $3. 4 Million a Year on Reddit Alone. " Northwestern Now. May 31, 2022. https: //news. northwestern. edu/stories/2022/05/unpaid-social-media-moderators/

第 7 章　为何关于 AI 的迷思经久不衰

1. Rudd KE, Johnson SC, Agesa KM, Shackelford KA, Tsoi D, Kievlan DR, et al. "Global, Regional, and National Sepsis Incidence and Mortality, 1990-2017: Analysis for the Global Burden of Disease Study. "*Lancet* 395, no: 10219(January 2020): 200-11.

2. "Unbundling Epic: How the Electronic Health Record Market Is Being Disrupted. "Research. CB Insights. August 4, 2021. https: //www. cbinsights. com/research/report/electronic-health-record-companies-unbundling/

3. Williams N. "Health Tech Giant Epic Systems Is Focusing on Machine Learning. Here' s Why. "*Milwaukee Business Journal*. August 5, 2019. https: //www. bizjournals. com/milwaukee/news/2019/08/05/health-tech-giant-epic-systems-is-focusing-on. html

4. Cleveland Clinic. "Virtual Ideas for Tomorrow | Judy Faulkner, CEO and Founder, EPIC. " YouTube video, 33: 20. September 2, 2020. https: //www. youtube. com/watch? v = BX-nw15pGv-U

5. Wong A, Otles E, Donnelly JP, Krumm A, McCullough J, DeTroyer-Cooley O, et al. "External Validation of a Widely Implemented Proprietary Sepsis Prediction Model in Hospitalized Patients. "*JAMA Intern Med* 181, no. 8(August 2021): 1065-70.

6. Gerhart J, Thayer J. "For Clinicians, by Clinicians: Our Take on Predictive Models. "Epic. June 28, 2021. https: //www. epic. com/epic/post/for-clinicians-by-clinicians-our-take-on-predictive-models

7. Drees J. "Epic Pays Hospitals That Use Its EHR Algorithms, Report Finds. "Becker' s Health IT. July 26, 2021. https: //www. beckershospitalreview. com/ehrs/epic-pays-hospitals-that-use-its-ehr-algorithms-report-finds. html

8. Ross C. "Epic' s AI Algorithms, Shielded from Scrutiny by a Corporate Firewall, Are Delivering Inaccurate Information on Seriously Ill Patients. " STAT. July 26, 2021. https: //www. statnews . com/2021/07/26/epic-hospital-algorithms-sepsis-investigation/

9. Ross C. " Epic Overhauls Popular Sepsis Algorithm Criticized for Faulty Alarms. " STAT. October 3, 2022. https: //www. statnews. com/2022/10/03/epic-sepsis-algorithm-revamp-training/

10. Murray SG, Wachter RM, Cucina RJ. " Discrimination by Artificial Intelligence in a Commercial Electronic Health Record—a Case Study. " Health Aff Forefr. January 31, 2020. https: //www. healthaffairs. org/do/10. 1377/forefront. 20200128. 626576/full/

11. Solon O. "The Rise of ' Pseudo-AI' : How Tech Firms Quietly Use Humans to Do Bots' Work. "*Guardian* (US edition). July 6, 2018. https: //www. theguardian. com/technology/2018/

jul/06/artificial-intelligence-ai-. humans-bots-tech-companies

12. "How It Works. "x. ai. May 18, 2021(archived). https: //archive. is/jkKBI

13. Huet E. " The Humans Hiding behind the Chatbots. " Bloomberg. April 18, 2016. https: //www. bloomberg. com/news/articles/2016-04-18/the-humans-hiding-behind-the-chatbots

14. Johnson K. "Government Audit of AI with Ties to White Supremacy Finds No AI. "VentureBeat. April 5, 2021. https: //venturebeat. com/business/government-audit-of-ai-with-ties-to-white-supremacy-finds-no-ai/

15. Ryan M. "In AI We Trust: Ethics, Artificial Intelligence, and Reliability. "*Sci Eng Ethics* 26, no. 5(October 2020): 2749–67.

16. Rozenblit L, Keil F. "The Misunderstood Limits of Folk Science: An Illusion of Explanatory Depth. "*Cogn Sci* 26, no. 5(September 2002): 521–62.

17. "Gartner Hype Cycle Research Methodology. "Gartner. https: //www. gartner. com/en/research/methodologies/gartner-hype-cycle. Accessed February 23, 2024.

18. Mullany M. "8 Lessons from 20 Years of Hype Cycles. " LinkedIn. December 7, 2016. https: //www. linkedin. com/pulse/8-lessons-from-20-years-hype-cycles-michael-mullany/

19. Huang J, O' Neill C, Tabuchi H. "Bitcoin Uses More Electricity Than Many Countries. How Is That Possible?"*New York Times*. September 3, 2021. https: //www. nytimes. com/interactive/2021 /09 /03 /climate/bitcoin-carbon-footprint-electricity. html

20. Spangler T. "Larry David, Tom Brady, Stephen Curry, Other Celebs Sued over FTX Crypto Exchange Collapse. " *Variety*. November 16, 2022. https: //variety. com/2022/digital/news/ftx-lawsuit-larry-david-tom-brady-stephen-curry-crypto-1235434627/

21. Kaloudis G. "I' m Glad There Are No Crypto Super Bowl Ads: Here' s Why. " CoinDesk. February 12, 2023. https: //www. coindesk. com/consensus-magazine/2023/02/12/im-glad-there-are-no-crypto-super-bowl-ads-heres-why/

22. White M. "Web3 Is Going Just Great. "https: //www. web3isgoinggreat. com/. Accessed February 22, 2024.

23. James Lighthill. *Part I Artificial Intelligence: A General Survey*. July 1972. https: //www. aiai. ed. ac. uk/events/lighthill1973/lighthill. pdf

24. Mitchell M. " Why AI is Harder than We Think. " arXiv. Last revised April 28, 2021. http: //arxiv. org/abs/2104. 12871

25. White M. "Web3 Is Going Just Great. "https: //www. web3isgoinggreat. com/. Accessed February 22, 2024.

26. Whittaker M. "The Steep Cost of Capture. "*Interactions* 28, no. 6(November 2021): 50–55.

27. Laufer B, Jain S, Cooper AF, Kleinberg J, Heidari H. "Four Years of FAccT: A Reflex-

ive, Mixed-Methods Analysis of Research Contributions, Shortcomings, and Future Prospects." In: 2022 *ACM Conference on Fairness, Accountability, and Transparency*. Seoul Republic of Korea: ACM; 2022. p. 401–26. https://dl.acm.org/doi/10.1145/3531146.3533107

28. Ahmed N, Wahed M, Thompson NC. "The Growing Influence of Industry in AI Research." *Science* 379, no. 6635(March 2023): 884–86.

29. Myers BA. "A Brief History of Human-Computer Interaction Technology." *Interactions* 5, no. 2(March 1998): 44–54.

30. Lundh A, Lexchin J, Mintzes B, Schroll JB, Bero L. "Industry Sponsorship and Research Outcome." *Cochrane Database Syst Rev* 2, no. 2(February 2017): MR000033.

31. Dickinson J. "Deadly Medicines and Organised Crime." *Can Fam Physician*60, no. 4 (April 2014): 367–68.

32. Sismondo S. *Ghost-Managed Medicine*. Manchester, UK: Mattering Press; 2018. https://www.matteringpress.org/books/ghost-managed-medicine

33. Rahimi A, Recht B. "Reflections on Random Kitchen Sinks." *arg min blog*. December 5, 2017. http://archives.argmin.net/2017/12/05/kitchen-sinks/

34. White M. "Web3 Is Going Just Great." https://www.web3isgoinggreat.com/. Accessed February 22, 2024.

35. Lipton ZC, Steinhardt J. "Troubling Trends in Machine Learning Scholarship: Some ML Papers Suffer from Flaws That Could Mislead the Public and Stymie Future Research." *Queue* 17, no. 1(February 2019): 80: 45–80: 77.

36. Creative Destruction Lab. "Geoff Hinton: On Radiology." YouTube video, 1: 24. November 24, 2016. https://www.youtube.com/watch?v=2HMPRXstSvQ

37. Henderson M. "Radiology Facing a Global Shortage." RSNA News. May 10, 2022. https://www.rsna.org/news/2022/may/Global-Radiologist-Shortage

38. Franta B. "Shell and Exxon's Secret 1980s Climate Change Warnings. *Guardian*(US edition). September 19, 2018. https://www.theguardian.com/environment/climate-consensus-97-per-cent/2018/sep/19/shell-and-exxons-secret-1980s-climate-change-warnings

39. Hiltzik M. "A New Study Shows How Exxon Mobil Downplayed Climate Change When It Knew the Problem Was Real." *Los Angeles Times*. August 22, 2017. https://www.latimes.com/business/hiltzik/la-fi-hiltzik-exxonmobil-20170822-story.html

40. InfluenceMap. *An Investor Enquiry: How Much Big Oil Spends on Climate Lobbying*. April 2016. https://influencemap.org/report/Climate-Lobbying-by-the-Fossil-Fuel-Sector

41. Winecoff AA, Watkins EA. "Artificial Concepts of Artificial Intelligence: Institutional Compliance and Resistance in AI Startups." In: *Proceedings of the* 2022 *AAAI/ACM Conference on AI, Ethics, and Society*. New York: ACM; 2022. p. 788–99. https://dl.acm.org/doi/10.1145/3514094.3534138

42. Winecoff AA, Watkins EA. "Artificial Concepts of Artificial Intelligence: Institutional

Compliance and Resistance in AI Startups. "In: *Proceedings of the* 2022 *AAAI/ACM Conference on AI, Ethics, and Society*. New York: ACM; 2022. p. 788 – 99. https://dl.acm.org/doi/10.1145/3514094.3534138. Ellipses in original.

43. Grill G. "Constructing Certainty in Machine Learning: On the Performativity of Testing and Its Hold on the Future. "OSF Preprints; created September 7, 2022. https://osf.io/zekqv/

44. Raji D, Denton E, Bender EM, Hanna A, Paullada A. "AI and the Everything in the Whole Wide World Benchmark. "*Proc Neural Inf Process Syst Track Datasets Benchmarks* 1(December 2021). https://datasets-benchmarks-proceedings.neurips.cc/paper/2021/hash/084b6fbb10729ed4da8c3d3f5a3ae7c9-Abstract-round2.html

45. OpenAI. "GPT-4 Technical Report. "arXiv. Last revised December 19, 2023. http://arxiv.org/abs/2303.08774

46. Bratman B. "Improving the Performance of the Performance Test: The Key to Meaningful Bar Exam Reform. "*UMKC Law Review* 83(April 2015): 565. https://papers.ssrn.com/abstract=2520042

47. Camerer CF, Dreber A, Forsell E, Ho TH, Huber J, Johannesson M, et al. "Evaluating Replicability of Laboratory Experiments in Economics. "*Science* 351, no. 6280(March 2016): 1433–6.

48. Camerer CF, Dreber A, Holzmeister F, Ho TH, Huber J, Johannesson M, et al. "Evaluating the Replicability of Social Science Experiments in *Nature* and *Science* Between 2010 and 2015. "*Nat Hum Behav* 2, no. 9(September 2018): 637–44.

49. Muchlinski D, Siroky D, He J, Kocher M. "Comparing Random Forest with Logistic Regression for Predicting Class-Imbalanced Civil War Onset Data. " *Polit Anal* 24, no. 1 (2016): 87–103.

50. Colaresi M, Mahmood Z. "Do the Robot: Lessons from Machine Learning to Improve Conflict Forecasting. "*J Peace Res* 54, no. 2(March 2017): 193–214.

51. Kaufman AR, Kraft P, Sen M. "Improving Supreme Court Forecasting Using Boosted Decision Trees. "*Polit Anal* 27, no. 3(July 2019): 381–7.

52. Kapoor S, Narayanan A. "Leakage and the Reproducibility Crisis in Machine-Learning-Based Science. "*Patterns* 4, no. 9(September 2023): 100804.

53. Kapoor S, Nanayakkara P, Peng K, Pham H, Narayanan A. "The Reproducibility Crisis in ML-based Science. " Workshop with slides, Princeton University, Princeton, NJ, July 28, 2022. https://sites.google.com/princeton.edu/rep-workshop

54. Kapoor S, Narayanan A. "OpenAI' s Policies Hinder Reproducible Research on Language Models. " AI Snake Oil. March 22, 2023. https://www.aisnakeoil.com/p/openais-policies-hinder-reproducible

55. Kapoor S, Cantrell E, Peng K, Pham TH, Bail CA, Gundersen OE, et al. "REFORMS: Reporting Standards for Machine Learning Based Science. "arXiv. Last revised September 19,

2023. http: //arxiv. org/abs/2308. 07832

56. Kapoor S, Narayanan A. "Eighteen Pitfalls to Beware of in AI Journalism. "AI Snake Oil. September 30, 2022. https: //www. aisnakeoil. com/p/eighteen-pitfalls-to-beware-of-in

57. Henderson M. " Radiology Facing a Global Shortage. " RSNA News. May 10, 2022. https: //www. rsna. org/news/2022/may/Global-Radiologist-Shortage

58. Willyard C. "Can AI Fix Electronic Medical Records?"*Scientific American*. February 1, 2020. https: //www. scientificamerican. com/article/can-ai-fix-electronic-medical-records/

59. Murphy K. "Epic' s Faulkner Has High Hopes for Forthcoming Cosmos Technology. " TechTarget. September 3, 2020(archived). https: //archive. is/3f72G

60. Williams N. " Health Tech Giant Epic Systems Is Focusing on Machine Learning. Here' s Why. "*Milwaukee Business Journal*. August 5, 2019. https: //www. bizjournals. com/milwaukee/news/2019/08/05/health-tech-giant-epic-systems-is-focusing-on. html

61. Bender EM. "On NYT Magazine on AI: Resist the Urge to be Impressed. " Medium. April 17, 2022. https: //medium. com/@ emilymenonbender/on-nyt-magazine-on-ai-resist-the-urge-to-be-impressed-3d92fd9a0edd

62. Smith CS. " A. I. Here, There, Everywhere. " *New York Times*. February 23, 2021. https: //www. nytimes. com/2021/02/23/technology/ai-innovation-privacy-seniors-education. html

63. York C. " Algorithm Claims to Predict Crime in US Cities Before It Happens. " Bloomberg. June 30, 2022. https: //www. bloomberg. com/news/articles/2022-06-30/new-algorithm-can-predict-crime-in-us-cities-a-week-before-it-happens

64. Mirror Now Digital. "Minority Report Soon? New AI Tech to Predict Crimes Weeks ahead with 90% Accuracy. "Times Now. July 1, 2022. https: //www. timesnow news. com/mirror-now/in-focus/minority-report-soon-new-ai-tech-to-predict-crimes-weeks-ahead-with-90-accuracy-article-92599864

65. Hogg R. "Al Model Predicting Crime in US Cities Is Right Nine Times out of 10. "Business Insider. July 3, 2022. https: //www. businessinsider. com/ai-model-predicts-crime-us-nine-times-out-of-ten-2022-7

66. Thubron R. "Newly Developed Algorithm Able to Predict Crime a Week in Advance with 90% Accuracy. " Techspot. July 1, 2022. https: //www. techspot. com/community/topics/newly-developed-algorithm-able-to-predict-crime-a-week-in-advance-with-90-accuracy. 276016/

67. Wood M. "Algorithm Predicts Crime a Week in Advance, but Reveals Bias in Police Response. " UChicago. June 30, 2022. https: //biologicalsciences. uchicago. edu/news/algorithm-predicts-crime-police-bias

68. Sumner P, Vivian-Griffiths S, Boivin J, Williams A, Venetis CA, Davies A, et al. "The Association between Exaggeration in Health Related Science News and Academic Press Releases: Retrospective Observational Study. *BMJ* 349(December 10, 2014): g7015.

69. Woolston C. "Study Points to Press Releases as Sources of Hype." *Nature* 516, no. 7531 (December 2014): 291.

70. Ardia D, Ringel E, Ekstrand VS, Fox A. "Addressing the Decline of Local News, Rise of Platforms, and Spread of Mis-and Disinformation Online." The Center for Information, Technology, and Public Life (CITAP). https://citap.unc.edu/news/local-news-platforms-mis-disinformation/. Accessed December 22, 2020.

71. Kapoor S, Nanayakkara P, Peng K, Pham H, Narayanan A. "The Reproducibility Crisis in ML-based Science." Workshop with slides, Princeton University, Princeton, NJ, July 28, 2022. https://sites.google.com/princeton.edu/rep-workshop

72. Kissinger H, Schmidt E, Huttenlocher DP, Schouten S. *The Age of AI: And Our Human Future*. New York: Little Brown and Company; 2021.

73. Whittaker M, Suchman L. "The Myth of Artificial Intelligence." The American Prospect. December 8, 2021. https://prospect.org/api/content/7fc7f7c2-5781-11ec-987e-12f1225286c6/

74. Vinsel L. "You're Doing It Wrong: Notes on Criticism and Technology Hype." Medium. February 1, 2021. https://sts-news.medium.com/youre-doing-it-wrong-notes-on-criticism-and-technology-hype-18b08b4307e5

75. "Pause Giant AI Experiments: An Open Letter." Future of Life Institute. March 22, 2023. https://futureoflife.org/open-letter/pause-giant-ai-experiments/

76. Kennedy B, Tyson A, Saks E. "Public Awareness of Artificial Intelligence in Everyday Activities." Pew Research Center. February 15, 2023. https://www.pewresearch.org/science/2023/02/15/public-awareness-of-artificial-intelligence-in-everyday-activities/

77. Jakesch M, Hancock JT, Naaman M. "Human Heuristics for AI-Generated Language Are Flawed." *Proc Natl Acad Sci* 120, no. 11(March 2023): e2208839120.

78. Sellier AL, Scopelliti I, Morewedge CK. "Debiasing Training Improves Decision Making in the Field." *Psychol Sci* 30, no. 9(September 2019): 1371–9.

79. Morewedge CK, Yoon H, Scopelliti I, Symborski CW, Korris JH, Kassam KS. "Debiasing Decisions: Improved Decision Making with a Single Training Intervention." *Policy Insights Behav Brain Sci* 2, no. 1(October 2015): 129–40.

第 8 章　接下来我们该何去何从

1. Tarnoff B. *Internet for the People: The Fight for Our Digital Future*. London: Verso; 2022.

2. Yin L, Sankin A. "Dollars to Megabits, You May Be Paying 400 Times as Much as Your Neighbor for Internet Service." The Markup. October 19, 2022. https://themarkup.org/still-loading/2022/10/19/dollars-to-megabits-you-may-be-paying-400-times-as-much-as-your-neighbor-for-internet-service

3. "Community Network Map." Community Networks. Muni numbers updated September

2021. https: //communitynets. org/content/community-network-map

4. Rajendra-Nicolucci C, Sugarman M, Zuckerman E. "The Three-Legged Stool: A Manifesto for a Smaller, Denser Internet." Initiative for Digital Public Infrastructure. March 29, 2023. https: //publicinfrastructure. org/2023/03/29/the-three-legged-stool/

5. Broussard M. *Artificial Unintelligence: How Computers Misunderstand the World*. First MIT Press paperback edition. Cambridge, MA: The MIT Press; 2019.

6. " Newspapers Fact Sheet. " Pew Research Center. November 10, 2023. https: // www. pewresearch. org/journalism/fact-sheet/newspapers/

7. García E, Kraft MA, Schwartz HL "Are We at a Crisis Point with the Public Teacher Workforce? Education Scholars Share Their Perspectives. "Brookings. August 26, 2022. https: // www. brookings. edu/articles/are-we-at-a-crisis-point-with-the-public-teacher-wo-rkforce-education-scholars-share-their-perspectives/

8. Liang W, Yuksekgonul M, Mao Y, Wu E, Zou J. "GPT Detectors Are Biased against Nonnative English Writers. " *Patterns* 4, no. 7 (July 2023). https: //www. cell. com/patterns/abstract/S2666-3899(23)00130-7

9. Jiminez K. "Professors Are Using ChatGPT Detector Tools to Accuse Students of Cheating. But What If the Software Is Wrong?" *USA Today*. April 12, 2023. https: // www. usatoday. com/story/news/education/2023/04/12/how-ai-detection-tool-spawned-false-cheating-case-uc-davis/11600777002/

10. Verma P. "A Professor Accused His Class of Using ChatGPT, Putting Diplomas in Jeopardy. " *Washington Post*. May 19, 2023. https: //www. washingtonpost. com/technology/2023/05/18/texas-professor-threatened-fail-class-chatgpt-cheating/

11. Gramlich J. "What the Data Says about Gun Deaths in the U. S. " Pew Research Center. 2023. https: //www. pewresearch. org/short-reads/2023/04/26/what-the-data-says-about-gun-deaths-in-the-u-s/

12. Gee G. "AI Tries (and Fails) to Detect Weapons in Schools. "The Intercept. May 7, 2023. https: //theintercept. com/2023/05/07/ai-gun-weapons-detection-schools-evolv/

13. Bani A. "Philadelphia is Allocating Hundreds of Millions of Dollars to Address Mounting Gun Violence. "The Plug. December 30, 2022. https: //tpinsights. com/philadelphia-is-allocating-hundreds-of-millions-of-dollars-to-address-mounting-gun-violence/

14. "ShotSpotter Frequently Asked Questions. "SoundThinking(formerly ShotSpotter). January 2018. https: //www. soundthinking. com/faqs/shotspotter-faqs/

15. Cushing T. "Chicago PD Oversight Says ShotSpotter Tech Is Mostly Useless When It Comes to Fighting Gun Crime. "Techdirt. August 26, 2021. https: //www. techdirt. com/2021/08/26/chicago-pd-oversight-says-shotspotter-tech-is-mostly-useless-when-it-comes-to-fighting-gun-crime/

16. Dodge J, De Mar C, Hickey M. "Mayor Johnson Cancels Controversial Chicago Gunshot Detection System. " CBS News. February 13, 2024. https: //www. cbsnews. com/chicago/news/

mayor-johnson-cancels-controversial-chicago-gunshot-detection-system/

17. Wootson Jr. CR. "Charlotte Ends Contract with ShotSpotter Gunshot Detection System." *Charlotte Observer*. February 10, 2016. https://www.charlotteobserver.com/news/local/crime/article59685506.html

18. Davila V. "S. A. Cuts Funding to $550K Gunshot Detection Program That Resulted in 4 Arrests." MySA. August 15, 2017. https://www.mysanantonio.com/news/local/article/City-pulls-plug-on-pricey-gunshot-detection-system-11817475.php

19. Kalven J. "Chicago Awaits Video of Police Killing of 13-Year-Old Boy." The Intercept. April 13, 2021. https://theintercept.com/2021/04/13/chicago-police-killing-boy-adam-toledo-shotspotter/

20. Burke G, Mendoza M, Linderman J, Tarm M. "How AI-Powered Tech Landed Man in Jail with Scant Evidence." AP News. March 5, 2022. https://apnews.com/article/artificial-intelligence-algorithm-technology-police-crime-7e3345485aa66 8c97606d4b54f9b6220

21. Cheves H. "ShotSpotter Is a Failure. What's Next?" MacArthur Justice Center. May 5, 2022. https://www.macarthurjustice.org/blog2/shotspotter-is-a-failure-whats-next/

22. Sen A, Bennett DK. "The Black Box: Colleges Spend Thousands on AI to Prevent Suicides and Shootings. Evidence That It Works Is Scant." *Dallas Morning News*. December 1, 2022. https://interactives.dallasnews.com/2022/the-black-box-social-sentinel/

23. Irani L, Alexander K. "The Oversight Bloc." *Logic(s) Magazine*. December 25, 2021. https://logicmag.io/beacons/the-oversight-bloc/

24. Reich R, Sahami M, Weinstein JM. *System Error: Where Big Tech Went Wrong and How We Can Reboot*. New York: Harper; 2021.

25. Schwartz B. "Top Colleges Should Select Randomly from a Pool of 'Good Enough.'" *Chronicle of Higher Education*. February 25, 2005. https://bschwartz.domains.swarthmore.edu/Chronicle%20of%20Higher%20Education%202-25-05.pdf

26. Gross K, Bergstrom CT. "Contest Models Highlight Inherent Inefficiencies of Scientific Funding Competitions." *PLOS Biol* 17, no. 1(January 2019): e3000065.

27. Baicker K, Taubman SL, Allen HL, Bernstein M, Gruber JH, Newhouse JP, et al. "The Oregon Experiment—Effects of Medicaid on Clinical Outcomes." *N Engl J Med* 368, no. 18(May 2013): 1713–22.

28. Henderson H. "Why Cash Payments Aren't Always the Best Tool to Help Poor People." The Conversation. March 17, 2021. http://theconversation.com/why-cash-payments-arent-always-the-best-tool-to-help-poor-people-156019

29. Uzogara EE. "Democracy Intercepted." *Science* 381, no. 6656(July 2023): 386–7.

30. Meinhardt C, Lawrence CM, Gailmard LA, Zhang D, Bommasani R, Kosoglu R, et al. "By the Numbers: Tracking the AI Executive Order." HAI. November 16, 2023. https://hai.stanford.edu/news/numbers-tracking-ai-executive-order

31. Sheehan M. "China's AI Regulations and How They Get Made." Carnegie Endowment for International Peace. July 10, 2023. https://carnegieendowment.org/2023/07/10/china-s-ai-regulations-and-how-they-get-made-pub-90117

32. "FTC Action Stops Business Opportunity Scheme That Promised Its AI-Boosted Tools Would Power High Earnings through Online Stores." Press release. Federal Trade Commission. August 22, 2023. https://www.ftc.gov/news-events/news/press-releases/2023/08/ftc-action-stops-business-opportunity-scheme-promised-its-ai-boosted-tools-would-power-high-earnings

33. Lomas N. "FTC Settlement with Ever Orders Data and AIs Deleted after Facial Recognition Pivot." TechCrunch. January 12, 2021. https://techcrunch.com/2021/01/12/ftc-settlement-with-ever-orders-data-and-ais-deleted-after-facial-recognition-pivot/

34. Oremus W. "OpenAI CEO Tells Senate That He Fears AI's Potential to Manipulate Views." *Washington Post*. May 16, 2023. https://www.washingtonpost.com/technology/2023/05/16/ai-congressional-hearing-chatgpt-sam-altman/

35. Bickert M. "Charting a Way Forward on Online Content Regulation." Meta. February 17, 2020. https://about.fb.com/news/2020/02/online-content-regulation/

36. Constine J. "Facebook Asks for a Moat of Regulations It Already Meets." TechCrunch. February 17, 2020. https://techcrunch.com/2020/02/17/regulate-facebook/

37. Keck K. "Big Tobacco: A History of Its Decline." CNN. June 19, 2009. https://edition.cnn.com/2009/POLITICS/06/19/tobacco.decline/

38. Brownell KD, Warner KE. "The Perils of Ignoring History: Big Tobacco Played Dirty and Millions Died. How Similar Is Big Food?" *Milbank Q* 87, no. 1 (March 2009): 259–94.

39. McKinnon JD, Day C. "Tech Companies Make Final Push to Head Off Tougher Regulation." *Wall Street Journal*. December 19, 2022 https://www.wsj.com/articles/tech-companies-make-final-push-to-head-off-tougher-regulation-11671401283

40. Evans B. "AI and the Automation of Work." Benedict Evans. July 2, 2023. https://www.ben-evans.com/benedictevans/2023/7/2/working-with-ai

41. Aratani L. "US Eating Disorder Helpline Takes Down AI Chatbot over Harmful Advice." *Guardian* (US edition). May 31, 2023. https://www.theguardian.com/technology/2023/may/31/eating-disorder-hotline-union-ai-chatbot-harm

42. Verma P, Vynck GD. "ChatGPT Took Their Jobs. Now They Walk Dogs and Fix Air Conditioners." *Washington Post*. June 5, 2023. https://www.washingtonpost.com/technology/2023/06/02/ai-taking-jobs/

43. Sorgi G, Sario FD. "Who Killed the EU's Translators?" POLITICO. May 12, 2023. https://www.politico.eu/article/translators-translation-european-union-eu-autmation-machine-learning-ai-artificial-intelligence-translators-jobs/

44. Bessen J. "How Computer Automation Affects Occupations: Technology, Jobs, and

Skills. " CEPR. September 22, 2016. https: //cepr. org/voxeu/columns/how-computer-automation-affects-occupations-technology-jobs-and-skills

45. Gray ML, Suri S. *Ghost Work: How to Stop Silicon Valley from Building a New Global Underclass*. Boston: Houghton Miffiin Harcourt; 2019.

46. Wheeler G. "' Autocomplete on Steroids' : Ted Chiang Addresses Phenomenon of AI at Granfalloon Festival. "*Indiana Daily Student*. June 9, 2023. https: //www. idsnews. com/article/2023/06/buskirk-chumley-theater-event-ted-chiang-talk-2023-granfalloon

47. Hong S-ha. "Prediction as Extraction of Discretion. "*Big Data Soc* 10, no. 1 (January 2023): 20539517231171053.

48. Maddaus G. "SAG-AFTRA Approves Deal to End Historic Strike. "*Variety*. November 8, 2023. https: //variety. com/2023/biz/news/sag-aftra-tentative-deal-historic-strike-1235771894/

49. Jarvey N, Press J. "Labor Pains and Gains: The Winners and Losers of the Hollywood Strikes. " *Vanity Fair*. November 16, 2023. https: //www. vanityfair. com/hollywood/2023/10/writers-strike-winners-and-losers

50. Allas T, Maksimainen J, Manyika J, Singh N. "An Experiment to Inform Universal Basic Income. "McKinsey & Company. September 15, 2020. https: //www. mckinsey. com/industries/social-sector/our-insights/an-experiment-to-inform-universal-basic-income

51. Dube A. "A Plan to Reform the Unemployment Insurance System in the United States. " Brookings. April 12, 2021. https: //www. brookings. edu/articles/a-plan-to-reform-the-unemployment-insurance-system-in-the-united-states/

52. Porter E. "Don' t Fight the Robots. Tax Them. "*New York Times*. February 23, 2019. https: //www. nytimes. com/2019/02/23/sunday-review/tax-artificial-intelli gence. html

53. Acemoglu D, Johnson S. " Big Tech Is Bad. Big A. I. Will Be Worse. " *New York Times*. June 9, 2023. https: //www. nytimes. com/2023/06/09/opinion/ai-big-tech-microsoft-google-duopoly. html

54. Lohr S. " Economists Pin More Blame on Tech for Rising Inequality. " *New York Times*. January 11, 2022. https: //www. nytimes. com/2022/01/11/technology/income-inequality-technology. html

55. McQuillan D. *Resisting AI: An Anti-fascist Approach to Artificial Intelligence*. Bristol, UK: Bristol University Press; 2022.

56. Boyd D, Hargittai E, Schultz J, Palfrey J. "Why Parents Help Their Children Lie to Facebook about Age: Unintended Consequences of the ' Children' s Online Privacy Protection Act. ' " First Monday. October 31, 2011. https: //firstmonday. org/ojs/index. php/fm/article/view/3850

57. Boyd D. " Protect Elders! Ban Television! ! " Medium. April 10, 2023. https: //zephoria. medium. com/protect-elders-ban-television-2b18ab49988b

58. Thompson B. " Instagram, TikTok, and the Three Trends. " Stratechery. August 16, 2022. https: //stratechery. com/2022/instagram-tiktok-and-the-three-trends/

59. Twenge JM, Farley E. "Not All Screen Time Is Created Equal: Associations with Mental Health Vary by Activity and Gender." *Soc Psychiatry Psychiatr Epidemiol* 56, no. 2 (February 2021): 207-17.

60. Mollick ER, Mollick L. "Assigning AI: Seven Approaches for Students, with Prompts." SSRN. September 23, 2023. https://papers.ssrn.com/abstract=4475995

61. Watters A. "The 100 Worst Ed-Tech Debacles of the Decade." Hack Education. December 31, 2019. http://hackeducation.com/2019/12/31/what-a-shitshow

62. Keener G. "Chess Is Booming." *New York Times*. June 17, 2022. https://www.nytimes.com/2022/06/17/crosswords/chess/chess-is-booming.html

63. Ortiz K. *Written Testimony of Karla Ortiz: US. Senate Judiciary Subcommittee on Intellectual Property "AI and Copyright.*" July 7, 2023. https://www.judiciary.senate.gov/imo/media/doc/2023-07-12_pm_-_testimony_-_ortiz.pdf

64. Singer N. "Chatbot Hype or Harm? Teens Push to Broaden A. I. Literacy." *New York Times*. December 13, 2023. https://www.nytimes.com/2023/12/13/technology/ai-chatbots-schools-students.html